中等职业教育电类专业系列教材

电子技术基础

第三版

重庆市中等职业学校电类专业教研协作组　组编

聂广林　任德齐　主编

U0216076

重庆大学出版社

内容简介

本书是根据教育部 2000 年 7 月颁发的《中等职业学校电子技术基础教学大纲》,以国家对电类专业中级人才的要求为依据编写的中等职业学校电类专业基础理论课教材,可与《电子技能与训练》实训教材互相配套,但各有侧重而又自成体系。

主要内容有:半导体二极管和整流滤波电路、半导体三极管和放大电路、负反馈放大器、调谐放大器与正弦波振荡器、直流放大器与集成运算放大器、功率放大器、直流稳压电源、无线电广播基本知识、数字电路基础、组合逻辑电路、时序逻辑电路、数字电路在脉冲电路中的应用、数—模和模—数转换技术。本书内容丰富,深入浅出,实用性强,注重基本知识的传授,为学习电类专业的其他专业课程打下良好的基础。

本书可作为城市、农村中等职业学校电类专业基础理论课教材;也可供军地两用人才或职业上岗培训班使用。

图书在版编目(CIP)数据

电子技术基础/聂广林,任德齐主编. —3 版. —重庆:
重庆大学出版社,2016.1(2024.7 重印)
中等职业教育电类专业系列教材
ISBN 978-7-5624-9404-1

Ⅰ.①电… Ⅱ.①聂…②任… Ⅲ.电子技术—中等专业学
校—教材 Ⅳ.①TN

中国版本图书馆 CIP 数据核字(2015)第 191157 号

中等职业教育电类专业系列教材
电子技术基础
(第三版)
重庆市中等职业学校电类专业教研协作组 组编
聂广林 任德齐 主编
责任编辑:章 可 版式设计:王 勇
责任校对:贾 梅 责任印制:赵 晟

*

重庆大学出版社出版发行
出版人:陈晓阳
社址:重庆市沙坪坝区大学城西路 21 号
邮编:401331
电话:(023)88617190 88617185(中小学)
传真:(023)88617186 88617166
网址:http://www.cqup.com.cn
邮箱:fxk@cqup.com.cn(营销中心)
全国新华书店经销
重庆博优印务有限公司印刷

*

开本:787mm×1092mm 1/16 印张:15.25 字数:381 千
2016 年 1 月第 3 版 2024 年 7 月第 36 次印刷
印数:142 001—145 000
ISBN 978-7-5624-9404-1 定价:39.00 元

序　言

　　为了贯彻第三次全国教育工作会议精神,落实《中共中央、国务院关于深化教育改革和全面推进素质教育的决定》,教育部在全国范围开展调研,对原有中等职业教育的普通中专、成人中专、职业高中、技工学校进行并轨,颁发了《关于制订中等职业学校教学计划的原则意见》(教职成[2000]2 号文件),又将原有中专、职高、技工校的千余个专业归并成 12 个大类 270 个专业,在其中又确定了 83 个重点建设专业。成立了由国家相关部、委、局领导的 32 个行业职业教育教学指导委员会,组织专家组开发这 83 个重点建设专业的教学改革方案,制定出教学计划,相继开发各专业主干课程的教学大纲,并组织编写教材。根据最新《中等职业学校专业目录》,原称的"电子电器"专业定为"电子电器应用与维修"专业,属于加工制造大类。该专业文化基础课程和专业课程的设置,沿用了"九五"期间三年制职业高中电子电器专业的结构方案。但对人才培养规格则响亮提出了"培养高素质劳动者和中、初级专门人才",而不是原有的"中级技工",这是面对 21 世纪知识经济对人才的高标准要求而提出的。

　　重庆市中等职业学校电类专业协作组在市教委、市教科院领导下,在抓好全市该专业教学教研的同时,决定配合教育部的大行动,贯彻"一纲多本"的精神,组织一批专家和教学第一线的骨干教师,在部颁教学大纲指导下,组织开发中等职业学校电类(含电子电器应用与维修、电子与信息技术、电子技术应用、通信技术、电力机车运用与维修、电气运行与控制、机电技术应用、数控技术应用、电厂及变电站电气运行等)重点建设专业的主干专业课教材,供中等职业学校相关专业选用。

　　按最新部颁教学计划规定:电类的上述专业,特别是电子电器应用与维修专业仍执行双轨积木式教学计划,即同门专业课分为理论课与实训课,二者并列称为"双轨",各自有独立的大纲、教材、课时。但两类课程互相配合,同步进行。这样有利于在打好专业知识基础的前提下,抓好实训,提高学生动手能力,便于综合素质的提高。根据部颁教学计划要求,我们在专业基础课程中选用了"双轨制",首批开发出专业基础理论教材《电工基础》与《电子技术基础》,并于 2001 年秋由重庆大学出版社出版。专业主干课程因知识、技术含量更高则实行"单轨制",将理论课与实训课并轨施教,列为第二期开发教材,有《现代音响原理与维修》、《电视机原理与维修》,决定于 2002 年由重庆大学出版社出版。

本系列教材具备如下特点:

1. 进一步突出了教材的实用性。

面向现代化,特别是面向 21 世纪各行各业对电类专业人才的要求,在保证基础知识的传授和基本技能训练的基础上,力求选择实用内容施教,不过分强调学科知识的系统性和严密性。

2. 考虑了国家相关专业中级人才标准,进一步适应"双证制"考核。

本系列教材在知识、技能要求的深度和广度上,以国家技能鉴定中心颁发的相关专业中级人才技能鉴定要求为依据,突出这部分知识的传授和专业技能训练,力求使学生获取毕业证的同时,又能获取本专业中、初级技术等级证。

3. 增加了教材使用的弹性。

该系列教材分为两部分:一部分为必修内容,是各地、校必须完成的教学任务;另一部分为选修内容,提供给条件较好的地区和学校选用,在书中用"★"注明。

4. 深入浅出,浅显易懂。

根据当前及今后若干年中职学生情况及国外教材编写经验,本系列教材删去了艰深的理论推导和繁难的数学运算,内容变得浅显,叙述深入浅出,使学生易于接受,便于实施教学。

该系列教材的开发,是对教育部最新教学计划、大纲的落实,欢迎职教同行在使用中提出宝贵意见,大家参与、共同编写出一套更为实用的电类专业中职教材。

重庆市中等职业学校电类专业教研协作组

2001 年 1 月

第三版前言

本教材于 2001 年发行第一版,2003 年进行了首次修订。问世近 15 年来,绝大多数中职学校第一线的教师们认为该教材在编写思路、编写体系、所选内容、知识点间的衔接及深难度的把握等方面都满足中职学校电类专业教师及学生的需要,受到高度好评。但 2010 年新一轮国家规划教材启用后,按上级要求,使用该教材的学校逐渐减少。

2012 年重庆市召开了高规格的职业教育工作会,市委、市政府出台关于大力发展职业技术教育的决定等一系列文件。特别是市教委、市人力资源和社会保障局《关于构建职业技术教育人才成长"立交桥"的实施意见》(渝教发【2012】2 号)颁发以来,中职教育实现了从中职到高职、应用技术本科、专业学位研究生的纵向衔接,各中职学校将人才培养的目标从单一的向企业输送一线技能型人才转向了既培养企业一线所需的技术工人,又要向高一级学校输送新生的双向培养目标,因此,中职的高考工作得到了足够的重视。为了有利于中职学校电类专业搞好高考班专业课的教学和复习,我们在一定范围内对教材的使用情况进行了调研,很多学校老师认为本教材最适合高考班学生使用,因此,应广大中职学校教师的要求,我们对本教材进行了第三次修定。

由重庆市渝北区教师进修学校的范文敏、重庆市渝北职业教育中心的刘宇航、龚先进等老师进行修定。本次修定保留了原有的所有内容和特色,仅对习题进行了重新编写,这是为了适应高考的需要,在题量、题型、深难度的把握上尽量与高考接轨,有利于教师搞好高考班教学和复习工作。

编 者

2015 年 10 月

第二版前言

为了确保中等职业学校双向培养目标的实现，根据全市各中等职业学校的普遍要求，重庆市中等职业学校电类专业中心教研组，在市教委、市教科院的指导下，依据教育部颁发的教学大纲，编写了这套适应我市中等职业学校电类专业需要的专业课系列教材。

本教材第一版组稿于 2000 年春，其中第一章、第二章由重庆市渝北区教研室聂广林编写，第三章、第四章由重庆市渝北职教中心邓朝平编写，第五章、第六章由重庆市渝北职教中心赵争召编写，第七章由重庆市龙门浩职中邹开跃编写，第八章由重庆市龙门浩职中王英编写，第九章至第十三章由重庆市电子职业技术学院任德齐编写，由聂广林、任德齐担任主编。全书由聂广林制定编写大纲和负责编写的组织工作及统稿，重庆市渝北职教中心曾祥富研究员担任主审。本书于 2001 年 8 月由重庆大学出版社出版。

在本教材第一版问世后的近两年中，经各校使用，证明它的编写体例和大多数教学内容，基本符合我市中等职业学校电类专业的教学实际，但也存在一些问题。为了在教材中进一步体现素质教育和能力本位的理念，在第一版的基础上，由聂广林老师和渝北职教中心刘兵老师执笔，根据教育部最新大纲的要求，对该教材做了较大调整和增删。

根据最新颁发的本专业双轨积木式教学计划和要求，本教材与高等教育出版社出版的《电子技能与实训》是姊妹篇。使用中应注意两本教材的衔接，并尽可能同步开设。《电子技能与实训》主要是根据电子行业工人技术等级标准中的技能要求，进行专业技能训练。而本书每章末的验证性实验，则应在本课程中完成。这样，理论与技能课分工明确，有利于提高教学质量。

本课程教学时数为 150 学时左右，各章课时安排建议如下：

章　次	课时数	章　次	课时数	章　次	课时数
1	12	6	10	11	12
2	26	7	8	12	10
3	10	8	6	13	4
4	12	9	12	机动	4
5	14	10	10		

由于我们对新大纲的领会有一个不断深入的过程,若本书编写中存在错误缺点,恳请读者多提宝贵意见,以便进一步修改。

编　者

2003 年 1 月

目 录 MU LU

第一篇　　**模拟电路基础**

第一篇　模拟电路基础

- 半导体二极管和整流滤波电路
- 半导体三极管和放大电路
- 负反馈放大器
- 调谐放大器与正弦波振荡器
- 直流放大器与集成运算放大器
- 功率放大器
- 直流稳压电源
- 无线电广播基本知识

模拟电子技术

电子技术是现代高新科学技术极其重要的组成部分之一,应用十分广泛,它包括模拟电子技术和数字电子技术两大部分。其中模拟电子技术是研究在平滑的、连续变化的电压或电流——模拟信号下工作的电子电路及其技术;而数字电子技术则是研究在离散的、断续变化的电压或电流——数字信号下工作的电子电路及其技术。本篇将介绍模拟电子技术的基础知识。

第一章
半导体二极管和整流滤波电路

第一节　半导体二极管

一、半导体概述

人们常用电导率 γ（单位是 $\Omega^{-1} \cdot cm^{-1}$）来衡量物质导电能力的强弱。电导率越大,表示该物质的导电能力越强。物质按其导电能力的强弱可分为:

导体——容易导电的物质,其电导率为 $10^4 \sim 10^6 \Omega^{-1} \cdot cm^{-1}$,如金、银、铜、铝、铁等。

绝缘体——不导电的物质,其电导率为 $10^{-10} \sim 10^{-12} \Omega^{-1} \cdot cm^{-1}$,如陶瓷、云母、塑料、橡胶等。

半导体——导电能力介于导体和绝缘体之间的物质,其电导率为 $10^{-9} \sim 10^3 \Omega^{-1} \cdot cm^{-1}$,如锗、硅、硒及大多数金属氧化物。

电子技术中的二极管、三极管都是用半导体材料制成的,为什么要用半导体材料来制成二极管、三极管呢? 是因为它有以下三方面的特性:

• **热敏特性**　半导体的导电能力随温度的变化而变化。人们利用这种特性,制成热敏元件,如热敏电阻等。

• **光敏特性**　半导体的导电能力与光照有关。人们利用这种特性,制成光敏元件,如光敏电阻、光敏二极管、光敏三极管等。

• **掺杂特性**　在半导体中掺入微量杂质后其导电能力要发生很大变化。利用这一特性,可制成半导体二极管、三极管、集成电路等。

1. 本征半导体

不含杂质的纯净半导体叫本征半导体,如锗、硅等。它们的原子在空间有规则地排列,又称为晶体,所以人们常常称半导体二极管、三极管为晶体管。它们的原子外层都有 4 个价电子,每个原子的价电子与相邻原子的价电子"手拉手"地形成共价键结构(原子的稳定结构),所以在没有外界影响的情况下它们的导电能力很差;但在外界能量(如光照、升温)激发下,一些价电子就会逃出共价键结构而成为带负电荷的自由电子,在其原来的位置就留下一个带正电荷的空穴,从而产生电子—空穴对。电子和空穴都可用来运载电流,又叫载流子,如图 1-1 所示。

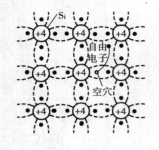

图 1-1　硅(锗)的共价键及电子空穴对示意图

2. N 型半导体

用特殊工艺向本征半导体硅(或锗)中掺入少量五价元素磷(或砷),就得到 N 型半导体。每掺入 1 个五价元素的原子,其 5 个价电子中的 4 个与硅原子的价电子形成共价键,剩下的 1 个就成为自由电子。掺入的五价元素越多,自由电子的数量就越大,从而增强了导电能力。因为 N 型半导体主要是靠电子导电,所以 N 型半导体又称为电子型半导体。

3. P 型半导体

用特殊工艺向本征半导体硅(或锗)中掺入少量三价元素硼(或铝),就得到 P 型半导体。每掺入 1 个三价元素的原子,其 3 个价电子与硅原子的价电子形成共价键后还差一个电子,便多出一个空穴。掺入的三价元素越多,空穴的数量就越大,从而也增强了导电能力。因为 P 型半导体主要是靠带正电荷的空穴导电,所以 P 型半导体又称为空穴型半导体。

二、PN 结及其单向导电性

在一块完整的本征半导体硅或锗材料上,采用特殊掺杂工艺,使一边形成 N 型半导体区域,另一边形成 P 型半导体区域。在这两个导电性能相反(N 区电子多,空穴少,P 区空穴多,电子少,电子带负电,空穴带正电)的半导体交界面处形成载流子浓度的差异,于是 N 区的电子要向 P 区扩散,扩散到 P 区的电子要去占空穴的位置(叫复合)。结果使 N 区一侧失去电子而带正电,P 区一侧失去空穴而带负电,从而产生从 N 区指向 P 区的内电场,内电场的作用又将阻止 N 区电子的继续扩散,最后形成稳定的空间电荷区,这个空间电荷区又称为耗尽层。那么,这个稳定的空间电荷区就叫 PN 结,如图 1-2 所示,它是构成半导体元件的基础。

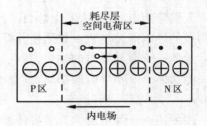

图 1-2　PN 结形成示意图

在 PN 结两端加上电压,称为给 PN 结以偏置。如果使 P 区接电源正极,N 区接电源负极,称为正向偏置,简称正偏。这时外加电压对 PN 结产生的电场与 PN 结内电场方向相反,削弱了内电场,使 PN 结变薄而形成正向电流,这种现象称为 PN 结正向导通,如图 1-3(a)所示。

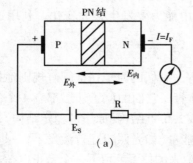

(a)

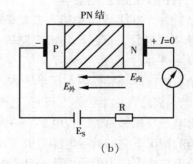

(b)

图 1-3　PN 结的单向导电性

(a)PN 结加正向电压导通;(b)PN 结加反向电压截止

如果使 P 区接电源负极, N 区接电源正极,称为反向偏置,简称反偏。这时外加电压对 PN 结产生的电场与 PN 结内电场方向相同,增强了内电场,使 PN 结增厚,电流极小,这种现象称为 PN 结反向截止,如图1-3(b)所示。

PN 结加正向偏压时导通(相当于开关接通),加反向偏压时截止(相当于开关断开),这就叫 PN 结的单向导电性。

三、二极管的结构与符号

从 PN 结的 P 区引出一个电极,称正极,也称为阳极;从 N 区引出一个电极,称负极,又叫阴极。用金属、玻璃或塑料将其封装就构成一只半导体二极管。显然,它是具有一个 PN 结的半导体元件,也具有单向导电性。图1-4(a)是二极管的结构示意图,图1-4(b)是二极管的符号。符号中的箭头方向表明,二极管的电流只能从正极流向负极,不能从负极流向正极,这也是为了表达它的单向导电性。

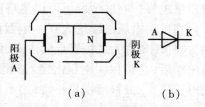

图 1-4　二极管结构示意与符号
(a)示意图;(b)符号

四、二极管的特性

二极管的单向导电性是二极管的主要特性,但要完整地理解二极管的特性还得用伏安特性曲线来描述。

晶体二极管两端所加的电压与流过管子的电流的关系特性称为二极管的"伏安特性"。为了便于直接观察,又常把测得的电压、电流对应点数据,在坐标系中描点绘出曲线来,这样的曲线称为"伏安特性曲线"。

图1-5是硅和锗二极管的典型伏安特性曲线,对于它的特性下面分段加以说明。

1. 正向特性

当外加电压为零时,电流也为零,故曲线经过原点。当二极管加上正向电压且较低时,电流非常小,如 OA、OA' 段,通常称这个区域为死区。硅二极管的死区电压约为 0.5V,锗二极管的死区电压约为 0.2V。在实际应用中,通常近似认为在死区电压

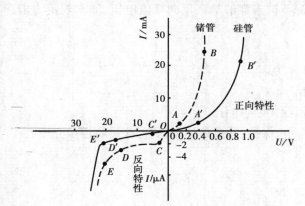

图 1-5　二极管的伏安特性曲线

范围内,二极管的正向电流为零,不导通。

当正向电压大于死区电压之后,正向电流明显增加,如图1-5中的 AB 和 $A'B'$ 段所示。此时二极管即为正向导通,二极管正向导通时,二极管两端的管压降(二极管两端的电压)变化不大,硅管为 0.6 ~ 0.8V,锗管为 0.2 ~ 0.3V。

可见二极管正向导通是有条件的,并不是加上正向电压就导通,而是加上正向电压且正向电压值大于死区电压时二极管才导通。

2. 反向特性

在二极管两端加上反向电压时，有微弱的反向电流，如图 1-5 中的 OCD 和 $OC'D'$ 段所示。硅管的反向电流一般为几至几十 μA，锗管的反向电流一般为几十至几百 μA，此时二极管即为反向截止。在一定范围内反向电流与所加反向电压无关，但它随温度上升而增加很快。反向电流也称反向饱和电流。它的大小是衡量二极管质量好坏的一个重要标志，其值越小，二极管质量越好。一般情况下可以忽略反向饱和电流，认为二极管反向不导通。

当反向电压继续增大到一定数值后，反向电流会突然增大，这时二极管失去了单向导电性，这种现象称为二极管反向击穿，此时二极管两端所加的电压称为反向击穿电压。二极管反向击穿后（也可以叫电压击穿），只要采取限流措施使反向电流不超过允许值，降低或去掉反向电压后，二极管可恢复正常；如不采取限流措施，很大的反向电流流过二极管会迅速发热，将导致二极管热击穿而永久性损坏。

可见二极管的击穿有电压击穿和热击穿之分。电压击穿后二极管可恢复正常，而热击穿后二极管不能恢复正常。

二极管的特性曲线不是直线，这说明二极管不是一个线性元件，这也是二极管的一个重要特性。

五、主要参数与选用依据

为了正确使用二极管，必须了解它的主要参数。

• 最大整流电流 I_{OM}　在规定散热条件下，二极管长期运用时，允许通过二极管的最大正向电流。

• 最高反向工作电压 U_{RM}　保证二极管不被击穿的最高反向峰值电压，通常规定为击穿电压的 1/2。

选用二极管的依据是

$$\begin{cases} I < I_{OM} \\ U_R < U_{RM} \end{cases}$$

式中，I 为二极管的实际工作电流；U_R 为实际工作反向电压。

二极管常用于整流、开关、检波、限幅、箝位、保护、隔离等许多场合，今后将逐步介绍。

六、稳压、发光、光电二极管简介

1. 稳压二极管

稳压二极管简称稳压管，它是利用 PN 结的反向击穿特性，采用特殊工艺方法制造的，在规定反向电流范围内可以重复击穿的硅二极管。它的符号和伏安特性如图 1-6 所示。它的正向伏安特性与普通硅二极管的正向伏安特性相同；其反向伏安特性非常陡直。用限流电阻将流过稳压管的反向击穿电流 $I_{V_{DZ}}$ 限制在 $I_{V_{DZmin}} \sim I_{V_{DZmax}}$ 时，稳压管两端的电压 $U_{V_{DZ}}$ 几乎不变。利用稳压管的这种特性，就能达到稳压的目的。图 1-7 就是一个简单的稳压管稳压电路。稳压管 V_{DZ} 与负载 R_L 并联，属并联稳压电路。显然，负载两端的输出电压 U_o 等于稳压管的稳定电压 $U_{V_{DZ}}$。

稳压管的主要参数有：

• 稳定电压 $U_{V_{DZ}}$　稳压管正常工作时，管子两端的反向电压。由于制造原因，即使是同一

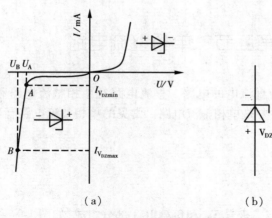

图 1-6 稳压管伏安特性与符号

(a)伏安特性;(b)符号

型号稳压管的稳定电压也不一定相同,而是某一范围值。如 2CW1 的 $U_{V_{DZ}} = 7 \sim 8.5V$,使用时需经测定。

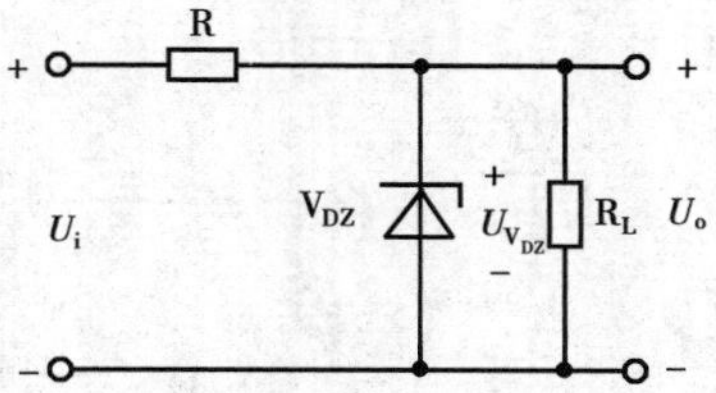

● 稳定电流 $I_{V_{DZ}}$ 稳压管稳压时的工作电流。用限流电阻把它限制在 $I_{V_{DZmin}} \sim I_{V_{DZmax}}$,通常取 $I_{V_{DZ}} = (1/4 \sim 1/2)I_{V_{DZmax}}$,有时手册上未给出 $I_{V_{DZmax}}$ 的值,而是给出稳压管的最大耗散功率 P_M。$I_{V_{DZmax}}$ 可由下式确定

$$I_{V_{DZmax}} = P_M / U_{V_{DZ}}$$

选择稳压管的依据是

图 1-7 稳压管稳压电路

$$\begin{cases} U_{V_{DZ}} = U_o \\ I_{V_{DZmax}} = (1.5 \sim 3)I_{omax} \\ U_I = (2 \sim 3)U_o \end{cases}$$

式中,U_I 为稳压电路的输入电压;U_o,I_o 分别为稳压电路输出给负载的电压、电流;$I_{V_{DZmax}}$,I_{omax} 分别是稳压管和负载电流的最大值。

稳压管稳压只适用于要求不高的小容量稳压场合。

2. 发光二极管

发光二极管是由半导体砷、磷、镓及其化合物制成的二极管,它不仅具有单向导电性,而且通电后能发出红、黄、绿等鲜艳的色光,常用 LED 表示。它工作时只需加 1.5 ~ 3V 正向电压和几毫安电流就能正常发光。体积小、反应快、价廉并且工作可靠,广泛应用于各种指示电路,同时也有增加美观的作用,其符号如图 1-8(a)所示。

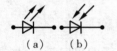

(a) (b)

图 1-8 发光管与光电管符号

(a)发光管符号;

(b)光电管符号

3. 光电二极管

光电二极管是利用半导体的光敏特性制造的二极管。无光照时流过二极管的电流(称暗电流)很小;受光照时流过光电二极管的电流(称光电流)明显增大。如 2AU1B 光电二极管的暗电流小于 $10\mu A$,光电流达 $40\mu A$。光电二极管的符号如图 1-8(b)所示。

光电二极管常用于光电转换电路,如光电传感器。

第二节 单相整流电路

整流电路是将交流电变为直流电的电路。整流电路有单相整流电路和三相整流电路之分,在常用家用电器设备中,主要是单相整流电路。常见的单相整流电路有半波、全波、桥式整流电路。下面分别进行介绍。

一、单相半波整流电路

1. 电路结构

半波整流电路由变压器 T、二极管 V_D 和负载 R_L 3 部分组成,如图 1-9(a)所示。

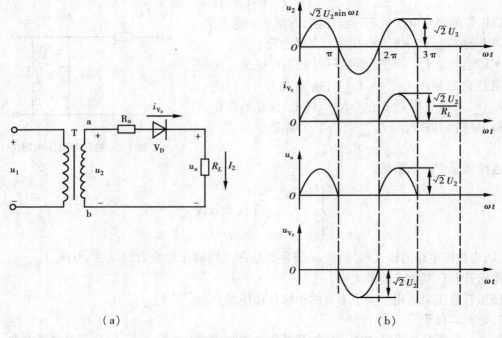

（a）   （b）

图 1-9 半波整流电路及波形

（a）半波整流电路；（b）半波整流波形

变压器的作用是将交流电压变换到所需要的值。

二极管的作用是将交流电变成单方向脉动直流电,即二极管为整流元件。

负载电阻 R_L 表示耗能元件。

2. 工作原理

变压器次级电压为 $u_2 = \sqrt{2}U_2\sin\omega t$。将其加在二极管上,由于二极管的单向导电性,只允许某半周的交流电通过二极管加在负载上,这样负载电流只有一个方向,从而实现整流。整流过程是:

当 u_2 为正半周时,次级绕组电压极性上正下负,V_D 导通,有电流流过负载 R_L,产生输出

电压 u_o。

当 u_2 为负半周时,次级绕组电压极性上负下正,二极管 V_D 承受反向电压而截止,负载 R_L 上没有电流流过,R_L 两端没有电压。此时 u_2 全加在二极管 V_D 上。

可见,变压器次级电压为交流电,而负载 R_L 上流过的电流和获得的电压为脉动直流电。波形如图 1-9(b) 所示。

3. 负载电压和电流计算

负载电压的大小是变化的脉动直流电,可以用平均值 U_o 表示其大小,经理论推导有

$$U_o \approx 0.45U_2 \tag{1-1}$$

式中,U_2 为次级交流电压的有效值。

负载 R_L 上的平均电流为

$$I_o = 0.45U_2/R_L \tag{1-2}$$

二、单相全波整流电路

1. 电路结构

单相全波整流电路由两个半波整流电路组成。该电路所用电源变压器次级有中心抽头,将初级电压变换成大小相等、相位相反的两个电压,由两只二极管 V_{D1},V_{D2} 分别完成对交流电两个半周的整流,并向负载 R_L 提供单向脉动电流,如图 1-10 所示。

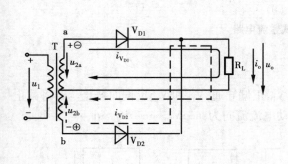

图 1-10　全波整流电路

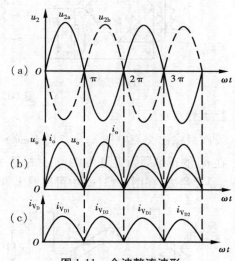

图 1-11　全波整流波形

2. 工作原理

在交流电压 u_2 的正半周,a 端为正,b 端为负,抽头处的电位介于 a 端电位与 b 端电位之间,二极管 V_{D1} 正偏导通,V_{D2} 反偏截止。电流流经路径如图中实线箭头所示。在 u_2 的负半周,a 负 b 正,二极管 V_{D1} 反偏截止,V_{D2} 正偏导通,电流流经路径如图中虚线箭头所示。可见在该电路中,交流电压的正负 2 个半周,V_{D1},V_{D2} 轮流导通,在负载 R_L 上总是得到自上而下的单向脉动电流。与半波整流相比,它有效地利用了交流电的负半周,所以整流效率提高了 1 倍。全波整流波形如图 1-11 所示。

3. 负载电压和电流计算

由于效率提高了 1 倍,所以负载所获得直流电压平均值为

$$U_o = 0.9U_2 \qquad\qquad (1\text{-}3)$$

负载平均电流为

$$I_o = 0.9U_2/R_L \qquad\qquad (1\text{-}4)$$

三、单相桥式整流电路

半波整流虽然电路简单,但电能利用率低,输出电压脉动大,输出直流电压也低。全波整流虽然克服了半波整流的缺点,但变压器变得复杂化了。因此目前广泛应用的还是桥式整流电路。

1. 电路结构

单相桥式整流电路由电源变压器 T,4 只整流二极管 $V_{D1} \sim V_{D4}$ 和负载 R_L 组成。其中 4 只整流二极管组成桥式电路的 4 条臂,变压器次级绕组的 2 个头和负载 R_L 的 2 个头分别接在桥式电路的两条对角线顶点,如图 1-12 所示,其中图(a)为常用画法,图(b)为变形画法,图(c)为简单画法。

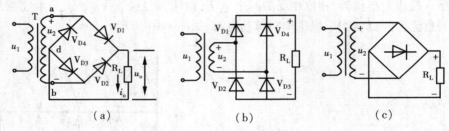

图 1-12　桥式整流电路

2. 工作原理

设次级输出交流电压 $u_2 = \sqrt{2}U_2\sin\omega t$。

在 u_2 的正半周,a 端正 b 端负,二极管 V_{D1} 和 V_{D3} 正偏导通,V_{D2} 和 V_{D4} 反偏而截止。若将截止的 V_{D2},V_{D4} 略去,在图 1-13(a)中可以看出单向脉动电流流向为:$a \rightarrow V_{D1} \rightarrow c \rightarrow R_L \rightarrow d \rightarrow V_{D3} \rightarrow b$。

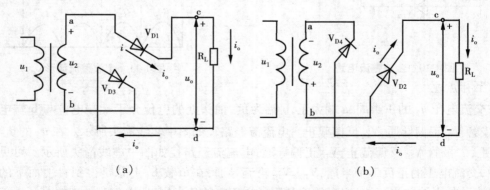

图 1-13　桥式整流电路整流原理

(a)正半周电流通路;(b)负半周电流通路

在 u_2 的负半周,a 端负 b 端正,二极管 V_{D2} 和 V_{D4} 正偏导通,V_{D1} 和 V_{D3} 反偏而截止。若将截止的 V_{D1},V_{D3} 略去,在图 1-13(b)中可以看出单向脉动电流流向为:$b \rightarrow V_{D2} \rightarrow c \rightarrow R_L \rightarrow d \rightarrow V_{D4} \rightarrow a$。

可见,在交流电压 u_2 的正负 2 个半周内,负载 R_L 上都能获得自上而下的脉动电流和同极性的脉动电压。负载电流 i_o 和负载电压 u_o 均为 2 个半波的合成。电源的 2 个半波都能向负载供电,所以桥式整流仍属于全波整流,其电压波形如图 1-14 所示。

3. 负载电压和电流计算

由于桥式整流属于全波整流,所以负载电压和电流与全波整流相同,即

$$U_o = 0.9U_2 \tag{1-5}$$

$$I_o = 0.9U_2/R_L \tag{1-6}$$

4. 整流二极管承受的电流和最高反向电压

由于每只二极管只在 1/2 个周期内导通,所以在 1 个周期内流过每只二极管的电流只有负载电流的 1/2,即

$$i_{V_D} = \frac{1}{2}I_o$$

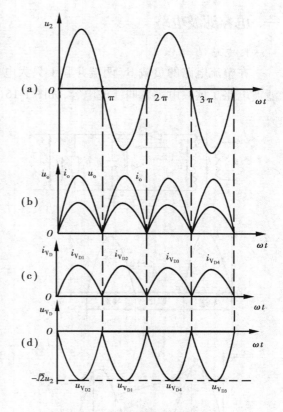

图 1-14　桥式整流电路波形

从图 1-15 可以看出,若 V_{D1},V_{D3} 导通时,u_2 实际上加到了不导通的 V_{D2} 和 V_{D4} 两端,所以这两只二极管承受的最高反向电压为变压器次级电压的峰值。即

$$U_{R_{max}} = \sqrt{2}U_2$$

故桥式整流中二极管的选用原则是

最大整流电流 $I_{OM} \geqslant \frac{1}{2}I_o$;

最高反向工作电压 $U_{RM} \geqslant \sqrt{2}U_2$。

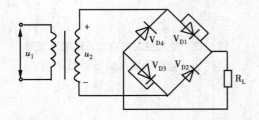

图 1-15　截止二极管所受反向电压

第三节　滤波电路

由于整流电路输出的不是真正的直流电流,而是脉动直流电流,它还含有较重的交流成分。若用这种脉动直流电流给电视机供电,图像会扭曲,声音会出现噪声,因此必须在整流电路后面加上滤波电路(又叫滤波器)后才能向负载 R_L 供电。本节将学习电容滤波、电感滤波和复式滤波(π 型滤波)。

一、电容滤波电路

1. 电路结构

在整流电路的负载 R_L 两端并联 1 只大电容器(一般为大容量电解电容),就构成了电容滤波电路。这只电容就叫滤波电容,如图 1-16(a)和图 1-17(a)所示。

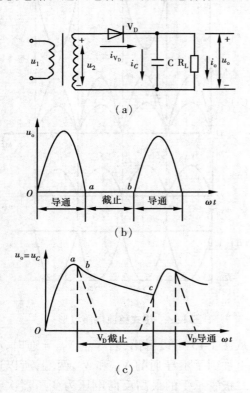

图 1-16　半波整流电容滤波电路及波形
(a)电路图;(b)未接滤波电容时的输出波形;
(c)接滤波电容时的输出波形

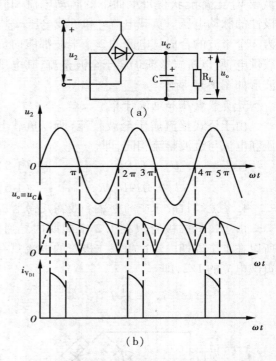

图 1-17　桥式整流电容滤波电路及波形
(a)电路图;(b)波形图

2. 滤波原理

由于电容 C 并联在负载 R_L 两端,所以电容两端的电压等于输出电压,即 $u_C = u_o$。

电容滤波电路是利用电容的充、放电原理进行滤波的。整流和滤波是同时进行的,不能把整流和滤波分开来理解。其滤波原理如下:

在半波整流电路未接入滤波电容时,负载上的电压波形如图 1-16(b)所示。接入滤波电容后,负载电压将按图 1-16(c)所示规律变化。其变化过程是:当变压器次级电压 u_2 从第一个正半周开始上升时,二极管 V_D 导通,电源通过二极管向负载供电的同时,又向 C 充电,由于二极管导通内阻 r_i 很小,充电时间常数 $\tau_充 = r_i C$ 也很小,充电快,使 u_C 跟随 u_2 同时上升到达峰值,如图1-16(c)中的 oa 段。当 u_2 从峰值下降时,由于电容电压 u_C 不能突变,将出现 $u_2 < u_C$,使二极管反偏截止,于是 C 通过负载 R_L 放电,由于 $R_L \gg r_i$,所以 $\tau_放 \gg \tau_充$。因此电容电压按指数规律缓慢下降到 c 点,放电电压变化情况如图 1-16(c)中的 bc 段所示。到下一个周期的正

半周时，u_2 又开始上升，但不是 $u_2 > 0$ 时整流二极管就能导通，必须使 u_2 上升到大于电容电压 u_C（即图中的 c 点）时，二极管才能重新导通，电容又被 u_2 充电直至 u_2 的峰值，此过程反复进行，即得到如图 1-16（c）所示的比较平滑的直流波形。此波形就是负载电压 u_o 的波形。

桥式整流电容滤波电路的滤波原理与前面介绍的半波整流电容滤波电路相同。电路和波形如图 1-17 所示。只是在电压 u_2 的一个周期内，电容要充放电两次，输出波形更加平滑。

3. 主要特点

①输出电压波形连续且比较平滑。

②输出电压的平均值 U_o 提高，这是因为二极管导通期间电容器充电储存了电场能，二极管截止期间电容器向负载释放电场能的结果。输出电压的平均值如下：

半波整流滤波电路　$U_o = U_2$。

全波（桥式）整流滤波电路　$U_o = 1.2U_2$。

空载时（输出端开路）　$U_o = 1.4U_2$，即此时输出电压接近 u_2 的峰值。

③整流二极管的导通时间比没接滤波电容时缩短。

④如果电容容量较大，充电时的充电电流较大，则电容容量按下式计算选择

$$C > (3 \sim 5) \frac{1}{2R_L f} \tag{1-7}$$

⑤输出电压 u_o 受负载变化影响大。因为空载时（R_L 相当于 ∞），放电时间常数大，波形很平滑，$U_o = \sqrt{2}U_2 = 1.4U_2$；重载时（$R_L$ 很小），放电时间常数很小，电压波形起伏大，输出电压的平均值会下降，所以电容滤波只适用于负载较轻（R_L 较大）且变化不大的场合。

例 1-1　国产黑白电视机稳压电源多采用桥式整流电容滤波电路，设该电路输出直流电压为 20V，直流电流为 1.2A，所用交流电源频率为 50Hz，求滤波电容的容量。

解　根据公式

$$C > (3 \sim 5) \frac{1}{2R_L f}$$

其中
$$R_L = \frac{U_o}{I_o} = \frac{20V}{1.2A} = 16.7\Omega$$

在 3 ~ 5 中取常数为 4，则

$$C > 4 \times \frac{1}{2 \times 16.7\Omega \times 50Hz} = 0.002\,4F = 2\,400\mu F$$

实际选用 3300μF 的滤波电容。

二、电感滤波电路

从电容滤波电路的主要特点可知，电容滤波电路带负载能力差，且开始充电时有较大的充电电流（浪涌电流）冲击整流二极管，容易造成整流二极管的损坏，若采用电感滤波则可避免这种情况。

1. 电路结构

在整流电路与负载 R_L 之间串联一个电感线圈，就组成了电感滤波电路，如图 1-18（a）所示。

2. 滤波原理

电感 L 也是一种储能元件，当电流发生变化时，L 中的感应电动势将阻止其变化，使流过

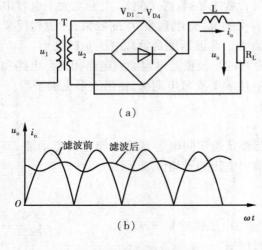

（a）

（b）

图 1-18　电感滤波电路
（a）电路图；（b）波形图

L 中的电流不能突变。当电流有变大的趋势时，感生电流的方向与原电流方向相反，阻碍电流增大，将部分能量储存起来；当电流有变小的趋势时，感生电流的方向与原电流方向相同，放出部分储存的能量，阻碍电流减小。于是使输出电流与电压的脉动减小，波形如图 1-18（b）所示。

3. 主要特点

①通过二极管的电流不会出现瞬时值过大的情况，对二极管的安全有利。

②L 越大，R_L 越小，滤波效果越好，但 L 大会使电路体积大、笨重、成本增高。

③输出电压的平均值虽然比不滤波时提高，但比电容滤波输出的平均值低。电感滤波输出电压的平均值为

$$U_o = 0.9U_2 \tag{1-8}$$

可见，电感滤波电路适用于电流较大、负载较重的场合。

三、复式滤波电路

电容滤波器和电感滤波器都是基本滤波器，用它们可以组合成图 1-19 所示的复式滤波器。将它们之一接到整流电路输出端与负载 R_L 之间，滤波效果比单一的电容或电感滤波效果好得多。尤以 π 型滤波效果最佳。它们的工作原理是上述两种滤波器的组合，此处不再详加讨论。

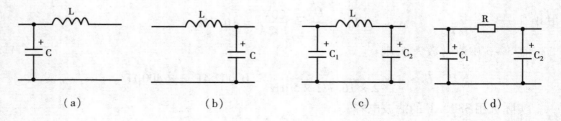

（a）　　　　　（b）　　　　　（c）　　　　　（d）

图 1-19　复式滤波器
（a）CL 滤波器；（b）LC 滤波器；（c）LCπ 型滤波器；（d）RCπ 型滤波器

◇◇◇ **小 结 一** ◇◇◇

①介绍了本征半导体、N 型半导体、P 型半导体、PN 结等概念。

②半导体具有热敏、光敏和掺杂三大特性。

③PN 结具有单向导电性，即正偏时导通，反偏时截止。

④半导体二极管由 PN 结外加封装外壳和引线而成，它具有单向导电性，为非线性器件。它的伏安特性曲线形象地描述了二极管的单向导电性和反向击穿特性。普通二极管工作在单向导电区（正向导通区），稳压二极管工作在反向击穿区。二极管的主要参数有两个：最大整流电流 I_{OM} 和最高反向工作电压 U_{RM}。

⑤利用二极管的单向导电性，可以组成半波、全波、桥式整流电路，将交流电转换成脉动的直流电。

⑥为了向电器设备提供比较平滑的直流电，对整流电路输出的脉动电流必须进行滤波。最基本的滤波电路有电容滤波电路和电感滤波电路。广泛使用的有复式滤波器。

习题一

一、填空题

1. 半导体具有_____、_____和_____三大特性。

2. 不含杂质的半导体叫_____半导体，在本征半导体中掺入少量三价_____元素构成的半导体叫_____型半导体，该半导体中多数载流子是_____。

3. 稳压二极管工作在_____区。

4. 二极管具有特性，即两端加_____偏压导通，加_____偏压截止。

5. 二极管的伏安特性曲线不是直线，说明二极管是_____元件。

6. 将交流电变换成直流电的过程叫_____整流，整流电路通常由_____组成。

7. 题图 1-1 所示电路中，（a）图的 $U_{ao} =$ _____ V；（b）图中 V_{D1} 导通，V_{D2} 截止，则 $U_{ao} =$ _____ V。

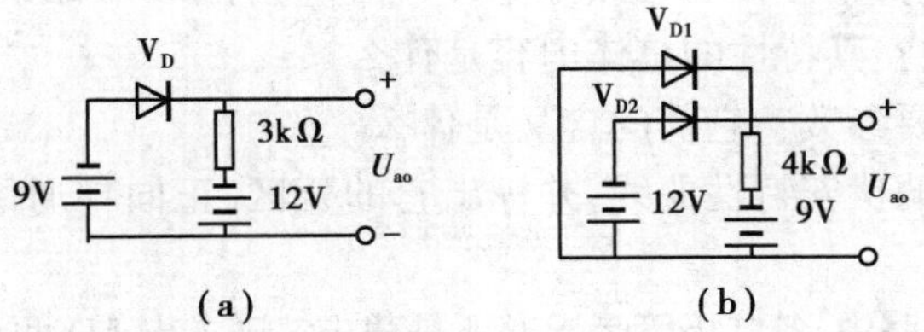

题图 1-1

8. 二极管的两个参数是_____和_____。

9. 常用的滤波电路有_____滤波电路、_____滤波电路和_____滤波电路。

二、判断题

1. 光敏二极管是利用半导体的光敏特性制成的。　　　　　　　　（　　）

2. 半导体中有电子和空穴两种载流子。　　　　　　　　　　　　（　　）

3. 常用的半导体材料只有硅材料。　　　　　　　　　　　　　　（　　）

4. PN 结导通之后宽度变窄了。　　　　　　　　　　　　　　　（　　）

5. 二极管的正极连接的是内部的 N 区。　　　　　　　　　　　（　　）

6. 二极管电压击穿后不能使用。　　　　　　　　　　　　　　　（　　）

7. 发光二极管工作时两端正向电压为 1.5 ~ 3V。 （　　）

8. 在常见的单相整流电路中，半波整流电路效率最低。 （　　）

9. 半导体硅或锗都可构成稳压二极管。 （　　）

10. 整流电路接上滤波电容之后输出电压升高并且稳定了。 （　　）

三、选择题

1. 用万用表欧姆挡测得一只二极管的正反向电阻均较小（接近0），表明二极管（　　）。
    A. 正常　　　　　　　B. 已经击穿　　　　　C. 热击穿　　　　　　D. 性能不佳

2. 测得一只二极管的正负极之间的电压为 0V，则这只二极管（　　）。
    A. 已烧断　　　　　　B 已击穿　　　　　　　C 正常工作　　　　　　D 不能判定

3. 下列说法正确的是（　　）。
    A. 锗管的死区电压为 0.2 ~ 0.3V，硅管的死区电压为 0.6 ~ 0.7V
    B. 硅管的死区电压为 0.2V，锗管的死区电压为 0.5V
    C. 锗管的死区电压为 0.2V，硅管的死区电压为 0.7V
    D. 硅管的死区电压为 0.5V，锗管的死区电压为 0.2V

4. 在单向桥式整流电路中，若变压器次级电压的有效值 U_2 = 10V，则输出电压 U_0 为（　　）。
    A. 4.5V　　　　　　　B. 9V　　　　　　　　C. 10V　　　　　　　　D. 12V

5. 稳压二极管正常工作的范围是（　　）。
    A. 反向击穿区　　　　B. 正向导通区　　　　C. 反向截止区　　　　D. 死区

6. 用机械式万用表检测发光二极管时，应采用的电阻挡为（　　）。
    A. R × 10　　　　　　B. R × 100　　　　　　C. R × 1kΩ　　　　　　D. R × 10kΩ

7. 单相桥式整流电路中有一只整流二极管断路，则（　　）。
    A. U_0 会升高　　　　B. U_0 会降低　　　　C. 不能工作　　　　　　D. 将烧毁电路

四、简答题

1. 解释下列名词：本征半导体、P 型半导体、N 型半导体和 PN 结。

2. PN 结有什么特性？ 其特性的具体内容是什么？

3. 二极管有哪些主要参数？ 它们的含义是什么？

4. 定性画出二极管的伏安特性曲线，并标出它的死区、正向导通区、反向截止区和反向击穿区。

5. 在题图 1-2 所示电路中，各二极管是导通还是截止？ 试求出 AO 两点间的电压 U_{AO} =？（设二极管为理想型，即正偏时正向压降为 0，正向电阻为 0；反偏时，反向电流为 0，反向电阻为 ∞）

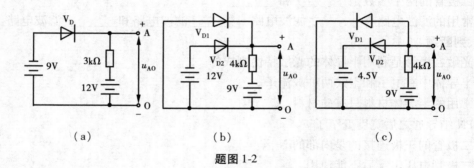

（a）　　　　　　　　　　　　（b）　　　　　　　　　　　　（c）

题图 1-2

6.画出半波整流电路和桥式整流电路,试分析各自的工作原理。它们的输出电压和电流的平均值多大? 并分析这两种电路中整流二极管平均电流及最高反向工作电压的大小。

7.若将单相桥式整流电路接成如题图1-3所示形式,将出现什么后果? 为什么? 试改正之。

8.试分析桥式整流电路中,若有1只二极管短路将引起什么后果? 若有1只二极管断路又将引起什么后果?

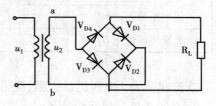

题图1-3

9.试画出桥式整流后的电容滤波电路和电感滤波电路的电路图及电压波形图,并分析各自的滤波原理及主要特点。

10.1只二极管的正极电位是 $-30V$,负极电位是 $-25V$,则该二极管工作于什么状态?

实验一

二极管伏安特性曲线的测试

一、实验目的

学会用电流表和电压表(也可用万用表)测试二极管的伏安特性。

二、实验器材*

1.仪表设备
①直流稳压电源1台;
②直流毫安表1只;
③直流微安表1只;
④兆欧表1只;
⑤万用表1只。

2.元器件
①大功率硅二极管和锗二极管(反压100V)各1只;
②滑动变阻器;
③定值电阻。

三、实验内容和步骤

1.测试二极管的正向特性
①按实验图1-1所示搭接电路,先用万用表直流电压挡检测二极管输入、输出电压。
②将滑动变阻器 R_P 从稳压电源输出为0V开始起调,分别取 U_1 为0.2,0.4,0.6,0.8,1,3,5V等量值时,观测通过二极管的电流和管子两端的电压 U_2,并记入实验表1-1。

实验表 1-1 二极管的正向特性检测数据　　　　　　管型：_____

正向电压 U_1/V	0	0.2	0.4	0.6	0.8	1	2	3
正向电流 I_{V_D}/mA								
二极管两端电压 U_2/V								

③按实验表 1-1 所记录数据,在直角坐标系(或坐标纸)上逐点描出二极管正向特性曲线。

2. 测试二极管的反向特性

①按实验图 1-2 所示搭接电路。输出电压从 0V 开始起调,按每 20V 间隔依次提高加在二极管两端的反向电压,观测不同反压时的反向漏电流并将其数据记入实验表 1-2 中。在测反压时要特别注意选择万用表直流电压的量程。

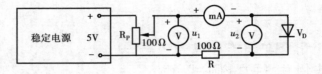

实验图 1-1

②用兆欧表作高压直流电源代替实验 1-2 图的稳压电源,注意兆欧表输出电压极性与稳压电源极性相同。按有关兆欧表操作要领(见《电工技能与训练》一书 §4-5)检测二极管反向击穿电压,并将所测数值记入实验表 1-2 中。

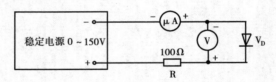

实验图 1-2

实验表 1-2 二极管的反向特性

反向电压/V	0	−20	−40	−80	−100	−120	反向击穿电压/V
反向电流/A							

③按实验表 1-2 所列数据,在绘有正向特性曲线的同一张坐标纸上逐点描出二极管反向特性曲线,并标出死区、正向导通区、反向截止区和反向击穿区,注明死区电压____ V、导通电压____ V、击穿电压____ V。

第二章
半导体三极管和放大电路

半导体三极管包括双极型三极管和场效应管。双极型三极管又称晶体三极管,它是有两个背靠背 PN 结且有电子与空穴两种载流子参与导电的半导体三极管。本章将讨论三极管的结构、原理及特点,并对以三极管为核心组成的常用放大电路(又称放大器)进行分析。

在分析放大电路时,为了区别电器元件和电量以及区分电压和电流的直流分量、交流分量、交直流的叠加量和交流分量的瞬时值及有效值,现对符号用法做如下规定:

采用正体字母代表电器元件,如 E,R,C 等分别表示电源、电阻器和电容器,相应元件的电量 E,R,C 等分别表示电源的电动势、电阻器的电阻和电容器的电容;用大写字母带大写下标表示直流分量,如 I_B,U_C 分别表示基极直流电流和集电极直流电压;用小写字母带小写下标表示交流分量的瞬时值,如 i_b,u_c,u_i,u_o 分别表示基极交流电流、集电极的交流电压以及输入和输出的交流信号电压的瞬时值;用小写字母带大写下标表示交直流叠加量,如 $i_B = I_B + i_b$ 表示基极电流(叠加)总量的瞬时值;用大写字母带小写下标表示交流分量的有效值,如 U_i,U_o 分别表示交流信号电压的有效值;用大写字母带 m 下标表示交流分量的振幅值,如 I_m,U_m 分别表示交流电流、电压的峰值。

第一节　半导体三极管

一、结构与符号

半导体三极管的基本结构都是由 3 块掺杂半导体形成的 2 个 PN 结所组成。3 块半导体的排列方式有 2 种类型,因此三极管可分为 NPN 型和 PNP 型。3 块半导体的厚薄是不相等的,特别是中间一块做得很薄,结构示意图和符号如图 2-1 所示,两种类型的三极管的符号用发射极箭头的方向不同以示区别。实际上发射极箭头方向就是发射极正向电流的方向。

从图 2-1 可看出,每种类型的三极管都由发射区、基区和集电区组成。把发射区和基区交界处的 PN 结叫发射结,集电区和基区交界处的 PN 结叫集电结。实际的三极管是在管芯的 3 个区域上分别引出 3 个电极即发射极 e、基极 b 和集电极 c,再加上封装管壳而做成。

三极管不是简单地把 2 个 PN 结连在一起制成的,它在结构上必须具有以下 3 个特点:

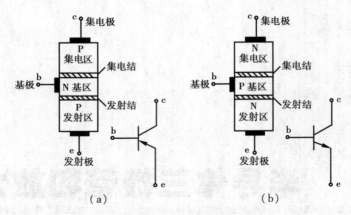

图 2-1　三极管的结构与符号

(a)PNP 型;(b)NPN 型

①发射区的掺杂浓度远大于基区和集电区的掺杂浓度,目的是为了增强发射区载流子的发射能力;

②基区很薄,有利于发射区注入到基区的载流子顺利越过基区到达集电结一侧;

③集电区的面积做得很大,有利于增强收集载流子的能力。正是由于三极管在内部结构上有上述特点,因此,任意两个 PN 结(或二极管)不能构成一个三极管,虽然三极管的集电区和发射区为同种类型的掺杂半导体,c 极和 e 极也不能对调使用。

三极管的种类很多,按所用半导体材料分有硅三极管和锗三极管;按结构和工艺分有合金管和平面管;按功率分有小功率管、中功率管和大功率管;按工作频率分有低频管、高频管和超高频管;按用途分有放大管和开关管等等。

二、放大原理与电流分配

三极管要具有放大作用,除了要满足内部结构特点外,还必须满足外部电路条件。其外部条件是:发射结加正向偏置电压,集电结加反向偏置电压,简言之,发射结正偏,集电结反偏,如图 2-2 所示。对于 NPN 型管,3 个电极上的电位分布必须符合 $U_C > U_B > U_E$。对于 PNP 型管,电源极性与 NPN 管相反,应满足 $U_C < U_B < U_E$ 的条件才能起放大作用。加在基极与发射极之间的正向电压 U_{BE} 称为正向偏压(又叫正向偏置),其数值应大于发射结的死区电压。

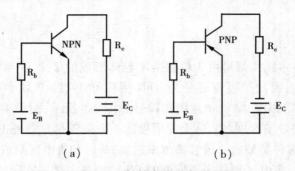

图 2-2　三极管直流供电原理图

(a)NPN 型管供电原理;(b)PNP 型管供电原理

下面用实验来研究三极管的放大原理与电流分配：

实验如图 2-3 所示。该电路中有 3 条支路的电流通过三极管，即集电极电流 I_C、基极电流 I_B 和发射极电流 I_E。对于 NPN 管组成的电路，这三路电流方向如图中箭头所示，其中基极电源 E_B 通过基极电阻 R_b 和电位器 R_P 将正向电压加到发射结上，以提供发射结正偏电压 U_{BE}；集电极电源 E_C 通过集电极电阻 R_C 将电压加在集电极与发射极之间以提供电压 U_{CE}，也是为了给集电结提供反向偏压。

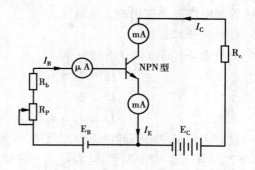

图 2-3　晶体管放大原理与电流分配实验电路

调节电位器 R_P 的阻值，可以改变基极上的偏置电压，从而控制基极电流 I_B 的大小。而 I_B 的变化又将引起 I_C 和 I_E 的变化。每取得一个 I_B 的确定值，必然可获得一组 I_C 和 I_E 的确定值与之对应，该实验所取数据如表 2-1 所示。

表 2-1　测试三极管 3 个电极上电流数据表

I_B/mA	0	0.01	0.02	0.03	0.04	0.05
I_C/mA	0.01	0.56	1.14	1.74	2.33	2.91
I_E/mA	0.01	0.57	1.16	1.77	2.37	2.96

1. 电流放大原理

分析表 2-1 中的数据可见，基极电流为零时，集电极电流几乎也为零。当基极电流 I_B 从 0.01mA 增大到 0.02mA 时，集电极电流 I_C 从 0.56mA 增大到 1.14mA，将这两个电流的变化量相比得

$$\frac{\Delta I_C}{\Delta I_B} = \frac{1.14 - 0.56}{0.02 - 0.01} = \frac{0.58}{0.01} = 58$$

这表明，当基极电流有一个微小的变化时，将引起集电极电流有一个较大的变化。这两个电流变化量的比值叫作三极管的交流放大倍数 β。即

$$\beta = \Delta i_C / \Delta i_B$$

分析表 2-1 中的数据还可看出，基极电流 I_B 和集电极电流 I_C 有着基本固定的倍数关系，即 I_C/I_B 约为 58。通常集电极电流为基极电流的几十倍到几百倍，把 I_C 与 I_B 的比值叫做三极管的直流放大倍数 $\bar{\beta}$。即

$$\bar{\beta} = I_C / I_B$$

β 和 $\bar{\beta}$ 都是表示三极管的放大能力，但它们的涵意是不同的。β 是 i_C 的变化量与 i_B 的变化量之比，表示三极管对交流电流的放大能力；$\bar{\beta}$ 是 I_C 与 I_B 的对应值之比，表示三极管对直流电流的放大能力。在一般情况下，β 和 $\bar{\beta}$ 的值基本相同，今后就不再区分 β 和 $\bar{\beta}$ 了，均以 β 来表示。

综上所述，由于基极电流 I_B 的变化，使集电极电流 I_C 发生更大的变化。即基极电流 I_B 的微小变化控制了集电极电流 I_C 较大的变化，这就是三极管的电流放大原理。

值得注意的是，三极管经过放大后的电流 I_C 是由电源 E_C 提供的，并不是 I_B 提供的。可见这是一种以小电流控制大电流的作用，而不是把 I_B 真正放大为 I_C，只是将直流能量经过三极管

的特殊关系按I_B的变化规律转换为幅度更大的交流能量而已,三极管并没有创造能量,这才是三极管起电流放大作用的实质所在。

2. 电流分配关系

分析表2-1的数据有下列关系

$$I_E = I_C + I_B \tag{2-1}$$

$$I_C = \beta I_B \tag{2-2}$$

所以 $\qquad\qquad I_E = I_C + I_B = \beta I_B + I_B = (1 + \beta)I_B \approx I_C$

这就表明了三极管的电流分配规律,即发射极电流等于基极电流和集电极电流之和,无论是 NPN 型管还是 PNP 型管,均满足这一规律。它也符合基尔霍夫定律,相当于把晶体管看成一个节点,流入管子的电流之和等于流出管子的电流之和。在 NPN 管中,I_B,I_C 流入三极管,I_E 流出三极管;在 PNP 管中,则是 I_E 流入三极管,I_B,I_C 流出三极管。

3. 三极管的 3 种接法

三极管在电路中的连接方式有 3 种:共发射极接法、共基极接法和共集电极接法。共什么极是指电路的输入端及输出端以这个极作为公共端,如图 2-4 所示。无论哪种接法(或称组态),都有以下共同之处:

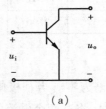 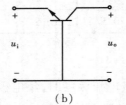 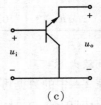

（a） （b） （c）

图 2-4　三极管的三种连接方式

（a）共发射极电路；（b）共基极电路；（c）共集电极电路

• 加电原则相同　为了使三极管正常放大,所加直流电压必须满足发射结正偏,集电结反偏。

• 各极电流的分配规律相同　三极管的接法不同,并没有改变三极管的内部结构,仍有下列关系:

$$\begin{cases} I_E = I_B + I_C \\ I_C = \beta I_B \\ I_C \approx I_E \end{cases}$$

• 电流的实际方向不因接法不同而改变。

三、三极管的特性曲线

三极管外部各极电压和电流的关系曲线,称为三极管的特性曲线,又称伏安特性曲线。它不仅能反映三极管的质量与特性,还用来定量地估算出三极管的某些参数,是分析和设计三极管电路的重要依据。

对于三极管的不同连接方式,有着不同的特性曲线。应用最广泛的是共发射极电路,所以,这里只讨论共发射极特性曲线。

三极管的共发射极特性曲线可由图 2-5 所示电路测试数据,用描点法绘出,也可由晶体管特性图示仪直接显示出来。

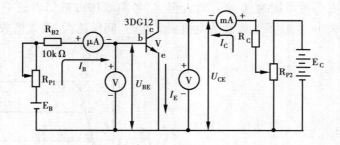

图 2-5　三极管输入输出特性测试电路

1. 输入特性曲线

当 U_{CE} 一定时,三极管的发射结电压 U_{BE} 与基极电流 I_B 之间的关系曲线,称为三极管的输入特性曲线。在图 2-5 所示的测试电路中,调节 R_{P1} 的阻值,每取 R_{P1} 的一个确定值,必然有一组 I_B 和 U_{BE} 的值与之对应。然后在直角坐标系中描点,即可得到该三极管的输入特性曲线。如果改变一个 U_{CE} 的值,还可得出另一条输入特性曲线,如图 2-6 所示。增大 U_{CE} 的值,输入特性曲线向右移,但 U_{CE} 的值增大到一定值以后,各条曲线几乎重合。

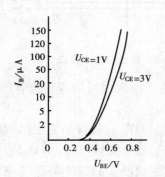

图 2-6　三极管输入特性曲线

U_{BE} 是加在三极管的发射结上,该 PN 结相当于一个二极管,所以三极管的输入特性曲线与二极管的正向特性曲线很相似,也存在死区电压,只有发射结的正偏电压大于死区电压时,三极管才会出现基极电流 I_B。硅管的死区电压约为 0.5V,锗管的死区电压约为0.2V。但三极管的输入特性曲线与二极管的特性曲线也有不同之处,因为发射极电流只有小部分变为基极电流,而大部分变为集电极电流。因此,不能简单地把输入特性说成是发射结的伏安特性。

三极管开始导通时,电流增加缓慢,但 U_{BE} 略微上升一点,电流增加很快,很小的 U_{BE} 变化会引起 I_B 的很大变化。三极管正常放大工作时 U_{BE} 变化不大,只能工作在零点几伏。硅管0.7V、锗管 0.3V 左右,这是检查放大器中三极管是否正常的重要依据。用万用表直流电压挡去测量三极管 b-e 间的电压,若偏离上述值较大,说明管子有故障存在。

2. 输出特性曲线

当基极电流 I_B 一定时,集电极与发射极之间的电压 U_{CE}(也称管压降)与集电极电流 I_C 之间的关系曲线,称为三极管的输出特性曲线。在图 2-5 所示的测试电路中,先固定 R_{P1} 的阻值,使基极电流 I_B 为定值,调节 R_{P2},每取一个定值时就有一组 U_{CE} 和 I_C 的值与之对应。然后在平面直角坐标系中描点,就可得出一条三极管的输出特性曲线,如图 2-7 所示。每取一个 I_B 值,就有一条输出特性曲线与之对应,如用一组不同的 I_B 值,就可得到图 2-8 所示的输出特性曲线族。

从图可以看出,三极管的输出特性有以下特点:

①当 $U_{CE} = 0$ 时，$I_C = 0$，随着 U_{CE} 的增大，I_C 跟着增大，当 U_{CE} 大于 1V 左右以后，无论 U_{CE} 怎么变化，I_C 几乎不变，所以曲线与横轴接近平行。

②当基极电流 I_B 等值增加时，I_C 比 I_B 增大得多，各曲线可以近似看成平行等距，各曲线平行部分之间的间距大小，反映了三极管的电流放大能力，间距越大，放大倍数越大。

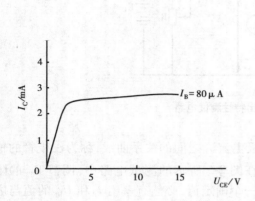

图 2-7　基极电流为一定值的输出特性曲线

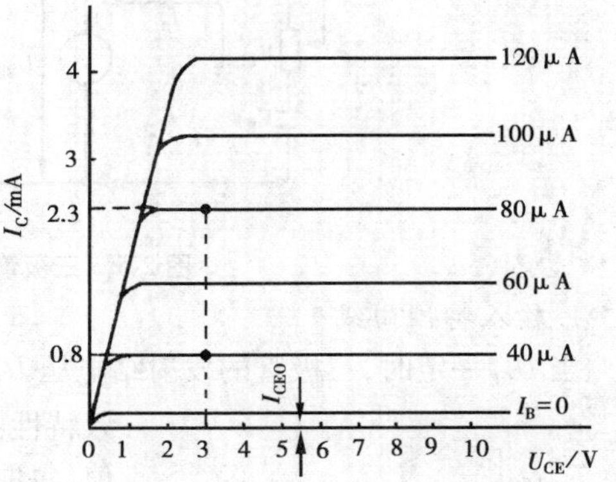

图 2-8　输出特性曲线族

从图中还可以看出，三极管的特性曲线可分为 3 个区域。这 3 个区域对应着三极管的 3 种不同的工作状态。

● 截止区　指 $I_B = 0$ 的那条特性曲线以下的区域。在这个区域里，三极管的发射结和集电结都处于反向偏置，三极管失去了放大作用。因 $I_B = 0$，说明 U_{BE} 低于死区电压，不论 U_{CE} 的大小如何，集电极电流 I_C 都几乎为零。只有内部载流子的漂移运动形成的微小的穿透电流 I_{CEO}。在选用三极管时，I_{CEO} 越小越好。

● 放大区　指输出特性曲线平坦且相互近似平行等距的区域。这个区域内，管压降 U_{CE} 足够大，发射结正偏，集电结反偏。I_C 与 I_B 成比例增长，I_B 有一个微小的变化，I_C 将按比例发生较大变化。满足 $I_C = \beta I_B$ 关系，体现了三极管的电流放大作用，也体现了 I_B 对 I_C 的控制作用。可在垂直于横轴方向作一直线，从该直线上找出 I_C 的变化量 ΔI_C 和与之对应的 I_B 的变化量 ΔI_B，即可根据 $\beta = \Delta I_C / \Delta I_B$ 求出管子的放大倍数。如图 2-8 中，I_B 从 40μA 变到 80μA，I_C 从 0.8mA 变到 2.3mA，则 $\beta = (2.3 - 0.8)/(0.08 - 0.04) = 37.5$。

● 饱和区　输出特性曲线上左边比较陡直部分与纵轴之间的区域。在这个区域内，发射结和集电结均处于正偏，U_{CE} 很小，I_C 不受 I_B 控制，三极管失去放大作用，称为三极管工作在饱和状态。由于管压降 U_{CE} 很低，所以集电极与发射极之间接近短路。这一点可作为判断三极管是否进入饱和区的依据。

四、主要参数与选管依据

晶体管的参数是其性能的标志，是选用晶体管的依据。常用的主要参数有：

1. 电流放大倍数 β

电流放大倍数的涵义前面已作介绍，这里不重述。但要说明的是，中小功率晶体管的 $\beta = 20 \sim 200$；大功率晶体管的 $\beta = 10 \sim 50$。β 小，电流放大能力弱；β 太大，工作不稳定。此外，β 还与工作频率有关,低频时,β 几乎为常数;高频时,β 随频率增高而下降。

2. 穿透电流 I_{CEO}

三极管基极开路时,集电极与发射极之间加上一定电压 U_{CE} 时,从集电极流到发射极的漏电流。小功率锗管的 I_{CEO} 约为几十至几百 μA;硅管的 I_{CEO} 在 $1\mu A$ 以下。它是表征晶体管热稳定性的参数。I_{CEO} 越小,工作越稳定,质量越好。

3. 集射极反向击穿电压 $U_{(BR)CEO}$

基极开路时,集电极与发射极之间能承受的最高反向电压。在使用三极管时,集电极与发射极之间所加电压绝不能超过此值,否则将损坏管子。

4. 集电极最大允许电流 I_{CM}

实验证明:集电极电流 I_C 增大到一定值后,β 会下降。使 β 下降到正常值的 $2/3$ 时的集电极电流,称为集电极最大允许电流。

5. 集电极最大允许耗散功率 P_{CM}

集电极通过电流 I_C,会产生集电极损耗 $P_C = U_{CE}I_C$,导致晶体管发热,甚至造成损坏。为使管子受热引起的参数变化不超过规定允许值而规定的最大集电极耗散功率 P_{CM},它与管子的散热条件有关。使用时,应当保证 $P_C < P_{CM}$,否则将导致热损坏。

P_{CM} 可能发生在 U_{CE} 较大、I_C 较小的情况下,也可能发生在 U_{CE} 较小、I_C 较大的情况下。因此对应于 P_{CM} 的值可在输出特性曲线上画出一条 P_{CM} 相等的功耗线,如图 2-9 所示,称为等损耗线。此线之左为安全工作区,之右则为过损耗的不安全工作区。

$P_{CM} \geqslant 1W$ 的晶体管,称为大功率管;

$P_{CM} \leqslant 300mW$ 的晶体管,称为小功率管;

$300mW < P_{CM} < 1W$ 的晶体管,称为中功率管。

上述 5 个参数中,β、I_{CEO} 是表征质量优劣的参数;$U_{(BR)CEO}$、I_{CM}、P_{CM} 是极限参数,使用时绝对不许超过此参数值。

选用晶体管的依据是:选择 I_{CEO} 小、β 合适的晶体管。使用时必须满足

$$\begin{cases} I_C < I_{CM} \\ U_{CE} < U_{(BR)CEO} \\ P_C < P_{CM} \end{cases} \tag{2-3}$$

应当留有充分的余量。

例 2-1　某三极管的输出特性曲线如图 2-10 所示,图中虚线表示 P_{CM} 曲线。试求:

(1)三极管的电流放大倍数 β;

(2)穿透电流 I_{CEO};

(3)反向击穿电压 $U_{(BR)CEO}$;

(4)集电极最大耗散功率 P_{CM};

(5)集电极最大允许电流 I_{CM}。

解　(1)求 β:根据 $\beta = \dfrac{\Delta I_C}{\Delta I_B}$,图中

$$\Delta I_B = 60\mu A - 40\mu A = 20\mu A = 0.02mA$$

$$\Delta I_C = 2.9mA - 1.9mA = 1mA$$

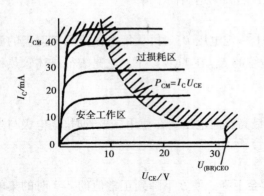

图 2-9 三极管等损耗线

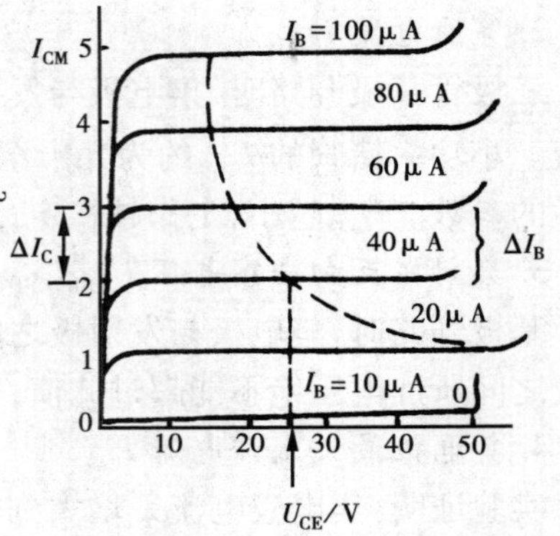

图 2-10 三极管输出特性曲线

$$\beta = \frac{\Delta I_C}{\Delta I_B} = \frac{1\text{mA}}{0.02\text{mA}} = 50$$

（2）求 I_{CEO}：根据 I_{CEO} 的含义，$I_B = 0$ 的曲线所对应的 I_C 即为 I_{CEO}，故 $I_{CEO} = 10\mu A$。

（3）求 $U_{(BR)CEO}$：分析 $I_B = 0$ 时的输出特性曲线可见，在 $U_{CE} > 50V$ 时，I_C 突然迅速增长，说明该点为反向击穿点。即

$$U_{(BR)CEO} = 50V$$

（4）求 P_{CM}：取 P_{CM} 曲线与任一条输出特性曲线（如 $I_C = 2\text{mA}$ 的曲线）的交点作横轴 U_{CE} 的垂线，与横轴相交于 25V 处，即此时 $U_{CE} = 25V$，故

$$P_{CM} = U_{CE}I_C = 25V \times 2\text{mA} = 50\text{mW}$$

（5）求 I_{CM}：从图中纵轴上可直接查到

$$I_{CM} = 5\text{mA}$$

第二节　基本放大电路

本节介绍的基本放大电路是低频放大电路。它以三极管为核心，加上直流电源和其他元器件组成。其基本功能是把微弱的电信号（电压、电流）放大到适当的程度。放大电路（又称放大器）广泛应用在音响、电视、精密测量仪器等复杂的自动控制系统中。

一、基本放大电路的组成

利用三极管工作在放大区时所具有的电流控制特性，可以实现放大作用，因此，三极管（放大器件）是放大电路中必不可少的器件；为了保证器件工作在放大区，必须通过直流电源给器件提供适当的偏置；为了确保信号能有效地输入和输出，还必须设置合理的输入电路和输出电路。可见，放大电路由放大器件、直流电源和偏置电路与输入电路和输出电路三部分组成，如图 2-11 所示。

电路中各元件的作用如下：

V 为 NPN 型三极管，起放大作用，是该放大器的核心器件。

E_B 为基极偏置电源，为发射结提供正向偏压。

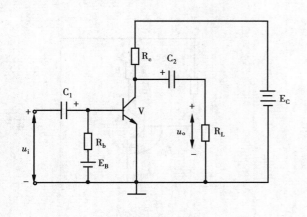

图 2-11　基本放大电路

R_b 为基极偏置电阻，E_B 电压一定时，通过改变 R_b 的阻值获得不同的基极电流（或叫偏置电流，简称偏流）。R_b 一般为几十至几百 kΩ。

E_C 为集电极偏置电源，为集电结提供反向偏压，与 E_B 共同作用，使三极管工作在放大区。

R_c 为集电极电阻，将集电极电流 i_C 的变化转换成集—射之间的电压 U_{CE} 的变化，这个变化的电压就是放大器的输出信号电压。R_c 的取值一般是几百至几千 Ω。

C_1，C_2 分别为输入、输出信号耦合电容，使交流信号顺利通过；同时隔断输入信号与三极管基极、三极管集电极与负载电阻 R_L 之间的直流通路，即隔直通交。C_1，C_2 常选用容量较大的电解电容，正极接高电位端，负极接低电位端，如极性接反，有可能损坏电容器。

整个放大器以三极管的发射极为输入、输出回路的公共端接地（并非真正接到大地），作为零电位参考点，电路图上用"⊥"作接地符号，电路中各点的电压都是指相对于地端的电位差。电压参考方向规定为上正下负。

在这个电路中，采用了 E_B，E_C 分别给基极和集电极供电。为了简化电路，通常将两个电源合并为一个 E_C，只要将 R_b 的阻值作相应调整就可以达到同样的效果，如图 2-12 所示，这是今后通用的共射放大电路的习惯画法。

综上所述，基本放大电路必须遵循以下原则：

①必须保证三极管工作在放大区，以实现放大作用。

②元件的安排应保证信号能有效地传输，即有 u_i 输入时，应有 u_o 输出。

③元件参数的选择应保证输入信号能不失真地放大，否则，放大将失去意义。

以上 3 条原则也是判断一个电路是否具有放大作用的依据。

1. 直流通路及画法

放大器的直流等效电路即为直流通路，是放大器输入回路和输出回路直流电流的流经途径。画直流通路的方法是：将电容视为开路，电感视为短路，于是图 2-12 的直流通路为图 2-13 所示。

2. 静态工作点

没有输入信号时，三极管基射电压、集射电压、基极电流、集电极电流是不变的直流量，分别用符号 U_{BEQ}，U_{CEQ}，I_{BQ}，I_{CQ} 表示。因此，放大器没有输入信号时的直流工作状态叫作静态。由于 U_{BEQ}，U_{CEQ}，I_{BQ}，I_{CQ} 的值对应着三极管输入特性曲线和输出特性曲线上某一点 Q，故称为放大电路的静态工作点，如图 2-14 所示。

放大器是放大交流信号的，为什么还要设置静态工作点呢？下面分析一下设置静态工作点的原因。

在图 2-14（a）中，去掉基极电阻 R_b，电路变为图 2-15 所示，这时输入端输入正弦信号 u_i（C_1 对交流信号视为短路），只有在输入信号正半周且信号电压大于发射结死区电压时，发射

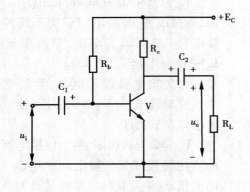

图 2-12 基本放大电路的习惯画法

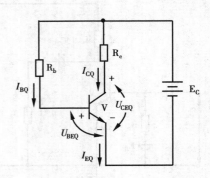

图 2-13 放大器的直流通路

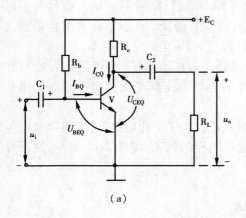

(a)

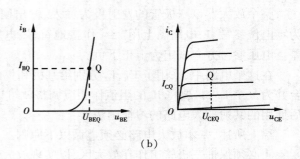

(b)

图 2-14 放大器静态工作点

(a) 电路; (b) 静态工作点

结才正偏导通,才有基极电流 i_B 通过。在输入信号负半周,发射结反偏截止,无基极电流,于是得到图 2-16(b)所示的失真的输出波形。图 2-16(a)是三极管输入特性曲线,图 2-16(c)是输入信号的完整正弦波形。因此,由于死区电压的原因,在交流输入信号的一个周期内,三极管只有一小部分时间导通,大多数时间不能产生基极电流和集电极电流,使输出波形与输入波形不同,这种现象称为放大器的失真。

针对上述波形产生失真的原因,要消除失真的办法是:在输入交流信号之前,先给三极管发射结加上正向偏压 U_{BEQ},使基极有一个起始直流电流 I_{BQ},此时再输入交流信号 u_i,即可使 u_i 叠加到 U_{BEQ} 上,那么整个输入电压就变为 $u_{BE} = U_{BEQ} + u_i$,如图 2-17(a)所示。将该电压作用于发射结就大于死区电压了,得到的基极电流 $i_B = I_{BQ} + i_b$ 仍为基极直流电流 I_{BQ} 与 u_i 产生的交流电流的叠加,如图 2-17(c)所示。可见设置静态工作点相当于用 U_{BEQ} 将 u_i 举起,避开输入特性曲线的死区部分,而让三极管工作在输入特性曲线的近似为线性的部分,使 u_i 在整个周期内不会进入截止区。由此保证了在 u_i 的整个周期内三极管均处于放大状态,避免了波形失真。

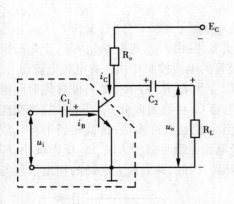

图 2-15 不设置静态工作点的放大电路

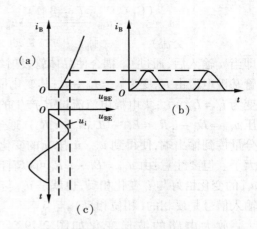

图 2-16 不设置静态工作点放大器的波形图

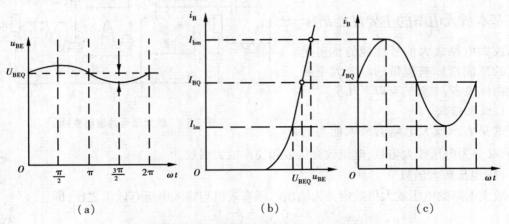

图 2-17 设置静态工作点后 u_{BE}, i_B 的波形

二、交流通路与放大原理

1. 交流通路及画法

有信号输入时,放大电路的工作状态称为动态。动态时,电路中既有代表信号的交流分量,又有代表静态偏置的直流分量,是交、直流共存状态。

放大器交流等效电路即为交流通路,是放大器输入的交流信号的流经途径。它的画法是:将电容视为短路,电感视为开路,电源视为短路,其余元件照画。于是图2-12 的交流通路为图 2-18 所示。

2. 放大原理

当输入信号 u_i 加到放大电路输入端时,电路就由静态转入放大信号的动态。放大信号的过程可表示为

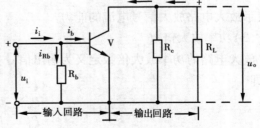

图 2-18 基本放大电路的交流通路

$$u_i \xrightarrow{(C_1)} u_{BE} \xrightarrow{(三极管)} i_B \xrightarrow{(三极管)} i_C \xrightarrow{(R_C)} u_{CE} \xrightarrow{(C_2)} u_o$$

（交流）　　（脉　　　动　　　直　　　流）　　（交流）

即当 u_i 输入后,通过 C_1 耦合使晶体管发射结电压发生了变化:由 U_{BEQ} 变为 $U_{BEQ} + u_i$,于是三极管基极电流由 I_{BQ} 变为 $i_B = I_{BQ} + i_b$;其变化量 i_b 通过三极管的电流控制作用使集电极电流由 I_{CQ} 变为 $i_C = I_{CQ} + i_c$;集电极电流流过 R_c 产生的压降由 $I_{CQ}R_c$ 变为 $I_{CQ}R_c + i_cR_c$,则三极管集射间电压 $u_{CE} = E_C - i_C R_c = E_C - (I_{CQ}R_c + i_cR_c)$,通过隔直耦合电容 C_2 将直流成分 U_{CEQ} 隔断,只把交流分量传到输出端,便得到 u_o。u_o 按 u_i 的变化规律变化,但 u_o 比 u_i 大许多倍,这就相当于将 u_i 放大了。但要注意:由 $u_{CE} = E_C - i_C R_c$ 可以看出,当集电极电流 i_C 瞬时值增大时,u_{CE} 反而减小,即 u_{CE} 的变化恰好与 i_C 变化相反,也就是 u_{CE} 与 i_C 的相位相反。因此,共射放大电路的输出信号与输入信号是反相的(相位相反)。

放大电路的波形变化如图 2-19 所示。

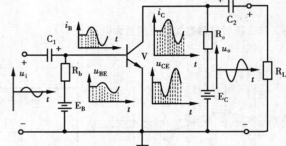

三、基本放大电路的主要性能指标

放大电路放大信号性能的优劣是用它的性能指标来衡量的。放大电路性能指标很多,主要的有以下几个。

图 2-19　放大信号的波形变换

1. 放大倍数

这是表示放大电路的放大能力的指标,又分为电压放大倍数、电流放大倍数和功率放大倍数。

（1）电压放大倍数

放大电路的电压放大倍数定义为输出电压有效值与输入电压有效值之比,即

$$A_u = \frac{U_o}{U_i} \tag{2-4}$$

它表示放大电路放大信号电压的能力。

（2）电流放大倍数

放大电路的电流放大倍数定义为输出电流有效值与输入电流有效值之比,即

$$A_i = \frac{I_o}{I_i} \tag{2-5}$$

它表示放大电路放大信号电流的能力。

（3）功率放大倍数

放大电路的功率放大倍数定义为输出信号功率($P_o = U_o I_o$)与输入信号功率($P_i = U_i I_i$)之比,即

$$A_p = \frac{P_o}{P_i} = \frac{U_o I_o}{U_i I_i} = A_u A_i \tag{2-6}$$

在实际工作中,放大倍数常用增益 G 来表示,增益的单位为分贝(dB)。定义为

$$G_u = 20\lg \frac{U_o}{U_i}dB = 20\lg A_u dB$$

$$G_i = 20\lg \frac{I_o}{I_i}\text{dB} = 20\lg A_i\ \text{dB} \qquad (2\text{-}7)$$

$$G_p = 10\lg \frac{P_o}{P_i}\text{dB} = 10\lg A_p\ \text{dB}$$

2. 输入电阻和输出电阻

(1)输入电阻

放大器输入端加上交流信号电压 u_i,将在输入回路产生输入电流 i_i。这相当于在一个电阻上加上交流电压将产生交流电流一样,这个电阻称为放大器的输入电阻,用 r_i 表示。在数值上等于输入电压与输入电流之比,即

$$r_i = \frac{u_i}{i_i}$$

输入电阻也可从另一个角度来理解,即从输入端看进去,有一个等效电阻向信号源吸取能量,如图 2-20 左边所示。这个电阻值越大,则要求信号源提供的信号电流越小,信号源的负担就越小。因此,一般要求放大电路的输入电阻大些好。

(2)输出电阻

从放大器输出端(不包括外接负载电阻 R_L)看进去的交流等效电阻叫输出电阻,如图 2-20 右边所示,用 r_o 表示。也可理解为,当放大电路将信号放大后输出给负载,对负载 R_L 而言,放大电路可视为具有内阻的信号源,该信号源的内阻即为放大电路的输出电阻。放大电路的输出电阻越小,它带负载的能力越强,所以输出电阻越小越好。

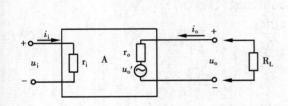

图 2-20 输入电阻和输出电阻

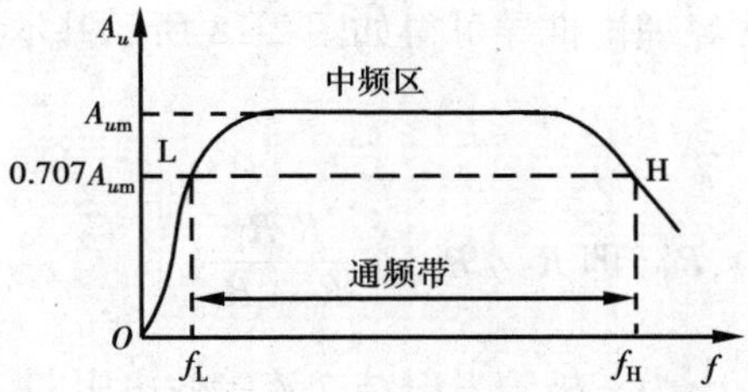

图 2-21 放大电路的通频带

3. 通频带

任何放大电路都不能把所有频率的信号都均匀地放大,对基本放大电路而言,频率过高或过低时,放大倍数都要下降。我们把放大电路能正常放大的频率范围,叫做放大电路的通频带,如图 2-21 所示。如果把正常放大的频率范围叫中频区,则信号频率下降而使放大倍数下降到中频区时的 0.707 倍所对应的频率叫下限截止频率,用 f_L 表示。同理,将信号频率上升而使放大倍数下降到中频区时的 0.707 倍时所对应的频率叫上限截止频率,用 f_H 表示。则通频带可表示为

$$f_{bw} = f_H - f_L$$

四、基本放大电路的估算

用方程式通过近似计算分析放大器主要指标的方法叫估算法。估算法比较简便且准确性较好,在工程上较为适用。

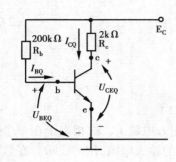

图 2-22 静态工作点估算电路

1. 静态工作点的估算

静态工作点的估算包括 I_{BQ}, I_{CQ}, U_{CEQ} 这 3 个直流参数，从图 2-22 的直流通路可得

$$E_C = I_{BQ}R_b + U_{BEQ}$$

经整理可得

$$\begin{cases} I_{BQ} = \dfrac{E_C - U_{BEQ}}{R_b} \approx \dfrac{E_C}{R_b} \quad (\text{因 } U_{BEQ} \text{ 只有零点几伏}) \\ I_{CQ} = \beta I_{BQ} \\ U_{CEQ} = E_C - I_{CQ}R_c \end{cases}$$

上述三式即为估算基本放大电路静态工作点的关系式，今后可直接应用。

例 2-2 图 2-22 所示电路中，$E_C = 12\text{V}$，$\beta = 50$，其余元件参数见图，试估算静态工作点。

解
$$I_{BQ} \approx \frac{E_C}{R_b} = \frac{12\text{V}}{200\text{k}\Omega} = 60\mu\text{A}$$

$$I_{CQ} = \beta I_{BQ} = 50 \times 60\mu\text{A} = 3\,000\mu\text{A} = 3\text{mA}$$

$$U_{CEQ} = E_C - I_{CQ}R_c = 12\text{V} - 3\text{mA} \times 2\text{k}\Omega = 6\text{V}$$

2. 电压放大倍数的估算

电压放大倍数的定义式为

$$A_u = \frac{U_o}{U_i}$$

经理论推导可得如图 2-18 所示基本放大电路电压放大倍数的公式为

$$A_u = -\frac{\beta R'_L}{r_{be}} \qquad (2-8)$$

式中，R'_L（即 $R_c /\!/ R_L$）$= \dfrac{R_c R_L}{R_c + R_L}$。

r_{be} 为三极管发射结交流等效电阻，其大小可按下式计算：$r_{be} = 300 + (1 + \beta)\dfrac{26}{I_{EQ}}$，$I_{EQ}$ 为发射极静态电流，单位为 mA，因 $I_{EQ} \approx I_{CQ}$，故也可用 I_{CQ} 代替。

电压放大倍数公式中的负号表示输出电压与输入电压相位相反。

3. 电流放大倍数的估算

电流放大倍数的定义式为

$$A_i = \frac{I_o}{I_i}$$

经推导可得基本放大电路电流放大倍数的公式为

$$A_i = -\beta \qquad (2-9)$$

可见共射基本放大电路的电流放大倍数与三极管的电流放大系数 β 相同。

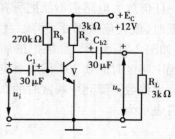

图 2-23

例 2-3 在图 2-23 所示的电路中，设三极管的 $\beta = 50$，其余元件参数见图。试求：

（1）静态工作点；

（2）A_u；

（3）A_i。

解　（1）求静态工作点：

$$I_{BQ} \approx \frac{E_C}{R_b} = \frac{12V}{270k\Omega} \approx 44.4\mu A$$

$$I_{CQ} = \beta I_{BQ} = 50 \times 44.4\mu A = 2.2mA$$

$$U_{CEQ} = E_C - I_{CQ}R_c = 12V - 2.2mA \times 3k\Omega = 5.4V$$

（2）求电压放大倍数 A_u 时，必须先求 r_{be} 的值。

$$r_{be} = 300\Omega + (1 + \beta)\frac{26mV}{I_{EQ}} = \left[300 + (1 + 50)\frac{26}{2.2}\right]\Omega$$

$$= \left(300 + \frac{1\,326}{2.2}\right)\Omega \approx 903\Omega = 0.903k\Omega$$

$$A_u = -\beta\frac{R'_L}{r_{be}} = -\frac{\beta \times \dfrac{R_c R_L}{R_c + R_L}}{r_{be}} = -\frac{50 \times 1.5k\Omega}{0.903k\Omega} \approx -83.3$$

（3）求 A_i：

根据公式

$$A_i = -\beta = -50$$

第三节　分压式偏置电路

基本放大电路是通过基极电阻 R_b 提供静态基极电流 I_{BQ}，只要 R_b 固定了，I_{BQ} 也就固定了，所以基本放大电路叫固定偏置电路。它虽然电路简单，但电路稳定性差，一旦温度升高，或电源电压变化等因素都会使静态工作点发生变化，影响放大器的性能。为了稳定静态工作点，在要求较高的场合，常采用改进后的共射放大电路——分压式偏置电路。

一、分压式偏置电路的结构及稳定工作点的原理

1. 电路结构

分压式偏置电路结构如图 2-24 所示，它与固定偏置电路相比多接了 3 个元件，即 R_{b2}，R_e，C_e。下面简要介绍它们各自的作用。

从图 2-24 中可以看出，R_{b1} 相当于基本放大电路（固定式偏置电路）中的基极电阻 R_b，现接入 R_{b2} 后，流经 R_{b1} 的电流 I_1 与流经 R_{b2} 的电流 I_2 及基极电流 I_{BQ} 之间的关系为 $I_1 \approx I_2 \gg I_{BQ}$，因此，基极电位 U_B 由 R_{b1} 和 R_{b2} 分压决定，分压式偏置电路由此而得名。根据分压公式有

$$U_B = \frac{R_{b2}}{R_{b1} + R_{b2}}E_C$$

由上式看出，改变 R_{b1} 或 R_{b2} 的阻值就可改变基极电位 U_B，也就改变了放大器的静态工作点。

接入 R_e 后，发射极电流 I_{EQ} 流经 R_e 时要在 R_e 上产生电压降，因此接入 R_e 的目的是为了提

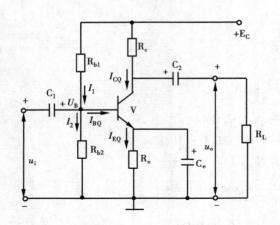

图 2-24　分压式偏置电路

高发射极电位。

假设不接 C_e，那么不仅 I_{EQ} 流过 R_e 时产生压降 $I_{EQ}R_e$，信号电流 i_E 流过 R_e 时也要产生压降 $i_E R_e$，这样会使放大器的放大倍数下降。为了避免降低放大倍数，在 R_e 两端并联 C_e，让 i_E 从 C_e 旁路入地（因电容有隔直通交的作用）。故 C_e 常称为旁路电容。

2. 稳定工作点的原理

放大电路工作时，电流流经三极管会使温度上升，将引起 I_{CEO} 和 β 增大，造成 I_{CQ}，I_{EQ} 增大，I_{EQ} 增大后会使发射极电位 U_E

升高，而基极电位 U_B 基本不变。由于 $U_{BE} = U_B - U_E$，从而使 U_{BE} 下降，U_{BE} 下降后 I_{BQ} 下降，最终使 I_{CQ} 下降，阻止了温度升高时 I_{CQ} 上升的趋势，使工作点恢复到原有状态。

上述稳定工作点的过程可表示为

$$温度 \uparrow（或 \beta \uparrow）\longrightarrow I_{CQ} \uparrow \longrightarrow I_{EQ} \uparrow \longrightarrow U_E = I_{EQ}R_e \uparrow$$

$$U_B \text{不变}$$

$$I_{CQ} \downarrow \longleftarrow I_{BQ} \downarrow \longleftarrow U_{BEQ} \downarrow \longleftarrow$$

二、静态工作点的计算

计算静态工作点的顺序：固定偏置电路是先算 I_{BQ}，再算 I_{CQ}，最后算 U_{CEQ}；分压式偏置电路则是先算 I_{CQ}，再算 I_{BQ}，最后算 U_{CEQ}。

估算分压式偏置电路的工作点时要明确以下两点：

①$I_{CQ} + I_{BQ} = I_{EQ}$，由于 I_{BQ} 很小，所以 $I_{CQ} \approx I_{EQ}$。

②$U_B = U_E + U_{BE}$，由于 U_{BE} 只有零点几伏即 $U_E \gg U_{BE}$，故 $U_B \approx U_E$。

在图 2-24 所示的电路中，因为 $U_B = \dfrac{R_{b2}}{R_{b1} + R_{b2}} E_C$，从而可得下面一组计算分压式偏置电路静态工作点的关系式：

$$\begin{cases} I_{CQ} \approx I_{EQ} = \dfrac{U_E}{R_e} = \dfrac{U_B}{R_e} \\[2mm] I_{BQ} = \dfrac{I_{CQ}}{\beta} \\[2mm] U_{CEQ} = E_C - I_{CQ}R_c - I_{EQ}R_e = E_C - I_{CQ}(R_c + R_e) \end{cases}$$

从上面的关系式看出，要计算分压式偏置电路的静态工作点，首先要根据分压公式计算出基极电位 U_B。

三、电压放大倍数的计算

按照交流通路的画法画出分压式偏置电路的交流通路如图 2-25 所示。与固定式偏置电路的交流通路相比，惟一有差别的是输入回路中，分压式偏置电路用 $R_{b1} /\!/ R_{b2}$ 代替了固定式偏

置电路中的 R_b，其余完全相同，所以电压放大倍数的公式与固定式偏置电路的电压放大倍数公式完全相同。即

$$A_u = -\frac{\beta R'_L}{r_{be}}$$

如果将 C_e 去掉，则电压放大倍数公式变为

$$A_u = -\frac{\beta R'_L}{r_{be} + (1 + \beta)R_e} \tag{2-10}$$

例 2-4　在图 2-26 中，已知三极管的 $\beta = 50$，$U_{BEQ} = 0.7V$，其余参数见图。试计算：

（1）静态工作点；

（2）电压放大倍数。

解　（1）计算静态工作点：

根据分压公式得

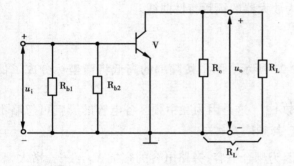

图 2-25　分压式偏置电路的交流通路

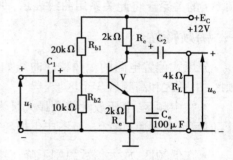

图 2-26

$$U_B = \frac{R_{b2}}{R_{b1} + R_{b2}}E_C = \frac{10k\Omega}{20k\Omega + 10k\Omega} \times 12V = 4V$$

$$U_E = U_B - U_{BEQ} = 4V - 0.7V = 3.3V$$

$$I_{CQ} \approx I_{EQ} = \frac{U_E}{R_e} = \frac{3.3V}{2k\Omega} = 1.65mA$$

$$I_{BQ} = \frac{I_{CQ}}{\beta} = \frac{1.65mA}{50} = 0.033mA$$

$$U_{CEQ} = E_C - I_{CQ}(R_c + R_e)$$
$$= 12V - 1.65mA(2k\Omega + 2k\Omega) = 5.4V$$

（2）计算电压放大倍数：

$$r_{be} = 300\Omega + (1 + \beta)\frac{26V}{I_{EQ}} = 300\Omega + (1 + 50) \times \frac{26mV}{1.65mA} \approx 1.1k\Omega$$

$$R'_L = \frac{R_c R_L}{R_c + R_L} = \frac{2k\Omega \times 4k\Omega}{(2 + 4)k\Omega} \approx 1.33k\Omega \qquad R'_L = R_c /\!/ R_L$$

$$A_u = -\frac{\beta R'_L}{r_{be}} = -\frac{50 \times 1.33k\Omega}{1.1k\Omega} \approx -60.5$$

第四节 放大器的频率特性

前面讨论的放大器都是假设输入端输入的是同一频率的正弦信号,且将频率局限于不高不低的范围内。这种情况下,可将耦合电容、旁路电容视为短路,放大器的放大倍数与信号频率无关。但实际中并非如此,输入信号往往并不是单一频率,而是一个频率范围。如音响中的放大器放大的是 20 ~ 20000Hz 的音频信号;电视机中的放大器放大的是 0 ~ 6MHz 的视频信号。只有放大器能对某一范围内的各种频率信号具有相同的放大倍数,才能保证输出波形不失真。事实上放大器对不同频率信号的放大倍数是不一样的,这就造成了信号的失真,这种失真叫放大器的频率失真。放大器对信号的放大倍数与频率的关系,称为放大器的频率特性,也可叫作放大器的频率响应。本节只讨论频率特性中的幅频特性,即放大器电压放大倍数 A_u 与频率 f 的关系。将此关系用曲线表示,即称为放大器的幅频特性曲线。

一、幅频特性

分压式偏置电路的幅频特性曲线如图 2-27 所示。图中按频率的高低将横坐标分成了低频区、中频区和高频区 3 个区域。

● 在中频区,电压放大倍数最大且为常数 A_{um} 这是因为在中频区各电容的影响可忽略不计,信号可顺利通过它们,而不产生损耗。A_{um} 与频率 f 无关。

● 在低频区,放大倍数急剧下降 这是因为耦合电容、旁路电容的容抗 $X_C = \dfrac{1}{2\pi fC}$ 增大,衰减了输入信号,从而使电压放大倍数下降。下降到 A_{um} 的 0.707 倍时的频率 f_L 称为下限截止频率。

● 在高频区,电压放大倍数也急剧下降 这是因为晶体管的电流放大倍数 β 像图 2-28 所示那样,随频率增高而下降。加之晶体管极间电容的容抗随频率增高而减小,对信号起分流作用,从而使电压放大倍数下降,下降到 A_{um} 的 0.707 倍时的频率 f_H 称为上限截止频率。

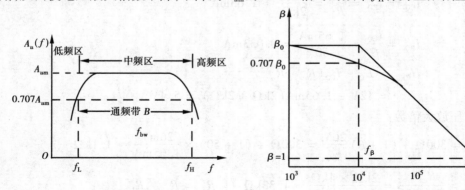

图 2-27 放大器的幅频特性　　　　图 2-28 β 随频率变化的关系曲线

上限截止频率 f_H 与下限截止频率 f_L 的差值称为放大电路的通频带 f_{bw},即

$$f_{bw} = f_H - f_L$$

一般要求放大器的通频带宽些为好。

二、根据幅频特性选择三极管

图 2-28 中，β 随频率的增高而减小，当 β 下降到 β_0（最大值）的 0.707 倍时对应的频率，称为三极管的截止频率，记作 f_β；当 β 下降到 1 时对应的频率，称为三极管的特征频率，记作 f_T。此时三极管集电极电流与基极电流相等，完全失去电流放大作用。

实际中，如需要放大的信号的频率很高且要求放大倍数大，则应选择 f_T 较高的管子，三极管手册中给出了 f_T 等参数。

国家标准规定：$f_\beta \geq 3\mathrm{MHz}$ 的三极管为高频管；$f_\beta < 3\mathrm{MHz}$ 的三极管为低频管。

第五节　多级放大器

要把微弱的信号放大到所需的幅度，采用放大倍数只有几十倍的单级放大器是办不到的。必须将几个单级放大器连接起来，进行多级放大，才能推动负载工作。构成方法是将前一级放大器的输出端接后一级放大器的输入端，如此依次连接下去直至最后一级。各级之间信号能量的传递称为级间耦合，简称耦合。

一、级间耦合的几种方式

多级放大器级间耦合方式有阻容耦合、变压器耦合和直接耦合 3 种。

1. 阻容耦合

图 2-29 是用电容 C_2 将 2 个单级放大器连接起来的。第二级放大器的输入电阻即为第一级放大器的负载。在技术上把这种通过电容和下一级的输入电阻连接起来，实现级间信号，能量传递的方式叫阻容耦合。

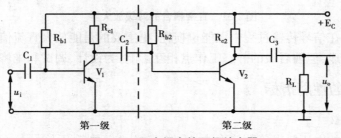

图 2-29　阻容耦合的两级放大器

这种耦合方式只能传输交流信号。由于耦合电容的"隔直通交"作用，各级直流电路互不相通，每一级的静态工作点相互独立而互不影响，给电路的设计、调试和维修带来很大方便。但在信号频率较低时，需加大耦合电容的容量，不便于集成，因此在分立电路中应用最为广泛。

2. 变压器耦合

将前后级放大器之间用变压器连接，实现信号、能量传输的方式叫变压器耦合。它适用于电路要求进行阻抗变换的场合，如图 2-30 所示。

这种耦合方式各级静态工作点仍相互独立互不影响，且还能实现级间的阻抗变换。但耦合元件笨重、成本高且不能集成，故使用范围日渐缩小。

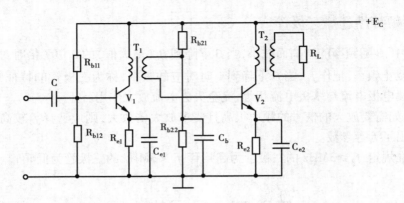

图 2-30　变压器耦合的两级放大器

3. 直接耦合

前面两种耦合方式都不能传输直流或变化极为缓慢的交流信号。将前一级输出端与后一级输入端直接(或经过电阻)连接,以实现信号和能量的传输,这种耦合方式叫直接耦合。如图 2-31 所示。

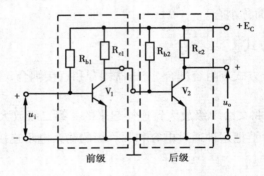

图 2-31　直接耦合的两级放大器

这种耦合方式在信号传输过程中无能量损耗,更主要的是能放大直流信号,所以又叫直流放大器。它便于集成,但前后级的静态工作点相互影响,为设计、调试和维修带来困难。

二、多级放大器的性能指标

1. 电压放大倍数

设各级放大器的电压放大倍数依次为 A_{u1},A_{u2},$\cdots$,A_{un},则输入信号 u_i 经第一级放大后输出电压成为 $A_{u1} \cdot u_i$,经第二级放大后输出电压成为 $A_{u2} \cdot (A_{u1} \cdot u_i)$,依次类推,经 n 级放大后输出电压成为 $A_{u1} \cdot A_{u2} \cdot \cdots \cdot A_{un} u_i$。因此,多级放大器总的电压放大倍数为各级电压放大倍数之乘积,即

$$A_u = A_{u1} \cdot A_{u2} \cdot \cdots \cdot A_{un} \tag{2-11}$$

根据对数的运算法则,若用分贝表示法,则总增益为各级增益的代数和,即

$$G_u = G_{u1} + G_{u2} + \cdots + G_{un}$$

2. 输入电阻和输出电阻

第一级的输入电阻为总的输入电阻,最后一级的输出电阻为多级放大器的输出电阻。

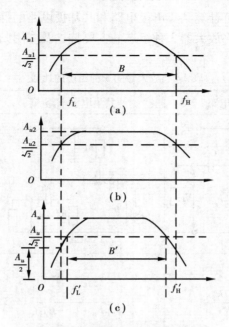

图 2-32　两级放大器的频率特性

3. 通频带

　　多级放大器的级数越多,低频段和高频段的放大倍数下降越快,通频带就越窄,图 2-32 为两级电路完全相同的单级放大器接成两级放大器后通频带变窄的示意图。可见,多级放大器提高了电压放大倍数,但是以牺牲通频带为代价的。为了满足多级放大器通频带较宽的要求,必须把每一个单级放大器的通频带作得更宽一些。

4. 非线性失真

　　因每一个单级放大器均有失真,多级放大器的失真为各级放大器失真的积累。因此,多级放大器级数越多,失真越大。

第六节　放大器的 3 种组态

　　前面已介绍过三极管的 3 种接法,由此可演绎出放大器的 3 种组态,即共发射极放大器、共集电极放大器和共基极放大器。

　　● 共发射极放大电路　信号从基极输入,从集电极输出,以发射极作为输入、输出回路的公共端。

　　● 共集电极放大电路　信号从基极输入,从发射极输出,以集电极作为输入、输出回路的公共端,又叫射极输出器(有的叫射极跟随器)。

　　● 共基极放大电路　信号从发射极输入,从集电极输出,以基极作为输入、输出回路的公共端。

　　不论哪种组态,在设计偏置电路时都必须保证发射结正偏,集电结反偏,才能使三极管处于放大状态。前面已经较详细地分析了共射放大电路的静态工作点及其计算以及它的主要指标的计算,用同样的方法也可计算共集电极电路和共基极电路的静态工作点和主要指标。

为了便于分析比较,现将放大器 3 种组态的主要特点及应用归纳如表 2-2 所列,今后可直接引用。

表 2-2　放大器的 3 种组态的比较

		共发射极电路	共集电极电路	*共基极电路
电路形式				
静态工作点		$I_{BQ} = \dfrac{E_C - U_{BEQ}}{R_b}$ $I_{CQ} = \beta I_{BQ}$ $U_{CEQ} = E_C - I_{CQ} R_c$	$I_{BQ} = \dfrac{E_C}{R_b + (1+\beta) R_e}$ $I_{CQ} = \beta I_{BQ}$ $U_{CEQ} = E_C - I_{CQ} R_e$	$U_{BQ} = \dfrac{R_{b2}}{R_{b1} + R_{b2}} \cdot E_C$ $I_{CQ} \approx I_{EQ} = \dfrac{U_{BQ}}{R_e}$ $I_{BQ} = \dfrac{I_{CQ}}{\beta}$ $U_{CEQ} = E_C - I_{CQ}(R_c + R_e)$
A_u	大小	$-\dfrac{\beta R_L'}{r_{be}}$(高)	$\dfrac{(1+\beta) R_L'}{r_{be} + (1+\beta) R_L'}$(低,略小于 1)	$\dfrac{\beta R_L'}{r_{be}}$(高)
	相位	u_o 与 u_i 反相	u_o 与 u_i 同相	u_o 与 u_i 同相
r_i		中	高	低
r_o		高	小	高
高频特性		差	较好	好
稳定性		较差	较好	较好
用途		多级电路输入级、中间级	多级电路输入级、输出级、缓冲级	高频或宽频带放大电路、恒流源电路

第七节　场效应管及其放大电路简介

晶体三极管的放大作用是利用基极电流的微小变化去控制集电极电流的较大变化来实现的,属于电流控制型器件,它的缺点是输入电阻较小。20 世纪 60 年代初,研制出了用电场效应控制导电沟道的形成和宽窄,从而达到控制电流以实现放大作用的半导体器件——场效应管,它属于电压控制型器件。其突出优点是输入电阻非常大(可达 $10^8 \Omega$ 以上),制造简单、易于集成,故应用越来越广泛。

场效应管也由 PN 结组成,按结构可分为结型和绝缘栅型两种。如果细分,还可分为

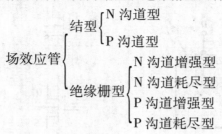

一、结构与符号

1. 结型场效应管的结构与符号

图 2-33(a)为 N 沟道结型场效应管的结构示意图。它是在同一块 N 型硅片的两侧分别制作掺杂浓度较高的 P 型区(用 P⁺ 表示),形成 2 个对称的 PN 结,将 2 个 P 区的引线连在一起作为 1 个电极,称为栅极 G;在 N 型硅片两端各引出 1 个电极,分别称为源极 S 和漏极 D。N 区成为导电沟道,故称为 N 沟道结型场效应管。如果导电沟道为 P 型半导体,称为 P 沟道结型场效应管,N 沟道和 P 沟道结型场效应管的电路符号分别如图 2-33(b)和(c)所示。图中箭头方向表示栅源间 PN 结正向偏置时栅极电流的实际流动方向。

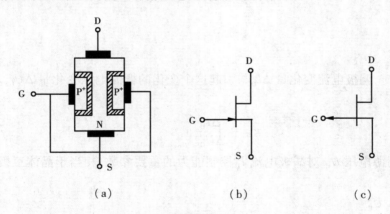

(a)   (b)   (c)

图 2-33 结型场效应管的结构及符号
(a)结构;(b)N 沟道符号;(c)P 沟道符号

2. 绝缘栅型场效应管的结构及符号

图 2-34(a)为 N 沟道增强型绝缘栅场效应管的结构示意图。它是在 1 块 P 型硅片衬底上,扩散 2 个高浓度掺杂的 N⁺ 区,然后在 P 型硅片表面制作一层很薄的二氧化硅(SiO_2)绝缘层,并在二氧化硅的表面和 2 个 N 型区表面分别引出 3 个电极,称为栅极 G、源极 S 和漏极 D。电路符号如图 2-34(b)和(c)所示。

可以看出,不论结型场效应管还是绝缘栅场效应管,它们都有 3 个电极:栅极 G、源极 S 和漏极 D。分别相当于晶体三极管的基极 b、发射极 e 和集电极 c。

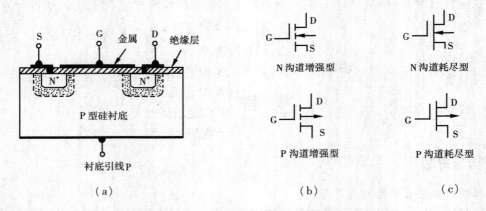

图 2-34　绝缘栅型场效应管的结构及符号

(a)N 沟道结构示意图；(b)增强型符号；(c)耗尽型符号

二、工作原理

场效应管的工作原理是利用栅源电压 u_{GS} 的大小来控制导电沟道的通断或漏源电流 i_D 的大小。

三、主要参数

1. 跨导 g_m

U_{DS} 为定值时，漏极电流变化量 ΔI_D 与引起这个变化的栅源电压变化量 ΔU_{GS} 之比，定义为跨导，即

$$g_m = \left. \frac{\Delta I_D}{\Delta U_{GS}} \right|_{U_{DS} = 常数}$$

该参数是表示栅源电压 U_{GS} 对漏极电流 I_D 控制能力的重要参数，相当于晶体三极管的电流放大倍数 β。

2. 夹断电压 U_P

在漏源电压 U_{DS} 为定值时，对于结型耗尽型绝缘栅场效应管的 I_D 小到近于零的 U_{GS} 值，即 $U_{GS} \leq U_P$ 时，截止；$U_{GS} > U_P$ 时，导通。

3. 开启电压 U_T

在漏源电压 U_{DS} 为定值时，增强型绝缘栅场效应管开始导通(I_D 达某一值)的 U_{GS} 值，即 $U_{GS} < U_T$ 时，截止；$U_{GS} > U_T$ 时，导通。

4. 最大漏极耗散功率 P_{DM}

指管子正常工作时允许耗散的最大功率。漏极电压与漏极电流的乘积不应超过此值，即 $P_D < P_{DM}$。

四、各种场效应管的比较

各类场效应管的符号、特性见表2-3。

表 2-3 各类场效应管的符号及特性

结构种类	工作	符号	电压极性		转移特性 $I_D = f(U_{GS})$	输出特性 $I_D = f(U_{DS})$
			U_P或U_T	U_{DS}		
绝缘栅（MOSFET）N 型沟道	耗尽型		−	+		0.2V U_{GS}=0V −0.2V −0.4V
	增强型		+	+		U_{GS}=5V 4V 3V
绝缘栅（MOSFET）P 型沟道	耗尽型		+	−		4V U_{GS}=0V +1V +2V
	增强型		−	−		U_{GS}=6V −6V −4V
结型（JFET）N 型沟道	耗尽型		+	−		0V U_{GS}=1V +2V +3V
结型（JFET）P 型沟道	耗尽型		−	+		0V U_{GS}=−1V −2V −3V

五、场效应管使用注意事项

①场效应管的漏极和源极在结构上是对称的,可以互换使用。而晶体三极管的集电极和发射极绝对不能互换使用。从这一点上说,场效应管使用时更简单灵活。

②结型场效应管的栅压不能接反,但可在开路状态下保存。而绝缘栅场效应管的栅极和衬底之间相当于以二氧化硅为绝缘介质的一个小电容(从结构图上可以看出),一旦有带电体靠近栅极时,感应电荷会将管子击穿损坏。因此保存时应将 3 个电极短接;焊接时,电烙铁必须有外接地线,以防止烙铁漏电而损坏管子。可在焊接时将电烙铁的插头拔下,利用电烙铁的余热焊接则更为安全。

③结型场效应管可用万用表检测管子的好坏。绝缘栅场效应管不能随意用万用表进行检测,要用测试电路或测试仪器检测,并且要在管子接入电路后才可去掉各电极间的短接线,取下时应先将各电极的短接线接好才能取下。

④如用 4 根引线的场效应管,其衬底引线应接地。

六、场效应管放大电路

与晶体三极管放大电路的组态对应,场效应管放大电路也有 3 种组态,即共源、共栅和共漏 3 种组态的放大电路。图 2-35 所示的为共源场效应管放大电路。

现对该放大器电路说明几点:

①从图 2-35 可以看出,将晶体三极管分压式偏置共射放大电路中的三极管移去,改用场效应管将 3 个电极对应接上去就得到场效应管放大电路,即场效应管放大电路与晶体三极管放大电路是相似的。

②场效应管偏置电路有以下 2 个特点:

● 只要偏压,不要偏流,这与晶体三极管不同。

● 不同类型的场效应管对偏置电源极性有不同的要求,表 2-3 中已列出了各种类型场效应管的偏置电压 U_{GS} 和 U_{DS} 的极性。

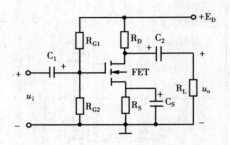

图 2-35　共源场效应管放大电路

③图 2-35 所示放大电路的电压放大倍数为 $A_u = -g_m R'_L$,其中 $R'_L = R_L /\!/ R_D^*$。

小 结 二

①三极管有 3 个区、2 个 PN 结、3 个电极。它具有电流放大作用,是电流控制型元件,即用基极电流的大小控制集电极电流的大小,$i_C = \beta i_B$,$i_E = i_C + i_B$。场效应管也有 2 个 PN 结、3 个电极,是电压控制型元件,即用栅源电压的大小控制漏源电流的大小。

②三极管的输入特性类似二极管,分为死区和正向导通区;输出特性曲线族有截止区、放大区和饱和区;三极管的主要参数有 β,I_{CEO},$U_{(BR)CEO}$,I_{CM},P_{CM}。用三极管组成放大电路时必须满足发射结正偏,集电结反偏。

③放大电路可画成直流通路和交流通路。计算静态工作点用直流通路,计算放大倍数用交流通路。

④分压式偏置电路是基本放大电路的改进,它可稳定工作点,应用广泛。

⑤多级放大电路有 3 种耦合方式。它的电压放大倍数为各单级放大电路电压放大倍数之积;用分贝表示时,则为各级电压增益之和,它的通频带比单级通频带要窄。

⑥放大器有 3 种组态,各自的特点见表 2-2。

⑦用场效应管组成的放大电路在结构上与三极管放大电路相似。

---

*　$R'_L = R_L /\!/ R_D$ 是欠规范的表达式,它仅表示 R'_L 的值等于 R_L 与 R_D 并联值,即 $R'_L = \dfrac{R_L R_D}{R_L + R_D}$。由于上述表示已被广泛采用,本书也视它为约定俗成。

习题二

一、填空题

1. 从三极管的内部结构看,三极管由_____块掺杂半导体形成的_____个 PN 结组成;从外部看,引出的三个电极分别叫作_____极、_____极、_____极,分别用字母_____、_____、_____表示。

2. 三极管按导电类型分为_____型和_____型两种,按材料分为_____管和_____管。

3. 已知三极管的集电极电流为 4 mA,基极电流为 0.08 mA,则三极管的发射极电流为_____,三极管的电流放大倍数 β 为_____。

4. 用指针式万用表测量判断三极管的引脚时(三极管是好的),如果黑表笔接某引脚不动,红表笔分别接另两引脚时阻值均较小,则三极管的管型为_____,黑表笔所接的引脚为_____极;如果红表笔接某引脚不动,黑表笔分别接另两引脚时阻值均较小,则三极管的管型为_____,红表笔所接的引脚为_____极。

5. 放大电路的三种组态:_____放大电路、_____放大电路和_____放大电路。

6. NPN 三极管要具电压放大作用的外部电压条件_____。

7. 当 NPN 型三极管处于放大状态时,_____极电位最高。

8. 如题图 2-1 中三极管工作在放大状态,测得各脚对地电压为图中所标值,根据电压值可判断此三极管的管类型为_____。

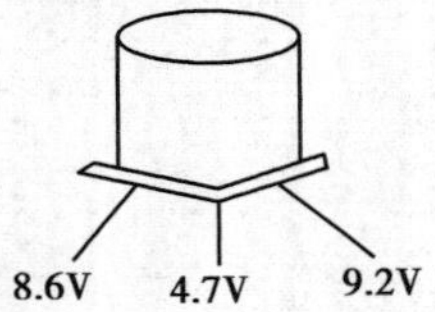

8.6V　　4.7V　　9.2V

题图 2-1

二、判断题

1. 三极管的结构特点为:基本掺杂浓度大,发射区很薄。　　　　　　　　(　　)

2. 射极输出器多用于功放输出级,因它有较大的电流、电压和功率放大倍数。(　　)

3. 多级放大器的通频带比其中每个单级放大器的通频带都宽。　　　　　(　　)

4. 在放大电路中,处于放大状态的 NPN 管三个电极上的电位必须满足条件 $V_C < V_B < V_E$。
　　　　　　　　　　　　　　　　　　　　　　　　　　　　　　　(　　)

5. 在画放大电路的直流通路时,是将电容和电源视为短路,电感视为开路,其余原件保留。
　　　　　　　　　　　　　　　　　　　　　　　　　　　　　　　(　　)

6. 三极管工作在放大区和饱和区的放大倍数 $\beta = \Delta I_C / \Delta I_B$。　　　　(　　)

7. 三极管的穿透电流越小,表明稳定性就越差。　　　　　　　　　　　(　　)

8. 在 90 系列三极管中,9012 是 NPN 管,9015 是 PNP 管。　　　　　(　　)

三、选择题

1. 为了使放大器具有较强的带负载能力,一般选用(　　)。
　　A.共射放大器　　　　B.共基放大器　　　　C.共集电极放大器　　　　D.都可以

2. 在单管基本放大电路中,如题图 2-2 所示,偏置电阻 R_B 减小,则三极管的(　　)。

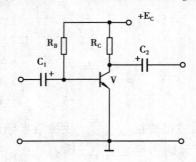

题图 2-2

A. U_{CEQ} 减小　　　　B. I_{CQ} 减小　　　　C. I_{CQ} 增大　　　　D. I_{BQ} 增大

3. 在基本共射放大器中,产生饱和失真的波形为(　　)。

　　　　　　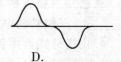

A.　　　　　　　　B.　　　　　　　　C.　　　　　　　　D.

4. 在固定偏置放大电路中,若测得 $U_{CE} = V_{CC}$,则可以判断三极管处于(　　)状态。

A. 放大　　　　　B. 饱和　　　　　C. 截止　　　　　D. 短路

5. 工作在放大电路中的两个晶体三极管,其电流分别如题图 2-3 所示,由此判别它们的管型是(　　)。

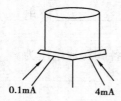　　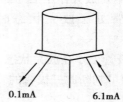

题图 2-3

A. 两只管子均为 NPN 型　　　　　　　B. 两只管子均为 PNP 型

C. 图(a)为 NPN 型,图(b)为 PNP 型　　D. 图(a)为 PNP 型,图(b)为 NPN 型

6. 如下所示三极管为硅管,处于正常放大状态的是(　　)。

　　　　　　　　C.　　　　

A.　　　　　　　　B.　　　　　　　　C.　　　　　　　　D.

四、简答题

1. 测得某个三极管在电路中的集电极电流为 2 mA,基极电流为 40 μA,问发射极电流是多少? 三极管的电流放大倍数是多少?

2. 三极管的内部结构必须具备哪 3 个特点?

3. 测得某三极管的基极电流 $i_B = 30$ μA 时,集电极电流 $i_C = 2.5$ mA;当 $i_B = 50$ μA 时,$i_C = 4.1$ mA,问三极管的 β 为多大?

4. 在题图 2-4 中所示,三极管在电路中均处于放大状态,测得的各极电压的数据在图中已标出,试判断晶体管的类型(NPN 或 PNP)、材料(硅或锗)及发射极。

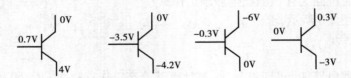

题图 2-4

5. 三极管有哪几个主要参数? 选管的依据是什么?

6. 基本放大电路必须满足哪几个原则?

7. 题图 2-5 所示电路能否起放大作用? 如何改正?

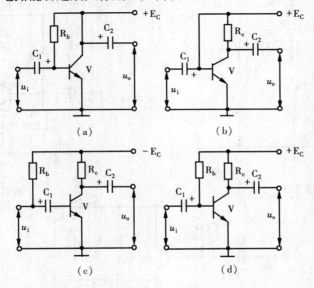

题图 2-5

8. 画出题图 2-6 所示电路的直流通路和交流通路。

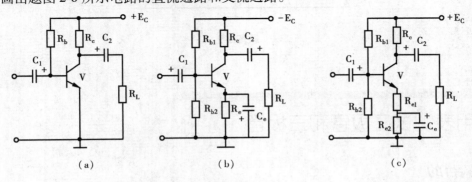

题图 2-6

9. 放大电路有哪些主要的性能指标? 请简要解释之。

10. 题图 2-7 中所示,已知 $E_C = 12$ V,管子的 $\beta = 50$,其余参数见图。求静态工作点、电压

放大倍数 A_u、电流放大倍数 A_i。

11. 题图 2-7 中,若 $\beta = 150$,其余参数不变,该电路能否起正常放大作用? 为什么?

12. 分压式偏置电路为什么能稳定静态工作点?

13. 电路如题图 2-8 所示,求:

(1)静态工作点;

(2)A_u。

14. 射极输出器电路如题图 2-9 所示,试计算其静态工作点和 A_u($\beta = 50$,$U_{BEQ} = 0.7\mathrm{V}$)。

15. 场效应管有哪几种?

16. 场效应管有哪些主要参数?

17. 使用场效应管有哪些注意事项?

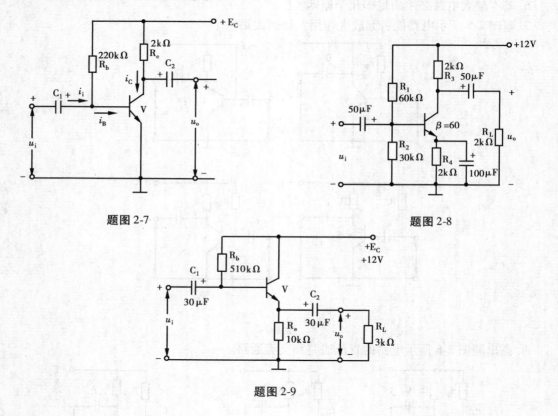

题图 2-7   题图 2-8

题图 2-9

实验二

用万用表测试二极管和三极管

一、实验目的

①学会使用万用表判别二极管的极性和三极管的管脚。

②熟悉用万用表判别二极管和三极管的质量。

二、实验原理

1. 用万用表测试二极管

晶体二极管内部实质上是一个 PN 结,因此根据 PN 结的单向导电性来测试,即二极管正偏时导通呈低阻,反偏时截止呈高阻。实验图 2-1 所示为用万用表电阻挡测量二极管的等效电路图。由图可知万用表正表笔(红表笔)实际上是接内部电池的负极;万用表的负表笔(黑表笔)才是接内部电池的正极。故可用万用表的 $R \times 1k\Omega$ 挡来测量二极管,具体方法是:将两支表笔分别接二极管的两脚,此时读出万用表显示的电阻值,然后将表笔对调,又可读出一电阻值。两次测量中,阻值小的一次黑表笔接的就是二极管的正极。如两次测量电阻都小或都大,则此二极管是坏的。

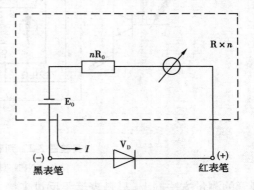

实验图 2-1　万用表电阻挡测二极管等效电路

用 $R \times 1k\Omega$ 挡测二极管的正向电阻一般只有几 $k\Omega$,其中正向电阻在 $1 \sim 3k\Omega$ 的为锗材料二极管;正向电阻在 $4 \sim 9k\Omega$ 的为硅材料二极管。反向电阻越大越好,一般为 ∞。需要注意的是:也可用 $R \times 100\Omega$ 挡测量二极管,但不同的电阻挡的等效内阻不同,测得的阻值有差异。一般不用 $R \times 10k\Omega$ 挡来测二极管,因该挡的电源电压较高(一般为 15V),有可能损坏管子。

2. 用万用表测量三极管

(1)判断基极和管子类型及材料

三极管内部有两个 PN 结——发射结和集电结。对于 NPN 型三极管,基极对集电极和发射极的正向电阻都较小,反向电阻都较大;PNP 型管子则相反。据此,可先找出基极。具体方法是:先假设三极管的三只脚中的任一脚为基极,然后用 $R \times 1k\Omega$ 挡黑表笔接假设的基极,红表笔接另外两个电极。如阻值都小,再将表笔交换测一次;如阻值都大,则假设的基极正确且为 NPN 型管;如测得的阻值与上述相反,则为 PNP 型管;如假设基极以后测得的阻值不是都小(或都大),而是一大一小,则说明假设错误,应重新假设直到测得的阻值符合上述要求为止;如在两次测量中阻值不是一次都小一次都大,而是两次都小或两次都大,则管子已击穿或已开路。另外,根据测得的 PN 结正向电阻的大小,用"1"中所述的方法判断三极管的材料,如实验图 2-2 所示。

(2)判断集电极和发射极

下面以 NPN 型管为例来介绍。

在三极管的类型和基极确定以后,可用下述方法来判断集电极和发射极。先假设除基极外的 2 只管脚中的任一管脚为集电极,用 $R \times 1k\Omega$ 挡且黑表笔接假设的集电极、红表笔接发射极,基极通过 1 只 $100k\Omega$ 的电阻与集电极相接,此时万用表表针将偏转一个角度;然后又假设另 1 只管脚为集电极,表笔和电阻的接法仍按上述要求,此时表针将再一次偏转一个角度。两次假设中,表针偏转角度大的一次黑表笔接的就是集电极,剩下的 1 只管脚为发射极。对 PNP

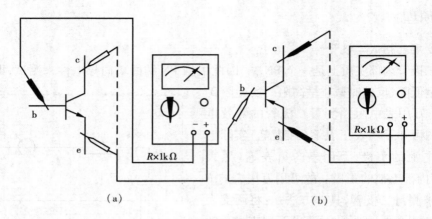

实验图 2-2　判断三极管的基极和类型

（a）NPN 型管；（b）PNP 型管

型管的测量方法同上，只是表笔要反过来接。上述测量方法的理论依据是三极管共射电流放大原理，如实验图 2-3 所示。

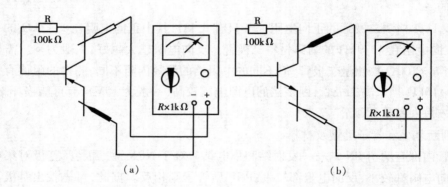

实验图 2-3　判断集电极和发射极

（a）PNP 型管；（b）NPN 型管

　　实际中，用手捏住基极与假设的集电极，或用舌头接触基极与假设的集电极，利用人体电阻代替实验图 2-3 中的 100kΩ 电阻，则同样可以判断集电极和发射极。还要说明的是，上述假设中，表针偏转角度越大，则说明三极管的 β 值越大。

　　对于大功率管，一般不用 $R \times 1\text{k}\Omega$ 挡，而用 $R \times 10\Omega$ 或 $R \times 100\Omega$ 挡来测量。

三、实验设备和器材

　　①万用电表 1 只，100kΩ 电阻 1 只；

　　②各种型号和材料的正常二极管、三极管若干只；

　　③各种型号和材料的已损坏的二极管、三极管若干只。

四、实验内容和步骤

（1）测试二极管的正、负极性和正、反向电阻

用万用表电阻挡（$R \times 1\text{k}\Omega$ 挡）判别二极管的正、负极，并记录正、反向电阻值于实验表2-1中。

（2）判别三极管的管脚和管型

①用万用表电阻挡（$R \times 1\text{k}\Omega$ 挡）判别出基极和管型。

实验表 2-1

被测管编号	正向电阻	反向电阻	材　料	质　量
1				
2				
⋮	⋮	⋮		
n				

②判别集电极和发射极。

③估测三极管的 β 值是否正常。

④将正常的和已损坏的管子区分出来。

实验三

基本放大电路有关参数的测试

一、实验目的

①掌握单管放大器静态工作点的测量方法和工作点对放大器工作的影响。

②学会测量电压放大倍数，测绘频率特性曲线。

二、实验电路

电路图如实验图3-1所示。

三、实验器材

①低频信号发生器、示波器、毫伏表和稳压电源各1台；

②3DG6(9014)三极管1只和实验3-1图所示其他元件及实验电路板，最好有电工电子通用实验仪。

四、实验内容及步骤

①安装好实验图3-1所示电路（暂不接 R_L）。

②将稳压电源输出调至12V送入实验电路板，调节 R_P 使 $I_{CQ} = 3\text{mA}$。同时测出 U_{BQ}，U_{CQ}（本实验图中 U_{CQ} 即为 U_{CEQ}）的值填入实验表3-1中。

实验表 3-1

工作点			信号源频率	是否加负载	u_i	u_o	$A_u = \dfrac{u_o}{u_i}$
I_{CQ}	U_{BQ}	U_{CEQ}	/kHz	R_L	/mV	/mV	
3mA			1	未			
				已			
2mA			1	未			
				已			
4mA			1	未			
				已			

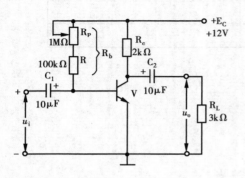

实验图 3-1

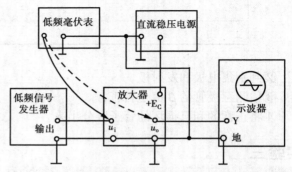

实验图 3-2

③将信号发生器接入放大器输入端,向放大器输入 1kHz,5mV 的正弦信号,同时将已预热的示波器接入放大电路输出端,观察输出电压 u_o 的波形。所有仪器与放大器之间的连接如实验图 3-2 所示。

④将信号发生器输入放大器的信号 u_i 调大,使 u_o 的不失真波形(示波器监视的波形)幅度最大,用毫伏表测出 u_i 和 u_o 的值并填入实验表 3-1 中,算出电压放大倍数 A_u。

⑤将放大器加上负载 R_L,按上述办法测出 u_i 和 u_o 的值一并记入实验表 3-1 中,算出电压放大倍数 A_u。

⑥将 I_{CQ} 分别调整为 2mA 和 4mA,重复上述步骤,将 u_i 和 u_o 的值也分别记入实验表 3-1 中,算出 A_u。

⑦将 R_L 接上,按实验表 3-2 的要求改变信号发生器输出信号频率,并用毫伏表测出 u_i 和 u_o 的对应值记入该表中,再算出各自的电压放大倍数 A_u。在坐标纸上做出该放大器的频率特性曲线(A_u-f 曲线),确定 f_L 和 f_H,并算出其通频带。

实验表 3-2

输入信号(u_i)频率/Hz	u_i/mV	u_o/mV	$A_u = \dfrac{u_o}{u_i}$
100			
200			

续表

输入信号(u_i)频率/Hz	u_i/mV	u_o/mV	$A_u = \dfrac{u_o}{u_i}$
400			
1000			
2000			
5000			
10000			

五、实验报告要求

整理实验数据,讨论实验结果,得出什么结论?

实验四

多级放大器有关参数的测试

一、实验目的

①学会 RC 耦合两级放大器的安装和调试。

②验证多级放大器电压放大倍数为各级电压放大倍数之积。

二、实验电路

以两级阻容耦合放大器为例,如实验图 4-1 所示。

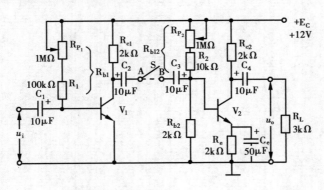

实验图 4-1

三、实验器材

除实验电路板按实验图 4-1 组装外,其余与实验 3 相同。

四、实验内容与步骤

①按实验图 4-1 安装好电路,确保无误。

②闭合开关 S,将稳压电源输出调到 12V 后接入实验电路,分别调节 R_{P1} 和 R_{P2},建立各级合适的静态工作点。将该电路 U_{C1},U_{C2} 分别调至 8 ~ 10V。

③用低频信号发生器在放大器输入端输入 $f = 1000$Hz,1mV 的正弦信号,用示波器观察 V_1 集电极波形(第一级输出波形),然后逐渐增大 u_i 并微调 R_{P1},使波形幅度最大而不失真。

④将示波器探头接到 V_2 的集电极,观察波形(整个放大器的输出波形)。若波形幅度过大,可降低输入信号 u_i 的幅度,调节 R_{P2},使输出波形最大又不失真,此时该两级放大器处于最佳工作状态。

⑤用毫伏表测出 u_i 和第一级输出信号的电压值(也是第二级放大器的输入信号电压值),再测出 u_o 的电压值,分别记入实验表 4-1 中。算出 A_{u1},A_{u2} 和整个放大器的电压放大倍数 A_u,验证 A_u 是否等于 A_{u1} 和 A_{u2} 之积。

实验表 4-1

放大器级数	u_i/mV	u_o/mV	$A_u = \dfrac{u_o}{u_i}$
第一级			
第二级			
两级放大器			

第三章
负反馈放大器

温度、电源电压波动等因素将导致半导体器件工作状态发生变化,使电路稳定性变差。为了保证放大电路能稳定工作,常常需要引入负反馈来改善放大电路的性能。

第一节　反馈的基本概念

第二章所讲的放大器中,是将信号从输入端注入,输出端取出,属于单一的正向传输。反馈,则是一种反向传输,它是将信号的一部分或全部从输出端取出,沿反方向通过元件或网络送回输入端的信号传输方式。这种用于反方向传输信号的电路称为反馈电路或反馈网络。凡带有反馈环节的放大电路称为反馈放大器或反馈放大电路。被反馈的信号可以是电压,也可以是电流。

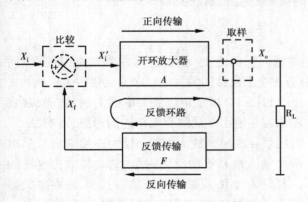

图 3-1　反馈放大器方框图

典型反馈放大器组成方框图如图 3-1 所示。图中 X_i 表示输入信号,X_o 表示输出信号。A 为放大器放大倍数,F 为反馈电路的反馈系数,X_f 是反馈信号,X_i' 为输入信号 X_i 和反馈信号 X_f 比较后得到的净输入信号。这里所指的比较,是将 X_i 与 X_f 相加或相减,使输入信号加强或削弱,从而得到净输入信号 X_i',图中比较环节用"✳"表示。

在未接反馈网络之前,正向传输的放大器放大倍数为 A,它等于输出信号 X_o 与净输入信号 X_i' 之比,即

$$A = \frac{X_o}{X_i'} \tag{3-1}$$

由于这种单向传输的放大器没有反馈网络构成环路,称为开环状态,A_u 称为开环放大倍数。接入反馈电路后,我们将反馈信号量与输出信号量之比称为反馈系数,用 F 表示,即

$$F = \frac{X_f}{X_o} \tag{3-2}$$

反馈信号 X_f 使原输入信号加强的反馈称为正反馈,使原输入信号减弱的反馈为负反馈。输入信号一定时,正反馈使放大器放大倍数增大,负反馈使放大器放大倍数减小。本章只讨论负反馈,正反馈将在下一章分析。

根据定义,负反馈的净输入量为

$$X_i' = X_i - X_f \qquad (3\text{-}3)$$

引入负反馈后,使信号有了从正向输出传输到反馈网络再注入到输入端的闭合环路,这种状态称为放大器的闭环状态。此时的放大倍数称为闭环放大倍数,用 A_f 表示,即

$$A_f = \frac{X_o}{X_i} = \frac{X_o}{X_i' + X_f} = \frac{X_o}{X_i' + FX_o} = \frac{\dfrac{X_o}{X_i'}}{1 + F\dfrac{X_o}{X_i'}} = \frac{A}{1 + FA} \qquad (3\text{-}4)$$

从(3-4)式可以看出,引入负反馈后,闭环放大倍数 A_f 比开环放大倍数 A 小 $|1 + FA|$ 倍。如果 $|1 + FA|$ 越大,A_f 比 A 小得越多,负反馈的程度就越深,所以 $|1 + FA|$ 是衡量反馈程度的重要指标,称为反馈深度。

第二节 反馈的类型及其判断

在电子技术中,反馈用得极为广泛。由于反馈信号、极性还有电路连接形式的不同,反馈类型有多种。在技术上,常常根据电路工作的需要来选择反馈类型。

一、电路中是否存在反馈的判断

电路中是否存在反馈,要看在输出回路与输入回路之间,是否有元件或支路(即反馈网络)连接,这些元件或支路会将输出量的一部分或全部反馈回输入端对净输入量产生影响。

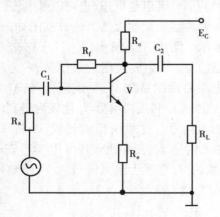

图 3-2 单级放大器中的反馈

以图 3-2 所示单级放大电路为例:首先,观察输入端与输出端之间有无相连的通路,若有,一定有反馈存在。该放大器中,R_f 为连接输出端集电极和输入端基极的反馈网络,它是将输出电压的一部分通过 R_f 反馈回基极的。其次,观察放大器中有无既属于输入回路又属于输出回路的元件。若有,一定有反馈存在;否则,无反馈存在。如图 3-3 所示射极输出器中发射极电阻 R_e,它将输出电流 I_e 变换成输出电压 $I_e R_e$,由于 R_e 是输出电路与输入电路的公共元件,就构成了反馈网络,它将输出电压全部反馈回了输入电路,所以又叫全反馈电路。

对于多级放大器,级与级之间是否有反馈存在,其反馈网络查找方法与单级放大器相同。

二、反馈类型及判断方法

1. 常用反馈的类型

在电子技术中,常用的反馈类型,可按要求分类:从输出端着眼,它反馈的信号有电压和电流,可分为电压反馈和电流反馈;从输入端着眼,从信号反馈回输入端的叠加方式有串联和并联两种,可分为串联反馈和并联反馈;从反馈信号使净输入量增加或减少着眼,可分为正反馈和负反馈。下面分析这些反馈类型的判断方法。

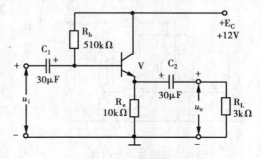

图 3-3 全反馈电路

2. 反馈类型的判断方法

（1）电压反馈与电流反馈的判断

在输出端,如果反馈信号与输出电压成正比,即反馈信号取自于输出端的电压量,这种反馈叫电压反馈;如果反馈信号与输出电流成正比,即反馈信号取自于输出回路的电流量,则这种反馈叫电流反馈。

电压反馈与电流反馈的判断方法是:若反馈网络的一端直接与放大器输出端相接,它所引入的反馈为电压反馈,否则为电流反馈。如在图 3-2 中,反馈电阻 R_f 右端直接接集电极电压输出端,是电压反馈;而发射极电阻 R_e 也系输出电路的一部分,但它不直接接输出端,所以是电流反馈。

（2）串联反馈与并联反馈的判断

在放大器输入端,当反馈量、输入量和净输入量三者呈串联关系,这种反馈叫串联反馈;如果这 3 个量呈并联关系,则称为并联反馈。

串联反馈与并联反馈的判断方法是:若反馈网络有一端直接与放大器输入端相接,则引入的反馈为并联反馈,否则为串联反馈。在图 3-2 中,反馈网络 R_f 的左端直接与放大器输入端基极相接,所以是并联反馈;而发射极电阻 R_e 不与基极直接相接,所以是串联反馈。

（3）正反馈与负反馈的判断

判断正反馈与负反馈的方法有两种,现分述于下:

①电压瞬时极性法

先假定放大器输入端基极输入信号极性为正,即此时输入信号为上升趋势。然后根据放大信号极性变化规律（共射电路输入电压与输出电压反相,共集、共基电路输入与输出电压同相）,逐级推出各点的瞬时电压极性。取后者反馈回输入端电压瞬时极性如果为负,将减弱原输入信号,系负反馈,否则为正反馈。如图 3-2 中,设基极输入电压极性为正,这种共射放大电路集电极输出电压与输入电压反相应为负。通过 R_f 反馈回输入端为负,与输入电压极性相反,系负反馈。至此,可以看出,该图中的 R_f 起着电压并联负反馈的作用。

②净输入量法

在放大器引入反馈后,可根据净输入量是增大还是减小来判断反馈极性。在图 3-2 所示电路中,反馈信号从发射极引入。当基极电压极性为正时（电压升高）,由于发射极电压与基极电压同相,发射极电压也升高,而基极电压升高快慢由输入信号 u_i 决定,发射极电压升高快慢由 $u_e = I_e R_e$ 决定。显然,升高的快慢为 $u_e > u_i$,净输入量 $u_{be} = u_b - u_e$ 将减小,所以是负反馈。至此 R_e 上引入的反馈为电流串联负反馈。由此可以看出,当反馈信号引入到输入端发射极上时,反馈信号与基极输入信号串联,两者同极性为负反馈,不同极性为正反馈。

例 3-1 图 3-4 为一级间直接耦合的两级放大器,试在图中找出反馈元件并判断各自的反馈类型。

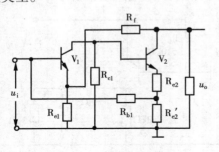

图 3-4 两级放大器电路

解 (1)该电路反馈元件有两类:本级反馈元件第一级有 R_{e1},第二级有 R_{e2} 和 R'_{e2};级间反馈元件有 R_f,R_{b1} 和 R'_{e2}。

(2)根据各种反馈的判断方法可知:

R_{e1}:不与电压输出端直接相接,系电流反馈;又不与输入端直接连接,系串联反馈;当 V_1 基极电压瞬时极性为⊕时,R_{e1} 上端亦为⊕,两者电压瞬时极性相同,系负反馈。所以 R_{e1} 所引入的为本级电流串联负反馈。

R_{e2} 和 R'_{e2} 系第二级本级负反馈元件,与 R_{e1} 作用相同,引入的是电流串联负反馈。

R_{e1} 与 R_f:右边直接连第二级电压输出端,系电压反馈。左边连 V_1 发射极而不是基极,系串联反馈。用瞬时极性法:

$$u_{b1} \oplus \rightarrow u_{c1} \ominus \rightarrow u_{b2} \ominus \rightarrow u_{c2} \oplus$$
$$u_{e1} \oplus \leftarrow$$

在 V_1 上,基极与发射极电压瞬时极性相同,R_f 引入的是负反馈,即 R_f 在两极间引入了电压串联负反馈。

R_{b1} 和 R'_{e2} 右边未直接连电压输出端,为电流反馈;左边直接连输入端 V_1 基极,系并联反馈。用瞬时极性法:

$$u_{b1} \oplus \rightarrow u_{c1} \ominus \rightarrow u_{b2} \ominus \rightarrow u_{c2} \ominus$$
$$u_{b1} \ominus \leftarrow$$

在 V_1 基极上,反馈信号与输入信号电压极性相反,为负反馈,即 R_{b1} 与 R'_{e2} 所引入的是极间电流并联负反馈。

三、负反馈放大器的基本类型举例

1. 电压并联负反馈

电压并联负反馈指反馈网络一端直接接放大器电压输出端,另一端直接接输入端,且反馈回输入端的电压极性与原输入信号相反。图 3-5 即为这类反馈的典型电路。图中反馈元件为 R_f,反馈信号取自于输出电压 $u_c = i_c R_c$,反馈元件直接与晶体管集电极相连,系电压反馈。从输入端看,反馈元件直接与输入端(晶体管基极)相连,系并联反馈。用瞬时极性法可以判断,若 u_b 为⊕时,u_c 为⊖,R_f 将 u_c 的一部分电压反馈回基极为⊖,与原输入信号极性相反。

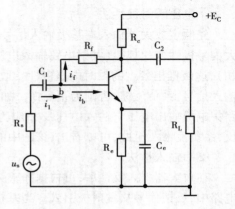

图 3-5 电压并联负反馈电路

所以该电路引入的是电压并联负反馈。

该电路引入电压并联负反馈后,有稳定输出电压的作用,其原理为

$$R_\text{L}\uparrow \rightarrow u_\text{o}\uparrow \rightarrow i_\text{f}\uparrow \rightarrow i_\text{B}\downarrow = i_\text{i} - i_\text{f}$$

$$u_\text{o}\downarrow \leftarrow i_\text{c}\downarrow$$

2. 电压串联负反馈

电压串联负反馈指反馈网络一端直接接放大器电压输出端,而另一端不直接接放大器输入端,且反馈回输入回路的信号使净输入量减小,图3-6即为这类反馈的典型电路。图中反馈网络以 R_f 为主,使 R_f 与第一级射极电阻 R_e1 串联后再与负载 R_L 并联,即 R_f 与 R_e1 串联电路两端电压就是输出端电压 u_o,在 R_e1 上的分压就是 u_o 反馈回输入回路的部分电压 u_f。由于反馈网络直接与输出端相连,系电压反馈;又由于反馈回输入端的电压不直接与输入端 V_1 基极相连,而与发射极相连,两者成串联关系,所以是串联反馈。

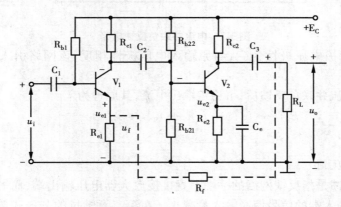

图 3-6　电压串联负反馈电路

下面用瞬时极性法分析反馈的极性:

$$u_\text{b1}\oplus \rightarrow u_\text{c1}\ominus \rightarrow u_\text{b2}\ominus \rightarrow u_\text{c2}\oplus$$

$$u_\text{e1}\oplus$$

可见,反馈回发射极的电压极性为$\oplus$,与基极原输入信号极性相同,系负反馈。所以 R_f 上引入的级间反馈为电压串联负反馈。

该电路引入电压串联负反馈后,有稳定输出电压的作用,其原理为

$$R_\text{L}\uparrow \rightarrow u_\text{o}\uparrow \rightarrow u_\text{f}\uparrow \rightarrow u_\text{i}'\downarrow = u_\text{i} - u_\text{f}$$

$$u_\text{o}\downarrow$$

3. 电流并联负反馈

电流并联负反馈是指反馈网络一端不直接连接放大器电压输出端,而另一端又要直接连输入端,且反馈回输入端的电压极性与原输入电压相反,图3-7即为这类反馈的典型电路。图中反馈网络由 R_f 组成,它在非电压输出端 R_e2 上端反馈的信号为 $u_\text{f}\approx u_\text{e2}=i_\text{e2}R_\text{e2}\approx i_\text{c2}R_\text{e2}$,可见 u_f 取自输出电流 i_e2,所以是电流反馈。从输入端看,在 V_1 基极,R_f 直接与其相连,为输入电流 i_i 提供了并联分流支路,其分流电流 i_f 使净输入信号 $i_\text{i}'=i_\text{b}=i_\text{i}-i_\text{f}$ 减弱,所以构成了电流并联反馈。

下面用瞬时极性法判断反馈极性：

$$u_{b1} \oplus \rightarrow u_{c1} \ominus \rightarrow u_{b2} \ominus \rightarrow u_{e2} \ominus$$

$$u_{b1} \ominus$$

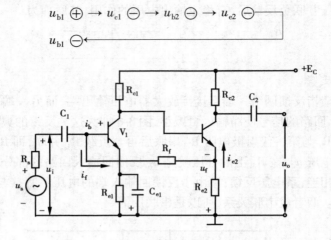

图 3-7　电流并联负反馈电路

可见，反馈回 V_1 基极电压极性为 $\ominus$，与原输入电压极性相反，该网络引入的系电流并联负反馈。

该电路引入电流并联负反馈后，可稳定输出电流，其原理为

$$\beta_2 \uparrow \rightarrow i_o \uparrow \rightarrow i_f \uparrow \rightarrow i_B \downarrow = i_i - i_f$$

$$i_o \downarrow$$

4. 电流串联负反馈

电流串联负反馈是指反馈网络的一端不直接接放大器电压输出端，而另一端也不直接接输入端，且反馈回输入端的信号使净输入量减小。在第二章学过的分压式单级放大电路即为这种反馈类型。如图 3-8 所示，图中发射极电阻 R_e 为反馈元件。当基极偏置电阻 R_{b1} 与 R_{b2} 对

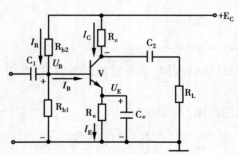

图 3-8　电流串联负反馈电路

电源分压，为基极提供较稳定的电压 U_B 时，在发射极上，电流 I_E 在 R_e 上产生 $U_E = I_E R_e \approx I_C R_e$，其电压极性如图所示。此时放大器的电流输出量 I_C 通过 R_e 转换成电压 $U_E = U_f$ 反馈回输入端，使放大器净输入量为 $u_{BE} = U_B - U_E$，而 U_E 就是反馈量电压。

该放大器中，反馈元件 R_e 并不直接接其电压输出端，反馈信号取自于集电极电流 I_C 且与输出电流 I_o 成正比，所以是电流反馈。在输入回路，反馈元件 R_e 也不直接接基极，反馈电压 $U_E = U_f$ 与原输入电压 u_b 成为串联关系，所以是串联反馈。也就是 R_e 在此引入了电流串联反馈。

下面用净输入量法判断该反馈的极性：

由于 U_B 系 R_{b1} 与 R_{b2} 对电源的分压，其大小基本不变，当基极电流 i_B 有微弱变化时，集电极电流 i_C 有较大变化，使反馈电压 $u_E = u_f$ 变化较大。又因在图 3-8 中，u_B 与 u_E 电压同相，而 u_E 上升量远大于 u_B，使净输入量 $u_{BE} = u_B - u_E$ 减小，所以是负反馈，即 R_e 在该放大器中引入电流串联负反馈。

电流串联负反馈有稳定输出电流的作用,其原理为

$$R_\text{L} \downarrow \rightarrow i_\text{o} = i_\text{C} \uparrow \rightarrow u_\text{f} = u_\text{E} \uparrow \rightarrow u_\text{BE} \downarrow = u_\text{B} - u_\text{E} \rule[-1ex]{0.1pt}{3ex}$$

$$i_\text{o} = i_\text{C} \downarrow \leftarrow i_\text{B} \downarrow \leftarrow \rule[-1ex]{0.1pt}{3ex}$$

从上面的分析可以看出,电压负反馈能稳定输出电压,电流负反馈能稳定输出电流。

第三节　负反馈对放大器性能的影响

从前节的分析已经看出,引入负反馈后,将改变放大器的工作状态,直接影响着放大器的性能。本节将从正、反两个方面分析负反馈对放大器性能的影响。

一、降低了放大倍数

在讨论反馈定义时已经知道,放大器引入负反馈之前,其开环电压放大倍数为 A,引入负反馈后电路呈闭环状态,放大倍数为 $A_\text{f} = \dfrac{A}{1 + AF}$。可见,引入负反馈后,放大倍数降低了 $|1 + AF|$ 倍。

二、提高了放大器的稳定性

从电压放大倍数公式 $A_u = -\beta \dfrac{R_\text{L}'}{r_\text{be}}$ 可以看出,A_u 的大小取决于组成放大器的元件参数及负载等因素。这些因素又受到温度、电源电压变化以及元件更换等的影响而发生变化。为了提高放大器的稳定性,应在放大器中引入负反馈。

假定放大器中引入了电压串联负反馈,当放大器参数变化使 A_u 增大时,输出电压 u_o 增加,反馈电压跟着增大,使净输入量 $u_\text{i}' = u_\text{i} - u_\text{f}$ 减小,输出电压减小,抵消了 u_o 的增加部分。其调节过程为

$$A_u \uparrow \rightarrow u_\text{o} \uparrow \rightarrow u_\text{f} \uparrow \rule[-1ex]{0.1pt}{3ex}$$

$$u_\text{o} \downarrow \leftarrow u_\text{i}' \downarrow = u_\text{i} - u_\text{f} \leftarrow \rule[-1ex]{0.1pt}{3ex}$$

如果某些原因导致 A_u 减小,则 u_f 减小,净输入量 $u_\text{i}' = u_\text{i} - u_\text{f}$ 增加,A_u 增大以弥补其减小部分而使 u_o 趋于稳定。

三、减小非线性失真

无负反馈的放大器虽然设置了静态工作点,但由于半导体元件多系非线性器件,特别在输入信号较大时,容易产生波形失真,即非线性失真。

假定波形失真为正半周大、负半周小,如图 3-9(a)所示。以引入电压串联负反馈为例,引入负反馈后,因 $u_\text{f} \propto u_\text{o}$,使反馈电压波形也是正半周大、负半周小。将其反馈到输入端与 u_i 串联相减,使净输入量 $u_\text{i}' = u_\text{i} - u_\text{f}$ 正半周小、负半周大。这种失真波形通过放大器后,对由于放大器原因产生的正半周大、负半周小的失真波形起着校正作用,使输出波形得到改善,如图 3-9(b)所示。

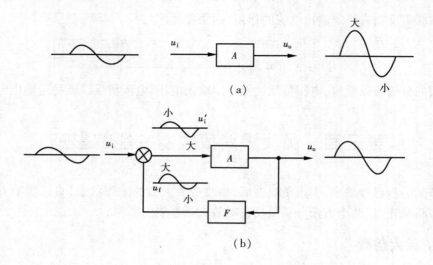

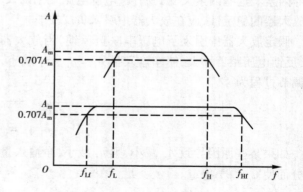

图 3-9　负反馈对非线性失真的改善

需要说明的是:负反馈只能减小非线性失真,不能完全消除,对信号本身的固有失真,更是无能为力。

四、展宽频带

无负反馈的放大器频率特性如图 3-10 上方曲线所示,A_m 为中频区放大倍数,对应于 $0.707A_m$ 的上限频率为 f_H,下限频率为 f_L,其通频带 $f_{bw} = f_H - f_L$ 显得较窄。引入负反馈后,使放大倍数降低,频带被展宽,其原理如下:

对于一定的输入信号,放大器对低、中和高频段的放大量也不尽相同,中频段较大,低、高频段则较小。引入负反馈后,虽然中频段放大量大,但反馈量也大,低、高频段放大量小,反馈量也小,这样可使低、中、高频段放大倍数趋于均匀,频率特性变得平坦,频带得以拓宽。

五、改变输入、输出电阻

1. 改变输入电阻

放大器引入负反馈后,将改变其输入电阻,其变化情况只与反馈信号在输入端的连接方式有关,而与在输出端的取样信号(电压或电流)无关。

(1)串联负反馈将增大输入电阻

设原输入信号不变,引入串联负反馈后,反馈信号与原输入信号以串联相减的方式为 $u_{BE} = u_B - u_E$,使净输入电压 u_{BE} 小于原输入电压 u_B,导致输入电流 i_i 下降。这种原输入电压不变而输入电流减小,相当于引入负反馈后,放大器输入电阻增大,可减小信号源负担。

图 3-10　负反馈展宽频带示意图

（2）并联负反馈将减小输入电阻

引入并联负反馈后，使反馈信号与原输入信号在输入端以电流形式并联，反馈电路对原输入电路起着分流作用。而此时原输入电压不变，电路将要求信号源增大总电流。这样由于原输入电压不变，而输入电流增加，相当于输入电阻减小，放大器将向信号源索取更大的电流。

2. 改变输出电阻

放大器引入负反馈后，对输出电阻的改变只与输出端信号的取样有关，而与输入端反馈信号与原输入信号的连接方式无关。

（1）电压反馈将减小输出电阻，增强放大器带负载的能力

电压负反馈能稳定输出电压，即输出端负载改变时，能保持输出电压基本不变，使放大器等效于恒压源，相当于输出电阻降低。

（2）电流负反馈将增大输出电阻

电流负反馈能稳定输出电流，即输出端负载改变时，对输出电流影响很小，使放大器等效于恒流源，相当于输出电阻增大。

综上所述，电压负反馈能稳定输出电压，减小输出电阻，增强放大器带负载的能力；电流负反馈能稳定输出电流，增大输出电阻；串联负反馈能增大输入电阻，减小信号源的负担；并联负反馈能减小输入电阻，使放大器能向信号源索取较大电流。至于选用哪种反馈类型，在实际应用中应综合考虑。

小结三

①负反馈是放大器普遍使用的一种稳定电路工作状态的方法。它是将输出量的一部分或全部反馈回输入端，与输入信号共同控制输出量变化的自动调节过程。用于分析反馈的量包括输入信号、输出信号、反馈信号、净输入信号、反馈系数、开环放大倍数和闭环放大倍数等。

②对于反馈性质的判断，可用瞬时极性法和净输入量法，但以前者为主。在负反馈放大器中，根据输出端取样信号的不同，有电压反馈和电流反馈之分；在输入端，根据反馈信号与原输入信号连接方式的不同又可分为并联反馈与串联反馈。由此构成了反馈放大器的4种基本组合状态：电压并联负反馈、电压串联负反馈、电流并联负反馈和电流串联负反馈。它们的判断方法通常是用反馈网络在输出、输入端连接方式的不同来区别。

③负反馈用牺牲放大倍数来获得对放大器性能的改善——它能提高放大器工作的稳定性，减小非线性失真，拓宽频带，改善输入输出电阻。具体表述为：电压负反馈能稳定输出电压，减小输出电阻，增强放大器负载能力；电流负反馈能稳定输出电流，增大输出电阻；串联负反馈能增大输入电阻，减轻信号源负担；并联负反馈能减小输入电阻，使放大器能向信号源索取更大电流。

习题三

一、填空题

1. 在放大电路中，将输出信号的部分或全部从输出端沿反方向送回到输入端的信号传输

方式称为_____。

2. 反馈放大电路由_____、_____、_____和_____四部分组成。

3. 反馈极性是指_____和_____反馈。判断反馈极性常用的方法是_____。

4. 当反馈信号与放大器的输出电压成正比时,则称_____反馈;当反馈信号与放大器输出电流成反比时,则称_____反馈。

5. 正反馈是指反馈信号使输入信号_____的反馈;正反馈会使放大器的放大倍数_____。

6. 在放大电路中,要想稳定输出电压并提高输入电阻,应引入_____反馈。

7. 在放大电路中,要想稳定输出电压并使放大器向信号源索取较小的电流,应引入_____反馈。

8. 反馈放大器开环放大倍数为1000,闭环放大倍数为100,其反馈属于_____,反馈系数为_____。

二、判断题

1. 单级共射放大电路中,发射极电阻引入的总是串联电压负反馈。　　　　　　　（　　）

2. 反馈是把输出信号的一部分或全部通过一定的方式反方向送回到放大器输入端的过程。　　　　　　　　　　　　　　　　　　　　　　　　　　　　　　（　　）

3. 负反馈用来改善放大器的性能,正反馈常用于振荡电路。　　　　　　　　　（　　）

4. 引入负反馈后,放大器的放大倍数要减小,但放大器的稳定性提高。　　　　（　　）

5. 负反馈能减小放大器内部的噪声及干扰信号,同时也能抑制放大器外部的噪声和干扰信号。　　　　　　　　　　　　　　　　　　　　　　　　　　　　　　　（　　）

6. 对信号本身的固有失真,负反馈是无法改善的。　　　　　　　　　　　　　（　　）

7. 负反馈是降低放大器的通频带为代价来获得减小非线性失真的。　　　　　　（　　）

8. 电流负反馈使放大器的输出电阻减小,电压负反馈使放大器输出电阻增大。　（　　）

三、选择题

1. 已知放大器的放大倍数 $A_V = 80$,成本在放大电路中加入负反馈电阻 R_F 后的电压放大倍数应为（　　）。

　A. $|A_V| = 80$　　　B. $|A_V| > 80$　　　C. $|A_V| < 80$　　　D. 不能确定

2. 能使放大器输入电阻增大的反馈是（　　）。

　A. 电压反馈　　　B. 电流反馈　　　C. 串联反馈　　　D. 并联反馈

3. 在负反馈电路中,引入反馈电路后,既能使放大器输出电压稳定,又具有较高的输入电阻,应采用的反馈是（　　）。

　A. 电流串联　　　B. 电压串联　　　C. 电流并联　　　D. 电压并联

4. 在放大电路中,要采用负反馈,并要求输入电阻和输出电阻都比未加反馈时小,则此负反馈应采用（　　）。

　A. 电流串联　　　B. 电压串联　　　C. 电流并联　　　D. 电压并联

5. 要稳定放大电路的输出电压,输出电阻减小,提高带负载的能力,应引入的反馈是（　　）。

　A. 电流负反馈　　　B. 电压负反馈　　　C. 电流并联负反馈　　　D. 电压并联负反馈

6. 放大器引入负反馈后,放大器的频带（　　）。

　A. 不变　　　B. 变宽　　　C. 变窄　　　D. 不能确定

7. 电路如题图 3-1 所示, R_f 构成(　　　)。

　A. 电流串联负反馈　　　　　　　　　B. 电流并联负反馈

　C. 电压串联负反馈　　　　　　　　　D. 电压并联负反馈

四、简答题

1. 什么叫反馈? 如何判断 1 个放大器反馈的有无?

2. 判断正反馈与负反馈可用哪两种方法? 试说明其应用要点。

3. 什么叫电压反馈和电流反馈? 各自应当怎样判断?

4. 什么叫并联反馈和串联反馈? 各自应当怎样判断?

5. 负反馈放大器有哪 4 种组合状态? 试说明各自的判断要点。

6. 为什么电压负反馈能稳定输出电压? 而电流负反馈能稳定输出电流?

7. 串联反馈为什么能增大输入电阻? 并联反馈又为什么能减小输入电阻?

8. 负反馈为什么能稳定放大器放大倍数并能减小非线性失真?

9. 为什么说负反馈能拓宽放大器频带?

10. 欲实现下列要求, 在放大器中应引入何种形式的反馈?

(1) 稳定输出电压;

(2) 稳定输出电流;

(3) 提高带负载能力;

(4) 增大输入电阻;

(5) 减小输出电阻;

(6) 减小信号源负担;

(7) 向信号源索取较大电流。

11. 试判断题图 3-2 所示放大器的反馈类型。

12. 在题图 3-3 中找出反馈元件, 并判断反馈类型。

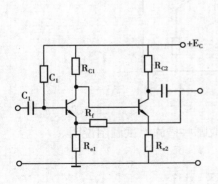

题图 3-1

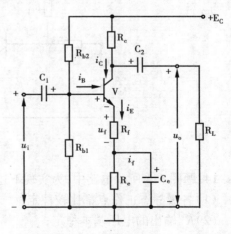

题图 3-2

13. 试说明在题图 3-4 所示电路中, 哪些可以使输出电压稳定? 哪些可使输出电流稳定? 哪些可增大输入电阻? 哪些可减小输入电阻? 哪些属于本级反馈? 哪些属于级间反馈?

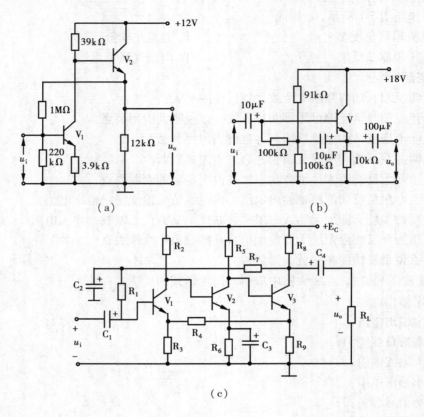

（a） （b）

（c）

题图 3-3

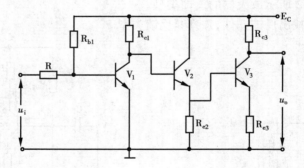

题图 3-4

14. 题图 3-4 所示电路中,为实现下述要求,应各采取哪些措施? 试画图说明。

（1）各级静态工作点都比较稳定;

（2）R_{c3} 输出的电压基本稳定;

（3）该放大器带负载的能力要强;

（4）该放大器向信号源吸取电流要小。

实验五

负反馈对放大器性能的影响

一、实验目的

验证负反馈对放大器的下列影响：

①降低电压放大倍数；

②拓宽频带；

③改善波形失真。

二、实验电路

实验电路按实验图 5-1 所示。该电路板已事先装调完毕。

三、实验器材

①按实验图 5-1 已装调完工的电路板 1 块；

②万用表 1 只；

③低频信号发生器 1 台；

④毫伏表 1 只；

⑤示波器 1 台；

⑥直流稳压源 1 台；

⑦连接导线足用。

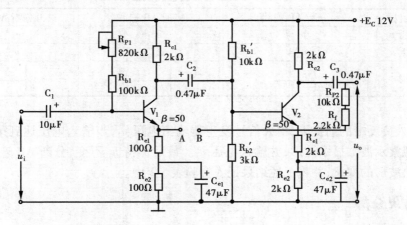

实验图 5-1 负反馈对放大器性能的影响

四、实验内容与步骤

①在实验电路板上分断 AB 连线,使电路工作在开环状态。将输入端对地交流短路,接通

电源。复调各级静态工作点并将其数据记入表 5-1 中。

②拆去输入端对地短路线,用低频信号发生器向放大器注入 $f = 1\text{kHz}, u_i = 5\text{mV}$ 的正弦交流信号,在输出端用毫伏表测出输出电压 u_o,算出开环电压放大倍数 A_u,将它们一并记入实验表 5-1 中。

③保持低频信号发生器输出信号 5mV 不变,改变其频率。当频率上升到使 $u_{OH} = 0.707u_o$ 时,记下 f_H 的值;当频率下降到使 $u_{OL} = 0.707u_o$ 时,记下 f_L 的值,算出通频带 $f_{bw} = f_H - f_L$,将它们一并记入实验表 5-1 中。

④调大信号发生器输出信号幅度 u_i,并在示波器上观察输出电压 u_o 的波形,至 u_o 刚出现失真时,在实验表 5-2 中记下 u_i 与 u_o 的值。

⑤在实验板上接通 AB 连线,引入负反馈,重复(2),(3)两个步骤,测出输出电压 u_{of},计算闭环放大倍数 A_{uf},测出上限频率 f_{Hf},下限频率 f_{Lf},算出通频带 f_{bw},将它们一并记入实验表5-1中。

实验表 5-1   负反馈放大器检测数据记录(一)

是否引入负反馈	静态工作点		输入信号电压	输出信号电压		电压放大倍数	信号频率		通频带 $f_{bw} = f_H - f_L$
否	U_{B1}		$u_i = 5\text{ mV}$ 正弦波	u_o		A_u	f		
	U_{C1}			u_{OH}		A_{uH}	f_H		
	U_{E1}			u_{OL}		A_{uL}	f_L		
是	U_{B2}		$u_i = 5\text{ mV}$ 正弦波	u_{Of}		A_{uf}	f_f		
	U_{C2}			u_{OHf}		A_{uHf}	f_{Hf}		
	U_{E2}			U_{OLf}		A_{uLf}	f_{Lf}		

实验表 5-2   负反馈放大器测试数据(二)

实验条件	分断 AB 连线	接通 AB 连线	再分断 AB 连线
输入电压 u_i	$u_i =$	$u_i' =$	$u_i'' =$
输出电压 u_o	$u_o =$	$u_o' =$	$u_o'' =$
波　形			

⑥在引入负反馈的前提下,增大信号发生器输出电压 u_i,当输入电压达到第四步所测 u_o 的数值时,观察示波器显示波形,并输入电压 u_i。最后保持 u_i 不变,分断 AB 连线,消除负反馈,观察输出波形的变化,并将上述结果记入实验表 5-2 中。

五、实验结果分析

本实验中,放大器处于开环和闭环两种状态时:

①电压放大倍数怎样变化?变化了多少?

②通频带发生了怎样的变化?变化多大?

③闭环状态是否能改善波形失真?本实验是用什么方法来验证的?

④在①,②两项中,实验数据与计算数据之间是否有误差?若有,试分析其原因。

第四章
调谐放大器与正弦波振荡器

第一节　调谐放大器

前面所分析的阻容耦合放大器的级间耦合,是用耦合电容将前一级集电极负载电阻 R_c 的信号电压传输到后一级,属于宽频带放大器。在电子设备中,为了提高放大器的抗干扰能力,有时需要在一个较宽的频带中选择某一频率进行放大,将其余频率衰减,这就需要放大器具有选频功能。调谐放大器就是利用 LC 回路的并联谐振特性实现选频的。在电路结构上,它用 LC 并联回路取代了集电极电阻 R_c。本节先叙述 LC 并联回路的选频特性,再分析调谐放大器的结构与原理。

一、LC 并联回路的选频特性

图 4-1 为电感 L 和电容 C 所组成的 LC 并联回路,由信号源 I 供给工作信号,电感支路的 R 是线圈不能忽略的等效损耗电阻。

1. LC 回路的阻抗频率特性

在电工基础的学习中知道,在 LC 并联回路中,随着输入信号频率的变化,回路阻抗 Z 将跟着变化。当信号频率升高时,感抗 $X_L = 2\pi f L$ 增大,容抗 $X_C = \dfrac{1}{2\pi f C}$ 减小,因两条支路并联,使回路阻抗减小,回路呈容性;在信号频率下降时,虽然容抗增大,但感抗减小,两支路并联对信号电流阻抗仍然小,电路呈感性。当输入信号频率与 LC 回路的固有频率 $f_0 = \dfrac{1}{2\pi\sqrt{LC}}$ 相等,$X_L = X_C$ 时,电路发生并联谐振,其谐振频率为

$$f_0 = \frac{1}{2\pi\sqrt{LC}} \qquad (4-1)$$

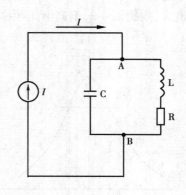

图 4-1　LC 并联回路

并联谐振时,由于容抗与感抗相等,在回路内部抵消,使电路对输入信号电流 i 阻抗最大

且呈电阻性。在以回路阻抗为纵坐标、信号频率为横坐标的直角坐标系中,可画出阻抗随频率变化的曲线,叫阻抗频率特性,如图 4-2 所示。

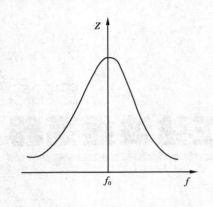

图 4-2　LC 并联回路的阻抗频率特性

在并联谐振状态,由于 $X_L = X_C$,则电感支路电流 i_L 与电容支路电流 i_C 大小相等,相位相反,从而在回路内部互相抵消,使外电路电流 i 为零。而 LC 回路两端又加有信号源电压 u_i,电流又为零,则阻抗将呈无穷大趋势。由于 LC 回路不可避免地存在损耗(如线圈电阻损耗),使两条支路电流相位不完全相反,不能完全抵消,使总电流不为零,但数值很小,使阻抗 $Z = \dfrac{u_i}{i}$ 的数值很大。这可从图 4-2 中对应于谐振频率处阻抗出现峰值直接看出。

2. LC 回路的相位频率特性

随着信号频率 f 的变化,LC 并联回路两端电压 u 与回路电流 i 之间的相位将发生变化。这种相位随信号频率变化的关系称为相位频率特性,简称相频特性,其曲线如图 4-3 所示。

从图 4-2 和图 4-3 可以看出,当信号频率 $f <$ 谐振频率 f_0 时,$X_L < X_C$,电路呈感性,u 与 i 之间的相位差 φ 为大于 $0°$ 而小于 $90°$ 的正角,如图 4-3 左半边曲线所示。随着频率降低,φ 角增大至 $90°$,阻抗越来越小。当 $f > f_0$ 时,$X_L > X_C$,电路呈容性,u 与 i 之间的相位差 φ 为 $0° \sim -90°$ 的负角,且随着 f 的升高在负方向增大至 $-90°$,阻抗越来越小。只有在 $f = f_0$ 时,$X_L = X_C$,电路发生并联谐振,呈电阻性,u 与 i 之间相位角为零。

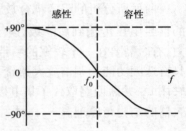

图 4-3　LC 回路的相频特性

3. LC 回路的电压频率特性

若供给 LC 回路信号的信号源内阻较大,可视为恒流源,即它所供给 LC 回路的电流 i 基本不变。由于 LC 回路并联谐振时阻抗最大,则谐振电压必然最大,根据图 4-2,偏离谐振频率的信号,其阻抗迅速减小,电压也将迅速减小,其电压频率特性如图 4-4 所示。

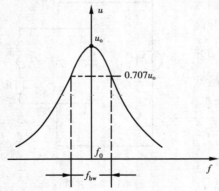

图 4-4　LC 回路的电压频率特性

4. LC 回路的品质因素 Q

从图 4-2 的阻抗频率特性和图 4-4 的电压频率特性可以看出,曲线越尖锐,回路的选频能力越强。为了定量表述 LC 回路的选频能力,引入了品质因素 Q,将它定义为 LC 回路谐振时感抗 X_L 或容抗 X_C 与回路等效损耗电阻 R 之比,即

$$Q = \frac{X_L}{R} = \frac{\omega_0 L}{R} = \frac{2\pi f_0 L}{R}$$

或　　　　$$Q = \frac{X_C}{R} = \frac{1}{\omega_0 CR} = \frac{1}{2\pi f_0 CR} \qquad (4\text{-}2)$$

从上两式可以看出,回路的 Q 值与它的等效电阻

R 成反比,R 越小,Q 值越大。还可证明,Q 值越大,阻抗频率特性曲线幅度越大,且越尖锐(电压频率特性曲线与此相似),LC 并联谐振回路选择性越好,如图 4-5 所示。

综上所述,当 $f = f_0$ 时,LC 回路发生并联谐振,出现回路谐振阻抗最大,回路两端输出电压最高;对偏离频率 f_0 的信号,LC 回路所呈现的阻抗小,输出电压低,多被 LC 回路损耗掉。所以该回路可利用并联谐振,选择出频率为 f_0 的信号,而衰减 f_0 以外的其他频率信号,这就是 LC 回路的选频原理。

二、单调谐放大器

图 4-6 为典型单调谐放大器,与阻容耦合共射电路相比,主要的区别是用 LC 并联回路代替了集电极电阻 R_C,其余电路结构不变。

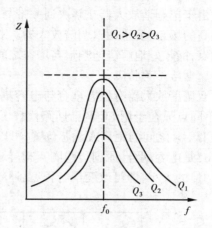

图 4-5　LC 回路阻抗频率特性与 Q 值的关系

由于 LC 并联回路有良好的选频特性,即在信号频率 $f = f_0$ 时,其谐振阻抗 Z 最大且为纯电阻。将电压放大倍数计算公式 $A_u = -\dfrac{\beta R_L'}{\gamma_{be}}$ 用于调谐放大器时,$A_u = -\dfrac{\beta Z}{\gamma_{be}}$,而 $Z > R_L$。所以对于谐振频率,电压放大倍数很高;对偏离 f_0 的其他信号,LC 回路的等效阻抗急剧下降且不为纯电阻,放大倍数将急剧减小。可见调谐放大器只对谐振频率附近的信号有选择性地放大,所以又称为选频放大器。从该图可以看出,每一级放大器内只有一个 LC 调谐回路,所以称为单调谐放大器。

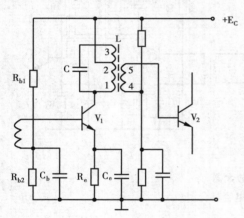

图 4-6　有 LC 抽头的单调谐放大器

图中,LC 并联谐振回路采用了电感抽头方式接入晶体管集电极回路,其目的是为了实现阻抗匹配以提高信号传输效率。事实上,晶体管集电极输出回路由于集—射间等效电容和电阻的影响,它的输出阻抗低于 LC 回路谐振阻抗,采用电感线圈抽头接入方式,可利用自耦变压器阻抗变换作用来调节 LC 并联回路阻抗,实现与晶体管输出阻抗之间的匹配,从而提高了传输效率。电感线圈的抽头位置,可以根据阻抗匹配的需要任意调节。

在实际应用中,调谐放大器放大的信号往往不是单一频率,而是一个频带,这就需要通频带与选择性二者兼顾。但应注意:放大器的通频带应大于信号频带,才能保证信号不被丢失,这就要求电压谐振曲线适当平缓,使通频带拓宽。但这宽的通频带又将使选择性变坏,干扰信号容易进入。对单调谐放大器而言,要比较理想地兼顾通频带与选择性这一对矛盾着的两方面,是有一定困难的,所以单调谐放大器只适用于对通频带和选择性要求不高的场合。

三、双调谐放大器

由于单调谐放大器在解决通频带与选择性之间的矛盾方面受到限制,在对这两个参数要求较高的场合,多采用双调谐放大器。双调谐放大器具有通频带宽、选择性好和传输性能优越等优点,能较好地解决通频带与增益之间的矛盾,在电子技术中得到广泛应用。

1. 电路结构特点

双调谐放大器有互感耦合与电容耦合两种形式,电路如图 4-7 所示。与单调谐放大器相比,不同点只在于用 LC 调谐回路代替了单调谐回路副边的耦合线圈。图 4-7(a)是互感耦合,改变 L_1,L_2 之间的距离或磁芯位置,可以改变耦合的松紧程度,从而改善通频带与选择性。图 4-7(b)是电容耦合,原副边线圈互相屏蔽,靠外接电容 C_b 完成两个调谐回路之间的信号耦合。调整 C_b 的大小,即可改变耦合程度、通频带和选择性。

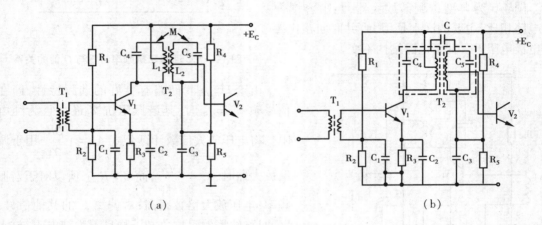

图 4-7 双调谐放大器

(a)互感耦合;(b)电容耦合

2. 选频原理

下面以互感耦合为例分析双调谐放大器的选频原理。在图 4-7(a)所示电路中,设 L_1C_4 与 L_2C_5 两个回路都谐振于信号频率,输入信号 u_i 经三极管 V_1 放大,其集电极交流信号电流在 L_1C_4 中发生并联谐振,线圈 L_1 中的谐振电流经互感耦合,在副边 L_2 中感应出电动势且频率等于谐振频率。谐振电动势与 L_2C_5 串联,在该回路中发生串联谐振,使回路电流达最大值。这个谐振电流在 L_2 抽头部分获得很高的电压加到 V_2 输入端。两个 LC 回路都采用电感抽头,是为了使 V_1 的输出阻抗与 V_2 的输入阻抗实现良好匹配。可以看出,在互感耦合的双调谐回路中,是利用原边回路(L_1C_4)的并联谐振和副边回路(L_2C_5)的串联谐振来实现选频的。

双调谐回路的谐振曲线形状取决于两个回路的耦合程度,如图 4-8 所示。当耦合较弱时,称为松耦合(或弱耦合),谐振曲线呈单峰;耦合紧时称为过耦合(或强耦合),谐振曲线呈双峰,且与谐振中心频率为对称轴。耦合越强,双峰之间距离越大,凹陷程度越深。若耦合程度界于单、双峰之间的过渡状态,称为临界耦合,此时谐振曲线虽呈单峰,但在中心频率附近较为平坦,使谐振曲线接近矩形。这种谐振曲线不但通频带宽、选择性好,且增益也较高。凡是进入通频带内的信号,放大倍数均接近相同。在通频带外的,将被大幅度衰减。可见,适当调节

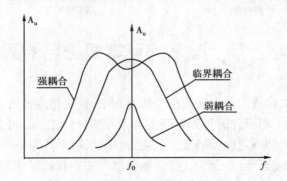

图 4-8　双调谐回路的谐振曲线

两个回路之间的耦合程度,即可使调振曲线接近矩形,较好地兼顾了选择性和通频带。

四、调谐放大器的中和与稳定

1. 中和措施

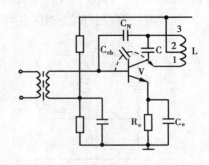

图 4-9　调谐放大器中和措施

调谐放大器多工作在频率较高、增益较高的场合。三极管集电结电容 C_{cb} 很容易将集电极输出电压反馈回基极,反馈极性与工作频率有关。在某种频率上,可能在基极形成正反馈,使电路工作不稳定,严重时将造成自激。克服的办法是在调谐回路的空端与基极之间接入中和电容 C_N,如图 4-9 所示。在该图的 LC 回路中,电感 L 抽头通过电源交流接地,交流电位为零。对抽头 2 而言,"1"点与"3"点电压极性相反,只要 C_N 调整得当,则可使 C_N 与 C_{cb} 反馈信号极性相反、大小相等而互相抵消。

下面进一步分析 C_N 的中和原理:因电感 L 经抽头"2"点通过直流电源交流接地,再通过 C_e 与发射极交流短路。在 LC 回路中,以电感抽头"2"点为界,上半部分回路可等效于 R_1,下半部分等效于 R_2,它们与集—基间电容 C_{cb},C_N 组成电桥电路,如图 4-10 所示。图中三极管的 b,e 极接于电桥的一条对角线上,输出电压 u_o 接于另一条对角线上。若 C_{cb},R_1,R_2 已知,适当调节 C_N 即可使电桥平衡,b,e 之间不存在电位差,即 LC 回路两端无电压反馈回 b,e 之间,实现了中和。

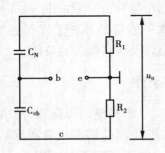

图 4-10　调谐放大器的中和等效电路

2. 稳定电路的其他措施

调谐放大器除中和措施外,还可利用降低放大器增益的方法换取电路工作的稳定,其主要措施如下:

①在 LC 回路中并联电阻(常称阻尼电阻),降低 Q 值,降低增益,拓宽频带。

②在三极管发射极串联电阻,引入负反馈,降低增益,拓宽频带。

③适当降低放大器工作点,减小 I_C 和 β。

④故意使调谐电路阻抗失配,降低 LC 回路 Q 值,提高电路工作稳定性。

第二节　振荡的基本概念与原理

前面所讲的放大器,在放大外来输入信号的过程中,都是把电源的直流电能转换成按信号规律变化的交流电能。下面研究的正弦波振荡器,不需要外来信号,可直接将直流电能转换成具有一定频率、一定波形和一定振幅的交流电能,产生交流信号,为电子设备提供交流信号源。根据振荡器产生的信号波形不同,分为正弦波振荡器和非正弦波振荡器。在正弦波振荡器中,按选频网络的元件不同可分为 LC 振荡器、RC 振荡器和石英晶体振荡器等。

一、LC 回路中的自由振荡

将 LC 回路改接成图 4-11(a)所示电路。先将开关 S 掷于位置"1",使电源对电容器充电到电源电压 E。再将 S 掷于"2",电容 C 向电感 L 放电,将电场能转换成磁场能贮存于线圈中。紧接着线圈释放磁场能向电容器充电,又将磁场能转换成电场能。在 LC 回路中,线圈和

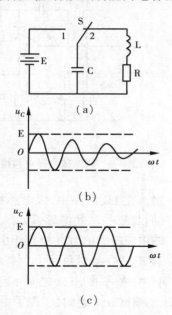

图 4-11　LC 回路中的自由振荡
(a)电路图;(b)阻尼振荡波形;(c)等幅振荡波形

电容器交替充、放电,电场能和磁场能不断交替转换,就形成 LC 回路的自由振荡。振荡信号的波形为正弦波,振荡频率为 LC 回路的固有频率 $f_0 = \dfrac{1}{2\pi\sqrt{LC}}$。由于 LC 回路存在着等效损耗电阻,在振荡中总会使部分能量转换成热能而损耗,所以电容电压的幅度总是越来越小,直至停振。这种振荡称为减幅振荡或阻尼振荡,其波形如图 4-11(b)所示。这种振荡是没有实用价值的,在技术上往往要求持续的等幅振荡。要使振荡幅度不致于衰减,必须向 LC 回路供给能量,以补偿振荡中的能量损耗,产生如图4-11(c)所示的振荡波形。这种能量的补充怎样做到"适时"、"适量"?这就涉及维持振荡的条件。

二、自激振荡的条件

在电子技术中,一个完整的振荡器,是由放大器和带选频特性的正反馈网络组合而成。放大电路的作用是将振荡中被衰减了的电流或电压进行放大,以弥补振荡回路的能量损耗,其电路如图 4-12 所示。图中,当开关掷于位置"A"时,放大器输入端与信号源 u_s 接通,放大器按调谐放大器原理工作。只要信号频率 f_s 与 LC 回路固有频率 $f_0 = \dfrac{1}{2\pi\sqrt{LC}}$ 相等,放大器就能不断向 LC 回路补充能量,维持其等幅振荡,并将振荡电流通过变压器 T 耦合到副边绕组 L_2 中,向负载 R_L 输出功率。与此同时,LC 回路的振荡电流也耦合到反馈线圈 L_1 中,产生反馈电压 u_f,

只要 L_1 的匝数和绕向选择合适,可使反馈电压 u_f 和信号源电压 u_s 大小相等、相位相同。这时若将开关 S 拨于位置"B",断开信号源;将反馈电压 u_f 与放大器输入端接通,用 u_f 取代 u_s 而向放大器提供信号源,仍可维持 LC 回路的振荡。这种不用外来信号而靠振荡器内部正反馈作用维持的振荡称为自激振荡。

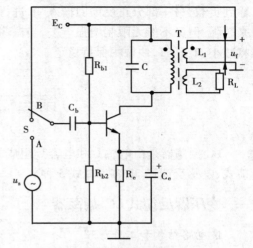

从上面分析可以看出,自激振荡电路主要由两部分组成:放大器和具有选频特性的正反馈网络。

从上面分析还可归纳出产生自激振荡的两个条件:

1. 相位平衡条件

指放大器的反馈信号必须与输入信号同相位,即两者的相位差 φ 是 2π 的整数倍。即

$$\varphi = 2n\pi \qquad (4\text{-}3)$$

式中,φ 为反馈电压 u_f 与信号电压 u_i 之间的相位差,n 可取 $1,2,3,\cdots$。

图 4-12　振荡电路的结构

关于反馈信号是否是正反馈,即是否满足相位平衡条件,仍可用第三章所讨论的瞬时极性法判断。

2. 幅度平衡条件

幅度平衡条件指反馈信号的幅度必须满足一定数值,才能补偿振荡中的能量损耗。在振荡建立的初期,反馈电压 u_f 应大于输入电压 u_i,使振荡逐渐增强,振幅越来越大,最后趋于稳定。即使达到稳定状态,其反馈信号也不能小于原输入信号,才能保持等幅振荡。

设输入信号电压为 u_i,放大器电压放大倍数为 A_u,输出电压为 u_o,反馈电压为 u_f,反馈系数为 F,则

$$u_o = A_u u_i \qquad (4\text{-}4)$$
$$u_f = F u_o \qquad (4\text{-}5)$$

则

$$u_f = A_u F u_i \qquad (4\text{-}6)$$

为了保证 $u_f \geq u_i$,应使

$$A_u F \geq 1 \qquad (4\text{-}7)$$

这就是幅度平衡条件的表达式。它表明了在正弦波振荡器中,电压放大倍数 A_u 和反馈系数的乘积不能小于 1,即至少应满足信号的衰减和放大程度相等,才能保持等幅振荡。

综上所述,必须同时满足相位平衡条件和幅度平衡条件才能维持自激振荡的稳定。为了获得某个单一频率的正弦波振荡。振荡器还应具有选频特性,它只能对给定频率的信号满足上述条件产生振荡,对其他频率的信号因不满足振荡条件而不发生振荡。

三、振荡器的起振

要使振荡器起振,除满足上述两条件外,必须预先给它一个起振的初始信号,这个初始信号可以从接通电源瞬间获得。例如,接通电源瞬间,不可避免地使基极电流 i_b 和集电极电流 i_c 从零突变到某一数值,形成起振的初始冲击信号;又例如,接通电源瞬间,存在着诸多电扰动因

素,如电容器充电、电感贮能、电子元件的内部噪声和热噪声等。上述两例的初始信号,包含着多个频率,其中必有与 LC 回路固有频率相同的信号,通过 LC 回路选频,变压器耦合,一部分输到负载,另一部分正反馈回输入端,进行放大,提供起振信号。在振荡初期,$A_u F > 1$,振荡越来越强,但又不能无限制增强下去,当振荡电流大到超过三极管线性区域进入非线性区后,A_u 将减小,$A_u F = 1$,使振幅保持稳定。

第三节　LC 振荡器

LC 振荡器是由电感 L 和电容 C 组成的选频振荡电路。在结构形式上,常用的有变压器反馈式、电感反馈式、电容反馈式 3 种。

一、变压器反馈式LC 振荡器

1. 电路结构和工作原理

变压器反馈式 LC 振荡器电路结构如图 4-13 所示。从结构上看它与本章第一节所讲的单调谐放大器差不多。不同的是在 LC 调谐回路的副边多了一个反馈绕组 L_2,其反馈网络由 L_1,L_2 和 C_b 组成。

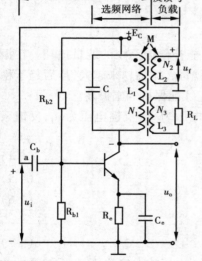

图 4-13　变压器反馈式振荡电路

该振荡器工作原理如下:接通电源,i_b,i_c 从无到有而产生冲击信号,在 LC 回路中产生频率为 f_0 的振荡,其中一部分信号耦合到 L_2 并经 L_2 反馈回放大器基极。相位平衡条件可用瞬时极性法判断:设振荡器某瞬时基极电压极性为正,集电极电压因倒相极性为负,按图中同名端的符号可以看出,L_2 上端电压极性为正,反馈回基极的电压极性为正,满足 $\varphi = 2n\pi$ 的条件。同时,只要三极管 β 和变压器 L_1 与 L_2 匝数比选择恰当,即可满足幅度平衡条件$A_u F \geqslant 1$。

2. 电路的其他形式

上面分析的变压器反馈式振荡器属于共射集电极调谐电路,即放大器接成共射组态,LC 调谐回路在集电极。典型电路如图 4-14(a)所示,其交流通路如图 4-14(d)所示。此外还有共射基极调谐、共基发射极调谐两种电路,其名称含义与共射集电极调谐电路相似。它们的典型电路和交流通路分别如图 4-14(b),(c),(e),(f)所示。在后面两种形式中,由于三极管输入阻抗较低,为了实现阻抗匹配,不致过分降低谐振回路的 Q 值,将调谐回路的 L 用抽头形式分别并接在基极与地之间或发射极与地之间。

在讨论相位平衡条件和幅度平衡条件时,3 种形式的分析方法相同。

变压器反馈式振荡器的特点是电路容易起振。因对三极管 β 要求不高,反馈绕组匝数也易于调节而满足幅度平衡条件。反馈绕组只要接法正确即能满足相位平衡条件。但由于变压器分布参数的限制,变压器反馈式振荡器的振荡频率不可能太高,一般只有几千赫到几兆赫,常用于超外差收音机本机振荡器等电路。

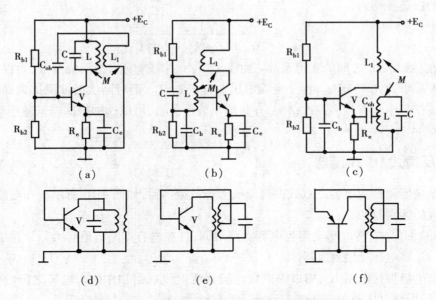

图 4-14　变压器反馈式振荡电路的 3 种形式

(a)共射集电极调谐电路;(b)共射基极调谐电路;(c)共基发射极调谐电路;

(d)图(a)的交流通路;(e)图(b)的交流通路;(f)图(c)的交流通路

二、电感反馈式 LC 振荡器

这种振荡器又称为电感三点式振荡器或哈脱来振荡器。除 R_{b1}, R_{b2}, R_e, C_e 等元件作用与在放大器中相同外,它的电路结构特点是:从交流通路看,三极管的 3 个电极分别与 LC 回路中 L 的 3 个端点连接,如图 4-15 所示。从图中可以看出,反馈线圈不用互感耦合而用中间抽头的自耦变压器形式,集电极电源从线圈抽头注入,通过部分绕组 L_1 送到集电极。

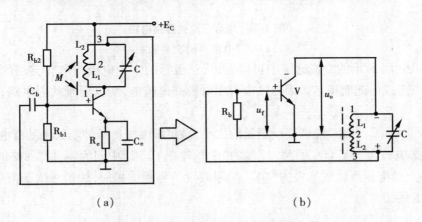

图 4-15　电感三点式振荡电路

(a)原理图;(b)交流通路

只要电感抽头位置适当,幅度平衡条件容易满足。下面用瞬时极性法分析相位平衡条件:设基极电压瞬时极性为"⊕",则集电极为"⊖",LC 回路另一端为"⊕",反馈回基极为"⊕",满足相位平衡条件,所以电路能够起振。

电路的振荡频率为

$$f_0 = \frac{1}{2\pi\sqrt{(L_1 + L_2 + 2M)C}}$$ (4-8)

式中,M 为线圈 L_1,L_2 之间的互感系数。由于 L_1 与 L_2 耦合很紧,振荡幅度大,不仅容易起振,而且振荡频率可达几十 MHz。由于反馈电压取自于 L_1,L_2,因对高次谐波阻抗大而反馈强,使输出的振荡信号中含有较多高次谐波,导致输出波形失真,所以这种振荡器只适于对波形要求不高的电路中。

三、电容反馈式 *LC* 振荡器

这种振荡器又称为电容三点式振荡器或考毕兹振荡器,如图 4-16 所示。在电路结构上与电感反馈式的区别有两点:

①在 LC 回路中,将电感支路与电容支路对调,且在电容支路将电容 C_1,C_2 接成串联分压形式,通过 C_2 将电压反馈到基极。

②在集电极加接电阻 R_c,用以提供集电极直流电流通路和作为与电源之间的隔离电阻,防止 C_1 上的振荡电压被电源短路。

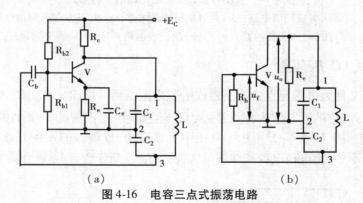

图 4-16 电容三点式振荡电路

(a)原理电路;(b)交流通路

从图 4-16(b)所示的交流通路中可以看出,三极管的 3 个电极与电容支路的 3 个点交流相接,电容三点式由此而得名。因为三极管发射极交流接地,所以属于共射电路,调谐回路在基极。

适当调节 C_1,C_2 比值,能调整反馈量的大小,满足幅度平衡条件。如果基极电位瞬时极性为"⊕",则集电极为"⊖",LC 回路"1"端为"⊖",电路 C_1,C_2 中间为零,LC 回路的另一端"3"为"⊕",C_2 上的电压反馈到基极为"⊕",与原假设信号相位相同,满足相位平衡条件,电路能够起振,其振荡频率为

$$f_0 = \frac{1}{2\pi\sqrt{L\dfrac{C_1 C_2}{C_1 + C_2}}}$$ (4-9)

与电感反馈式振荡器相比,它的反馈信号取自 C_2,对高次谐波阻抗小,将高次谐波短路。所以在输出信号中高次谐波很少,输出波形好。又由于 C_1,C_2 可以选得很小,振荡频率很高,

一般可达 100MHz 以上。这种振荡器的缺点是在改变电容容量以调节振荡频率时,会改变反馈信号的大小,容易停振;频率调节范围也小。这种振荡器适用于对波形要求高、振荡频率高和频率固定的电路。

四、改进型电容反馈式振荡器

从电容反馈式振荡器的结构可以看出:三极管极间电容等效地并联于 LC 谐振回路两端,构成了振荡电容的一部分。但这部分电容随着温度的变化或更换管子等因素会发生改变,造成振荡频率的不稳定。

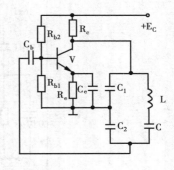

改进的措施是在 LC 回路的电感支路串入小容量电容 C,如图 4-17 所示。这样可使该回路的总电容为 C_1,C_2 和 C 的串联等效电容。由于 $C \ll C_1$,$C \ll C_2$,使 3 个电容串联的等效电容近似等于 C,使该 LC 回路的谐振频率为

图 4-17　克拉泼振荡器

$$f_0 = \frac{1}{2\pi\sqrt{LC}} \tag{4-10}$$

这种改进的电容反馈式振荡器叫克拉泼振荡器。它的 C_1,C_2 容量较大,相对削弱了三极管极间电容的影响。再则回路谐振频率取决于 C,在改变 C_1,C_2 的比例以调节反馈电压时,对振荡频率影响很小,这是该振荡器的优点。由于 C 的容量很小,振荡电压大部分降落在 C 上,使 C_2 的反馈电压减小,起振较困难;其次,通过改变 C 的容量来调整振荡频率时,也将改变反馈电压的大小,C 越小,反馈越弱,振荡器越不容易起振。所以,该振荡器频率调整范围仍然不大。

第四节　RC 振荡器

当 LC 振荡器用于低频振荡时,所需 L 和 C 的数值均应加大,这种损耗小的大电感和大容量电容制作困难,若使用 RC 振荡器却显得方便而经济。RC 振荡器的工作原理与 LC 振荡器相同,都是利用了放大器的正反馈,并要求满足相位平衡和幅度平衡两个条件。两者的不同点是 RC 振荡器用 RC 选频电路代替了 LC 振荡器的 LC 选频回路。常用的 RC 振荡器有 RC 选频式和 RC 移相式两种。

一、RC 选频振荡器

广泛使用的 RC 选频振荡器是文氏电桥振荡器,其电路主要包括 RC 选频反馈网络和两级阻容耦合放大器,如图 4-18 所示。从图中可以看出,它的选频网络由 RC 串、并联电路组成。

1. RC 串、并联回路的选频特性

将图 4-18 中的 RC 串、并联回路单独画出,如图 4-19 所示。假定幅度恒定的正弦信号电压 u_1 从 RC 串、并联回路 A,C 两端输入,经选频后的电压 u_2 从 B,C 两端输出。下面分析这种电路的幅频特性与相频特性。

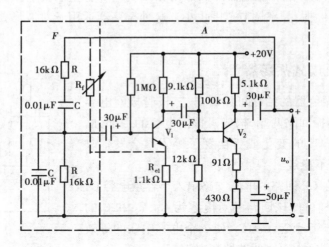

图 4-18　RC 选频振荡器

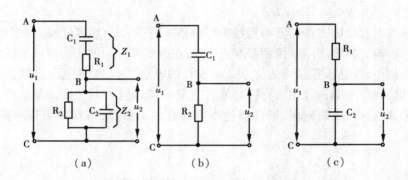

图 4-19　RC 串、并联电路及等效电路

（a）RC 串、并联电路；（b）低频等效电路；（c）高频等效电路

（1）输出电压 u_2 的幅频特性

在 RC 串、并联回路中，当输入信号频率较低时，C_1，C_2 的容抗均很大。在 R_1，C_1 串联部分，$\dfrac{1}{2\pi fC_1} \gg R_1$，因此在 C_1 上的分压大得多，R_1 上的分压可忽略；在 R_2，C_2 并联部分，$\dfrac{1}{2\pi fC_2} \gg R_2$，因此 R_2 支路的分流量比 C_2 支路大得多，C_2 上的分流量可忽略。这时的串、并联网络等效于图 4-19（b）。从该图可以看出，频率越低，C_1 容抗越大，R_2 分压越少，u_2 幅度越小。

当输出信号频率较高时，C_1，C_2 容抗均很小。在 R_1，C_1 串联部分，$R_1 \gg \dfrac{1}{2\pi fC_1}$，$C_1$ 的串联分压作用可以忽略；在 R_2，C_2 并联部分，$R_2 \gg \dfrac{1}{2\pi fC_2}$，$R_2$ 分流作用可以忽略，此时的 RC 串、并联等效电路如图 4-19（c）所示。从图中可以看出，f 越高，C_2 容抗越小，输出电压 u_2 幅度越低。

RC 串并联电路的幅频特性曲线如图 4-20（a）所示。从图中可以看出，只有在谐振频率 f_0 上，输出电压幅度最大。偏离这个频率，输出电压幅度迅速减小，这就是 RC 串、并联网络的选频特性。

（2）u_2 与 u_1 的相频特性

在上面的分析中，当信号频率低到接近于零时，C_1，C_2 容抗很大，C_2 对 R_2 而言，相当于开路，使输入信号流经 R_1，R_2，C_1 所组成的等效串联电路，在这个串联电路中，$\dfrac{1}{2\pi f C_1} \gg$ $(R_1 + R_2)$，使该串联电路接近于纯电容电路，电流的相位超前于 u_1 90°。由于 $u_2 = iR_2$，所以 u_2 的相位也超前于 u_1 90°。但随着信号频率的升高，RC 串、并联电路将从纯电容电路过渡到容性电路，u_2 超前于 u_1 的相位角将相应减小，升高到谐振频率 f_0 时，相位角 φ 减小到零，u_2 与 u_1 同相位。如果信号频率上升到接近于无穷大时，C_1，C_2 容抗极小，相当于短路，LC 串、并联回路只有 R_1 起作用，所以电流 i 与 u_1 同相。但在 R_2，C_2 的并联回路中，由于 $\dfrac{1}{2\pi f C_2} \ll R_2$，使该并联电路接近于纯电容电路，电流超前于 u_2 90°，即 u_2 滞后于 u_1 90°。随着信号频率的降低，u_2 与 u_1 的相位角 φ 越来越小，当 f 降低到等于谐振频率 f_0 时，相位角 $\varphi = 0$，u_2 与 u_1 同相位。这种 u_2 与 u_1 之间相位随频率的变化关系，称为 RC 电路的相频特性。其相频特性曲线如图4-20（b）所示。

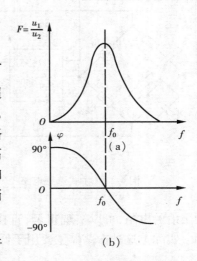

图 4-20　RC 串、并联电路的频率特性
（a）幅频特性；（b）相频特性

从上述分析可以得出结论：当信号频率 f 等于 RC 回路的选频频率 f_0 时，输出电压 u_2 幅度最大，且与输入信号 u_1 同相，这就是 RC 串、并联回路的选频原理。

理论和实践证明，当 $R_1 = R_2 = R$，$C_1 = C_2 = C$ 时，RC 串、并联选频回路的选频频率为

$$f_0 = \frac{1}{2\pi RC} \tag{4-11}$$

将输出电压与输入电压之比称为传输系数，用 F 表示，即

$$F = \frac{u_2}{u_1}$$

理论计算证明，当信号频率 $f = f_0 = \dfrac{1}{2\pi RC}$ 时，使幅频特性曲线达最高点为 $\dfrac{1}{3}$，相频特性曲线通过零点。即

$$F = \frac{u_2}{u_1} = \frac{1}{3} \qquad 或 \qquad u_2 = \frac{1}{3}u_1 \tag{4-12}$$

2. RC 选频振荡电路

在图 4-18 所示的 RC 选频振荡器中，从 $u_2 = \dfrac{1}{3}u_1$ 可以看出，只要该放大器的开环电压放大倍数 $A_u > 3$，起振的幅度平衡条件就能满足。如果 A_u 选得过大，将使信号振荡幅度进入三极管非线性区域而造成波形失真。再则，环境温度变化，调换管子或管子参数变化等，都会影响波形质量和稳定性。为了克服这些缺点，常采取在放大器中引入负反馈来解决。在图 4-18 中，将输出电压的一部分通过反馈网络 R_f 反馈回放大器的输入端，形成电压串联负反馈，由此通过减小放大倍数换得减小波形失真和提高电路的稳定性，提高输入电阻，减小输出电阻，从而减小了放大器对 RC 选频性能的影响，增加了电路带负载的能力。

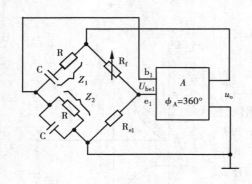

图 4-21　桥式选频电路

在放大器部分，由于采用两级阻容耦合放大，用瞬时极性法可以判断，输入信号 u_i 被倒相两次，输出信号 u_o 的一部分反馈回输入端与 u_i 同相位，满足相位平衡条件，所以该电路容易起振，其振荡频率如（4-11）式所示。

将图 4-18 中的 RC 选频网络和负反馈网络的 R_f，R_{e1} 单独画出，可组成如图 4-21 所示的电桥电路，所以这种 RC 振荡器又名文氏电桥振荡器。

如将图 4-18 中的 RC 串、并联选频网络改接成图 4-22 所示结构，可获得振荡频率范围宽且连续可调的效果。从图中可以看出，用双联开关 S 切换不同阻值的电阻，可以实现粗调；直接旋动双连可变电容器 C 的旋钮，改变其容量可以实现细调。实际上这种振荡器主要用于低频，振荡频率从几 Hz 到几 kHz。

二、RC 移相式振荡器

1. RC 移相电路的频率特性

在图 4-23 所示的 RC 移相电路中，输出电压 u_o 与输入电压 u_i 之间的相位差 φ 与振荡频率的高低有着直接关系。当频率很低接近于零时，容抗 $X_C = \dfrac{1}{2\pi fC} \gg R$，使 RC 电路趋于纯电容性。电流 i 超前于 u_i 90°，即 $\varphi = 90°$，而输出电压在电阻 R

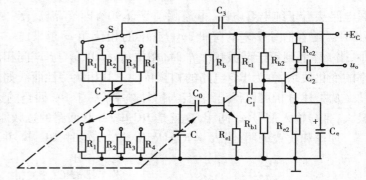

图 4-22　具有可调频率的 RC 选频振荡器

上获得，有 $u_2 = iR$，u_o 与 i 同相，所以 u_o 与 u_i 相差 90°。由于 $\dfrac{1}{2\pi fC} \gg R$，R 上分压很少，u_o 也很小且接近零。当 u_i 频率很高时，电容容抗很小，使 $\dfrac{1}{2\pi fC} \ll R$，RC 电路接近于纯电阻性，u_i 与 u_o 同相位，即 $\varphi = 0°$。可以看出，随着 u_i 频率的不同，一阶 RC 电路的相移可以在 0°～90°变化。

2. RC 移相式振荡电路

RC 移相式振荡电路如图 4-24 所示，它由三阶 RC 移相选频电路和基本放大电路两部分组成。其

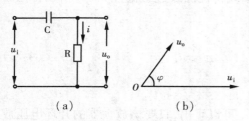

图 4-23　RC 移相电路及相位角

（a）RC 电路；（b）相位角

中三阶 RC 移相电路由 R_1C_1，R_2C_2 及放大器输入电阻 r_i 和 C_3 组成。

由于共射放大电路将输入信号电压倒相 180°，只要 RC 移相电路能对某一特定频率的信号再移相 180°，即可在放大器输入端形成正反馈而满足相位平衡条件。对某一特定频率，一阶 RC 移相电路只能移相小于 90°的 φ 角，要移相 180°，至少需要三阶 RC 移相电路才能满足。

这时只要放大器放大倍数足够,即可满足幅度平衡而使电路起振。理论计算指出,这种振荡器的振荡频率为

$$f_0 = \frac{1}{2\pi\sqrt{6}RC} \tag{4-13}$$

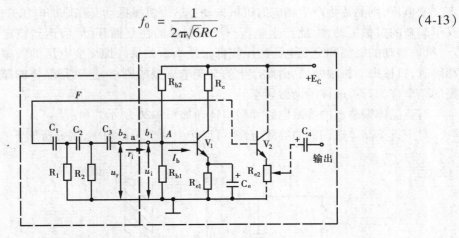

图 4-24　RC 移相振荡电路

该电路的优点是结构简单,但工作不稳定、波形差、频率难于调节,只能用于频率固定且要求不高的场合。

第五节　石英晶体振荡器

从上述对振荡器的分析中可以看出,它们的振荡频率基本上是由选频网络元件的参数决定的。无论是 LC 或 RC 正弦波振荡器,其振荡频率的稳定度都不高。人们从实践中研制出了高 Q 值、高稳定度的石英晶体振荡器,广泛应用于要求频率稳定度高的电子设备中。

一、石英晶体的电压特性与等效电路

天然石英是二氧化硅晶体,将它按一定的方位角切成薄片,称为石英晶体。在晶片的两个相对表面喷涂金属层作为极板,焊上引线作电极,再加上金属壳、玻壳或胶壳封装即制成石英晶体振荡器,如图 4-25 所示。

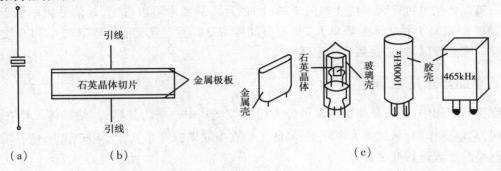

（a）　　　　　（b）　　　　　　　　　　　　　　（c）

图 4-25　石英晶体振荡器外形
（a）符号;（b）内部结构;（c）外形

若在石英晶体两电极加上电压,晶片将产生机械形变;反过来,如在晶片上施加机械压力使其发生形变,则将在相应方向上产生电压,这种物理现象称为压电效应。如果在晶体两边加上交变电压,则晶片将产生相应的机械振动。这个机械振动又在原加电压方向产生附加电压,又引起新的机械振动,由此产生电压—机械振动的往复循环,最后达到稳定。但在一般情况下,机械振动的振幅和交变电压的振幅都很微小。如果外加交变电压的频率与晶体固有频率相等时,机械振动振幅剧增,由此产生的交变电压振幅剧增,这就是晶体的压电谐振。产生谐振的频率称为石英晶体的谐振频率。

石英晶体振荡器的等效电路和频率特性如图 4-26 所示。

对于石英晶体振荡器的等效电路,可以产生两个谐振频率,现分析如下:

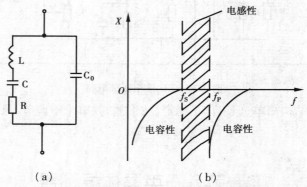

（a）　　　　　　　　　　　（b）

图 4-26　石英晶体振荡器等效电路与频率特性

（a）等效电路;（b）频率特性

①当 R,L,C 支路发生串联谐振时,等效于纯电阻 R,阻抗最小,其串联谐振频率为

$$f_S = \frac{1}{2\pi\sqrt{LC}} \tag{4-14}$$

②当外加信号频率高于 f_S 时,X_L 增大,X_C 减小,R,L,C 串联支路呈感性,可与 C_0 所在电容支路发生并联谐振,其并联谐振频率为

$$f_P = \frac{1}{2\pi\sqrt{L\dfrac{CC_0}{C + C_0}}} = \frac{1}{2\pi\sqrt{LC}}\sqrt{1 + \frac{C}{C_0}} = f_0\sqrt{1 + \frac{C}{C_0}} \tag{4-15}$$

石英晶体的电抗—频率特性如图 4-26（b）所示。从图中可以看出,凡信号频率低于串联谐振频率 f_S 或高于并联谐振频率 f_P 时,石英晶体均显容性。只有信号频率在 f_S 和 f_P 之间才显感性。在感性区域,振荡频率稳定度极高。

二、石英晶体振荡电路

在实际应用中,石英晶体振荡器可分为两大类。其中一类为并联型,使晶体工作在 f_S 与 f_P 之间,起电感作用;第二类为串联型,晶体工作在串联谐振频率 f_S 上,阻抗最小,使其组成正反馈网络并形成选频振荡器。

1. 并联型石英晶体振荡器

这类振荡器的实际应用电路很多,下面以图 4-27 所示的 ZXB-1 型低频石英晶体振荡器为例分析其电路结构特点。图(a)中 V_1 与石英晶体组成并联型石英晶体振荡器,V_2 组成共射放大电路放大振荡信号,V_3 组成射极输出器输出振荡信号。

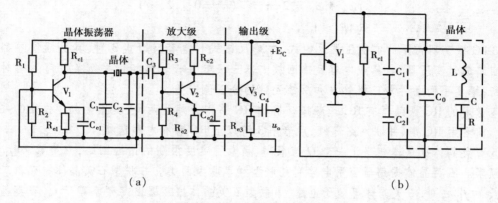

图 4-27　ZXB-1 型石英晶体振荡电路

(a)电路原理图;(b)交流等效电路

图 4-27(b)是(a)的交流通路,从图中可以看出,石英晶体是放大器 V_1 的负载,对应于频率为 f_P 的信号,它处于谐振状态,可获得很高的谐振电压,该电压经 C_1,C_2 分压后,C_2 上的电压正反馈回 V_1 基极,形成改进型电容三点式振荡电路。由于 C_1 和 C_2 比 C_0 大得多,C_0 又比 C 大得多,电路的谐振频率主要由 L 和 C 决定,其值接近于石英晶体固有频率,即

$$f_0 = \frac{1}{2\pi\sqrt{LC}}$$

2. 串联型石英晶体振荡器

该振荡器如图 4-28 所示。图中石英晶体接在由 V_1,V_2 组成的两级放大器的正反馈网络中。当振荡频率等于晶体的串联谐振频率时,石英晶体呈纯电阻性,阻抗最小,正反馈最强,相移为 0°,使电路满足自激振荡条件。对于谐振频率 f_S 以外的其他频率,石英晶体阻抗大,且不为纯电阻性,相移亦不为 0°,不具备振荡条件,电路不会起振。在正反馈电路中串入电阻 R_S 后,可用于调节反馈量的大小。R_S 过大,则反馈量小,电路不易起振;R_S 过小,则反馈量过大,会导致严重的波形失真。

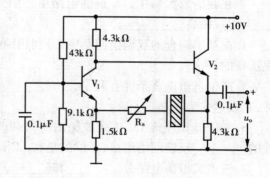

图 4-28　串联型石英晶体振荡器

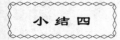

①调谐放大器与一般放大器的区别在于:它的集电极负载不是 R_c,而是 LC 并联谐振回路,它只放大谐振频率为 f_0 及左右两旁很窄的频率范围内的信号,适用于选频放大。它的增益、通频带和选择性在很大程度上取决于 LC 回路的特性。

②正弦波振荡器主要由放大器和具有选频特性的正反馈选频网络组成。使这种振荡器起振,必须满足相位平衡条件和幅度平衡条件,即

$$\begin{cases} \varphi_A + \varphi_F = 2n\pi & (n = 0, 1, 2, \cdots) \\ AF \geqslant 1 \end{cases}$$

③LC 振荡器常用的有变压器反馈式、电感反馈式和电容反馈式 3 种,其反馈信号都是从输出回路通过变压器、电感或电容反馈回放大器三极管基极。其相位平衡条件可用瞬时极性法判断;幅度平衡条件与三极管 β 和反馈元件的分压值有关。

④常用的 RC 振荡器有 RC 选频振荡器和 RC 移相振荡器两类,其振荡频率与 RC 乘积成反比。前者用 RC 串、并联网络选频,后者用 3 阶以上 RC 移相电路选频。

⑤石英晶体振荡器相当于一个 Q 值很高、频率稳定度很高的谐振回路,它有 f_S 和 f_P 两个谐振频率。石英晶体振荡器应用电路有并联型和串联型两类。并联型石英晶体振荡器工作频率在 f_S 和 f_P 之间,石英晶体等效于电感;串联型石英晶体振荡器振荡频率等于 f_S,石英晶体作为串联谐振回路接于放大器的正反馈网络中实现选频及正反馈。

习题四

一、填空题

1. 调谐放大器与典型共射放大电路相比,是用_____回路取代_____,并用该回路的_____特性实现选频。

2. 振荡器主要由_____和_____两大部组成。

3. 在调谐放大器中,LC 振荡电路用感抽头方式可使_____可调,实现放大器与负载的_____,提高_____。

4. 在互感耦合的双调谐回路中,是利用原边回路的_____和副边回路的_____来实现选频的。

5. 产生自激振荡条件有两个,一是_____条件,其表达式为_____;二是_____条件,其表达式为_____。

6. 变压器反馈式 LC 正弦波振荡器与调谐放大器相比,都有_____和具有_____特性的_____反馈网络组成,不同的是在 LC 调谐回路副边多了一个_____绕组。

7. 三点式振荡电路分_____和_____两种,它们的共同点是_____。

8. 从石英晶片频率特性可以看出:在 $f_o < f_S$ 范围,晶体显_____性;在 $f_S < f_o < f_P$ 范围,晶体显_____性;在 $f_o > f_P$ 范围,晶体显_____性。

二、判断题

1. 在调谐放大器中,它只对谐振频率 f_o 的信号放大,对其信号不能放大。 ( )

2. 双调谐放大器能选频,是利用双调谐回路各自的并联谐振实现的。 ( )

3. LC 并联电路谐振时,阻抗最大,呈纯电阻性。 ( )

4. 放大器与正弦波振荡器均能将电源的直流功率变为电路交流功率输出。 ( )

5. 振荡电路中的正反馈网络在 LC 振荡器中用于满足幅度平衡条件。 ( )

6. 要使振荡器起振,必须给于初始的冲击信号。 ( )

7. 收音机本机振荡电路多用电感三点式。　　　　　　　　　　　　　（　　）

8. 双调谐放大器的两个 LC 回路的谐振曲线呈单峰时,耦合效果最好。　（　　）

三、选择题

1. 已知谐振频率 $f_o = \dfrac{1}{2\pi\sqrt{LC}}$,欲调整 f_o,则可调整(　　　)。

　　A. 只能调整 L　　　　　B. 只能调整 C　　　　C. 调 L 和 C 均可　　　　D. 调 L 和 C 均不行

2. 要振荡器起振,必须满足的条件是(　　　)。

　　A. 相位平衡条件和幅度平衡条件　　　　　　B. 相位平衡条件

　　C. 幅度平衡条件　　　　　　　　　　　　　D. 相位平衡条件比幅度平衡条件更重要

3. LC 并联谐振回路处于谐振状态时,电路对外呈(　　　)。

　　A. 感性　　　　　　　　B. 容性　　　　　　　C. 阻性　　　　　　　　D. 不能确定

4. 某放大器电压放大倍数 $A_v = 1000$,欲使其满足幅度平衡条件,其反馈系数 F ≥(　　　)。

　　A. 0.1　　　　　　　　B. 1.0　　　　　　　　C. 0.01　　　　　　　　D. 0.001

5. 设某单级选频放大器输出信号与输入信号之间的相位差为 180°,则由该放大器组成振荡器时,反馈网络应产生的相位为(　　　)。

　　A. 0°　　　　　　　　　B. 90°　　　　　　　　C. 180°　　　　　　　　D. 270°

6. 如将石英晶体组合成并联型石英晶体振荡器,它的工作频率范围为(　　　)。

　　A. $f_o < f_s$　　　　　B. $f_o > f_p$　　　　　C. $f_s < f_o < f_p$　　　　D. $f_o = \dfrac{1}{2\pi\sqrt{LC}}$

7. 具有正反馈网络兼放大作用的放大器是(　　　)。

　　A. LC 振荡器　　　　　B. 调谐放大器　　　　C. 功率放大器　　　　　D. 负反馈放大器

四、简答题

1. 试述调谐放大器的频率特性。在 LC 并联谐振回路中,Q 值对频率特性有什么影响?

2. 在调谐放大器中,LC 回路用抽头式电感有什么好处? 为什么?

3. 试比较单调谐放大电路和双调谐放大电路的异同点。

4. 振荡器共分为哪几个部分? 各部分有哪些作用?

5. 欲使振荡器起振,应满足哪些条件? 这些条件的含义是什么?

6. 画出变压器反馈式、电感反馈式和电容反馈式振荡器的典型电路,试分析各自的电路结构特点与工作原理。

7. 改进型电容三点式振荡器有何优点? 为什么?

8. 试用瞬时极性法判断题图 4-1 所示各电路是否满足相位平衡条件? 并说明判断过程。

9. 题图 4-2 所示为晶体管超外差收音机的本机振荡器。

(1)在图中标出振荡线圈原、副边绕组的同名端;

(2)若将 $L_{2\sim3}$ 的匝数减少,会对振荡器造成什么影响?

(3)试计算:$C_4 = 10$ pF 时,在 C_5 的最大变化范围内振荡频率的可调范围。

10. 试分析 RC 串、并联电路的选频原理,并判断题图 4-3 所示电路能否起振?

11. 试述石英晶体的压电特性,画出石英晶体振荡器的电抗—频率特性曲线,并分析之。

12. 题图 4-4 为电视机本机振荡电路,试画出其交流通路,并指出其振荡器类型。

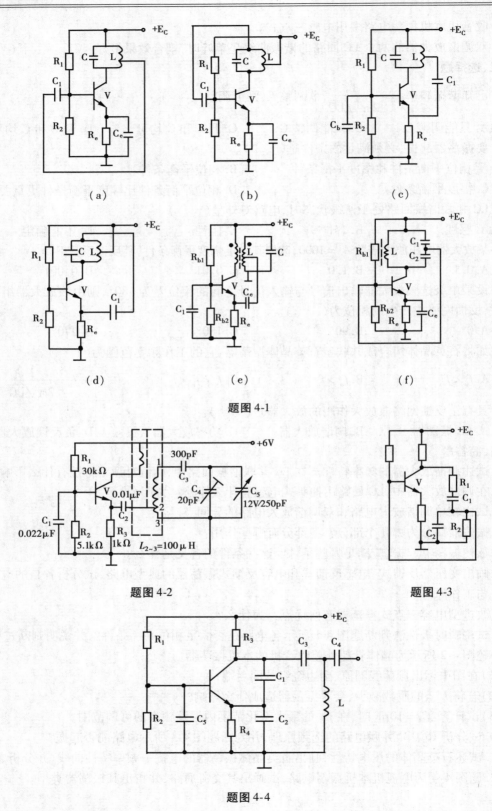

题图 4-1

题图 4-2

题图 4-3

题图 4-4

实验六

LC 调谐放大器的调试

一、实验目的

①掌握 LC 调谐放大器谐振点的调试方法；

②学会用示波器测量调谐放大器的增益与频带宽度。

二、实验电路

实验电路如实验图 6-1 所示。

三、实验器材

①示波器、低频信号发生器、直流稳压电源各 1 台晶体管毫伏表、万用表各 1 只；

②实验图 6-1 所示实验电路板。

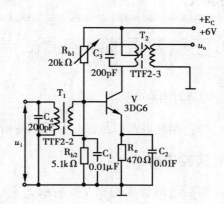

实验图 6-1

四、实验内容与步骤

①向实验图 6-1 所示实验电路板供 6V 直流电源，调整 R_{b1}，使 V 的集电极电流 $I_c = 1$mA。

②将低频信号发生器接到调谐放大器输入端，输送 465kHz 的正弦信号。再将示波器接至该电路输出端，用无感螺丝刀缓缓调动 T_2 磁芯，使输出信号波形幅度最大。再调 T_1 磁芯使输出信号波形幅度最大。反复调几次，这种输出信号幅度最大时调谐放大器的工作频率即为 LC 回路谐振频率 f_0，其大小为 465kHz。

在调试中，如果示波器显示的波形发生抖动，可能是电路自激，应重调 R_{b1} 以减小 I_c。

③用示波器分别测出输出信号电压 u_o 和输入信号电压 u_i 的幅值，代入式 $A_u = \dfrac{u_o}{u_i}$ 中计算出电压放大倍数，并将有关数据记入实验表 6-1 中。

在上述测量中，还可用高频毫伏表直接测量 u_o 和 u_i 的伏特数，记入实验表 6-1 亦可计算出 A_u 和增益 G_u。

实验表 6-1　电压放大倍数测试数据

信号频率	u_i 幅度或伏数	u_o 幅度或伏数	A_u/倍	G_u/dB
465kHz				

④保持信号发生器提供的 u_i 幅度不变。先用示波器测出谐振频率为 465kHz 所对应的

$u_。$,再按实验表 6-2 的要求变换输入信号频率,逐一在该表中记下这些频率所对应的 $u_。$幅度。最后用这些数据在直角坐标纸上描出频率特性曲线,标出频带宽度。

实验表 6-2　频度特性测试记录

输入信号频率/kHz	450	455	460	465	470	475	480	带宽 f_{bw}
输出信号幅度/mV								

实验七

LC 正弦波振荡器的调试

一、实验目的

学会判断振荡器是否起振并验证相位平衡条件和幅度平衡条件。

二、实验电路

实验电路如实验图 7-1 所示。该电路为共基极发射极调谐(简称共基调发)变压器反馈式振荡电路(即晶体管收音机中本机振荡器),图中开关 S_1 用于调节幅度平衡,S_2 用于调节相位平衡。

三、实验器材

①示波器、直流稳压电源各 1 台万用表 1 只;

②实验图 7-1 所示实验电路板。

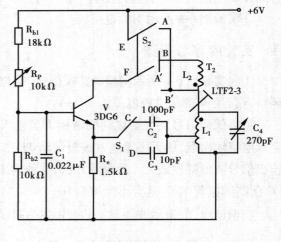

实验图 7-1

四、实验内容与步骤

1. 接通电源

将开关 S_1 接 C,S_2 接 BB′,将稳压电源调至 6V 向实验电路板供电,调节 R_P,使 V 的集电极电流 I_c 为 $0.4 \sim 0.6$mA。

2. 判断电路是否起振

将万用表置于 2.5V 直流电压档,测 V 的基极与发射极之间的电压 u_{BE},出现反偏或浅正偏(即 u_{BE} 为负值或小于 0.6V),则电路已经起振。如果 $u_{BE} = 0.6 \sim 0.7$V(正偏),说明电路没有起振。在已起振的状态下,用镊子短路 L_1 两端,u_{BE} 从反偏或浅正偏恢复到正偏,则进一步验证电路已经起振。

3. 验证相位平衡条件

将 S_2 与 BB′ 接通，使电路起振。如将 S_2 切换到 AA′，使 L_2 反接，用上述方法判断电路是否起振。如果不起振，请找出原因，写入实验报告中。

4. 验证幅度平衡条件

S_2 仍接通 BB′，使电路起振。将 S_1 与 D 接通，减小耦合电容容量，降低振荡信号正反馈量，仍用上面方法，判断电路是否起振。如不起振，试分析其原因，一并记入实验报告中。

第五章
直流放大器与集成运算放大器

第一节　直流放大器

从前面所讲的知识知道,放大器级间信号耦合方式有 3 种,分别是阻容耦合、变压器耦合和直接耦合。采用阻容耦合和变压器耦合的放大器只能放大交流信号,不能用来放大非周期性的、变化极缓慢的、频率极低的信号或恒定不变的信号,这些信号称为直流信号。放大直流信号必须采用直流放大器。在直流放大器中,信号的耦合方式为直接耦合。

一、直接耦合放大器的两个特殊问题

1. 级间直流量的相互影响

在直接耦合的放大器中,前后级电路直接相连,它们的直流工作点是互相牵连的,其中一级的工作点变化时,另一级的工作点也会随之发生变化,从而影响整个电路的工作情况。所以在直流放大电路的设计和分析中,级间直流量的相互影响是一个不容忽视的重要问题。

2. 零点漂移

阻容耦合与变压器耦合放大电路的输入信号为零时,输出信号也为零。在直流放大器中,电源电压波动或温度变化等因素会使放大器的工作点不稳定,造成无输入信号时,输出端电压会偏离零点,出现忽大忽小、忽快忽慢的无规则变化,这种现象称为"零点漂移",简称"零漂"。

"零点漂移"现象并非直流放大器所独有,交流放大器中也存在,只是由于阻容耦合和变压器耦合具有"隔直"作用,它们的"零漂"只在本级电路内,对整个放大器的工作影响很小,可以忽略不考虑。直流放大器由于采用直接耦合,使"零漂"被逐级放大,随着放大器级数越多和放大倍数越大,"零漂"越严重。当"零漂"超过有用信号时,输出的有用信号会被淹没,使放大器失去它应有的作用。所以,为了保证直流放大器的正常工作,必须抑制"零点漂移"。

二、级间电位调节电路

图 5-1 所示为简单的同类型管的直接耦合放大电路,由图可知,V_1 的集电极输出信号直接耦合到 V_2 的基极,V_1 的集电极电位等于 V_2 的基极电位,即 $U_{C1} = U_{B2}$。正常工作时,因 $U_{B2} = U_{BE2}$ 很小,使 V_1 的动态范围很小,而且 V_2 很容易饱和,使电路不能正常工作。为了改善

电路的性能,必须提高 V_2 的基极电位(即 V_1 的集电极电位),这就是级间电位调节。常用以下 3 种方法实现级间电位调节。

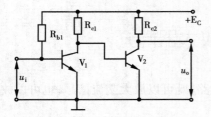

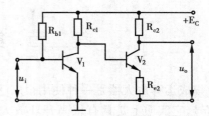

图 5-1　简单直接耦合电路　　　　**图 5-2　后级加接射极电阻的直接耦合电路**

1. 在后一级发射极加接电阻 R_{e2}

如图 5-2 所示,在第二级放大器的 V_2 发射极接上电阻 R_{e2},电流 I_{E2} 流过 R_{e2} 产生压降 $I_{E2}R_{e2}$,可以提高 V_2 的发射极电位 U_{E2},使 V_2 的基极电位 U_{B2} 和 V_1 的集电极电位 U_{C1} 得到提高,增大了 V_1 的动态范围,V_2 不易饱和,能对信号进行正常的放大,改善了电路的工作。同时由于 R_{e2} 较强的负反馈作用,使电路的工作点更加稳定,对抑制"零点漂移"也有一定的作用。但由于 R_{e2} 的电流负反馈作用,使电路的放大倍数有一定的下降。

2. 在后一级的发射极接二极管或稳压管

为了克服放大器第二级发射极接入电阻 R_{e2} 造成的放大倍数下降,可以用二极管或稳压二极管代替 R_{e2}。图 5-3 所示为用二极管 V_D 代替 R_{e2} 的电路,二极管的动态电阻很小,流过它的电流发生变化时,二极管两端的电压变化很小,对信号的负反馈作用很弱,放大器的放大倍数基本不受影响。由于 V_D 导通时有一定的正向压降,可以使 U_{B2} 和 U_{C1} 得到有效的提高。若要让 U_{B2} 和 U_{C1} 提高的幅度更大,可以给 V_D 再同向串联二极管。

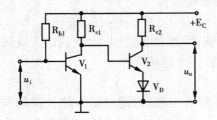

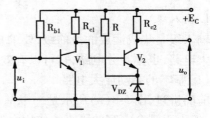

图 5-3　利用二极管调节电位　　　　**图 5-4　利用稳压二极管调节电位**

使用稳压二极管代替后一级的发射极电阻 R_{e2} 可以得到更好的效果,如图 5-4 所示。由于稳压二极管的动态电阻更小,更有利于消除对信号的电流负反馈作用,对放大器的增益影响更小。图中,电阻 R 的作用是为稳压二极管 V_{DZ} 提供偏置电流。

3. 用 NPN 型管和 PNP 型管直接耦合

多级直流放大器不能全部使用 NPN 型管,否则将造成直流电位被逐级抬高,使输出直流电位严重偏离。解决办法是采用 NPN 型管和 PNP 型管直接

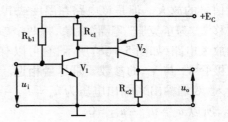

图 5-5　NPN 型管与 PNP 型管直接耦合的电位调节电路

耦合的电位调节电路,如图5-5所示。因 V_2 的集电极电位 U_{C2} 低于 V_2 的基极电位 U_{b2},使输出的直流电位得到降低。

第二节 集成运算放大器简介

集成运算放大器是一种使用很广泛的集成放大电路,既可以放大交流信号,也可以放大直流信号,它实质上是具有很高开环放大倍数的、多级的直接耦合放大器,简称"运放"。"运放"的电路符号如图5-6所示,它有两个输入端和一个输出端。标注"−"号的输入端(即"N"端)称反相输入端,从该端输入信号时,输出信号与输入信号的极性相反。"+"号输入端(即"P"端)称同相输入端,从该端输入信号时,输出信号与输入信号同相。

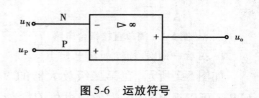

图 5-6 运放符号

一、集成运放的组成

集成运放主要由输入级、中间级和输出级三大部分组成,如图5-7所示。

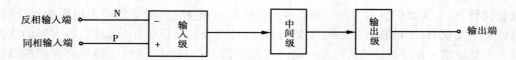

图 5-7 集成运放的组成

1. 输入级

输入级是集成运放的最前级,要求它有很高的抑制"零漂"的能力。运放的输入级采用差动放大电路,也称差分电路,它可以有效地抑制电路的"零点漂移"。

(1)基本的差动放大电路

前面讲过,图5-8(a)所示是一个基本的阻容耦合放大电路,它能对输入的交流信号进行放大,但由于耦合电容的隔直流作用会使直流成分丢失,直流信号得不到有效的放大。为了克服这种情况,可以将电路改进为图5-8(b)所示的单级直接耦合放大器,它能顺利地完成对直流信号的放大。但是该电路在温度或其他因素发生变化时,会产生严重的干扰信号,即"零点漂移"。为了克服"零漂"现象,将两个参数相同的直接耦合放大电路对接,就构成了基本的差动放大电路,如图5-8(c)所示,它可以有效地抑制"零漂"。图中,$R_{s1} = R_{s2}$,$R_{b1} = R_{b2}$,$R_{c1} = R_{c2}$,三极管 V_1 与 V_2 的参数要求尽量相近。信号由两管的基极输入,从两管的集电极输出(双端输入、双端输出),输出电压为 $u_o = u_{C1} - u_{C2}$。当输入信号为零时,由于电路对称,$i_{C1} = i_{C2}$,$u_{C1} = u_{C2}$,所以 $u_o = u_{C1} - u_{C2} = 0$。

差动放大器能抑制"零点漂移",原理分析如下:先看温度变化对电路的影响。当温度升高时,i_{C1} 会升高,由于电路对称,i_{C2} 也升高,且 i_{C1} 与 i_{C2} 的增量相等,即 $\Delta i_{C1} = \Delta i_{C2}$,使 V_1 与 V_2 的集电极电位的变化量也相等,即 $\Delta u_{C1} = \Delta u_{C2}$,则输出电压的变化量为 $\Delta u_o = \Delta u_{C1} - \Delta u_{C2} = 0$,此过程可以表示如下:

$$T \uparrow \begin{array}{c} i_{C1} \uparrow \\ \\ i_{C2} \uparrow \end{array} \Delta i_{C1} = \Delta i_{C2} \rightarrow \Delta u_{C1} = \Delta u_{C2} \rightarrow \Delta u_o = 0$$

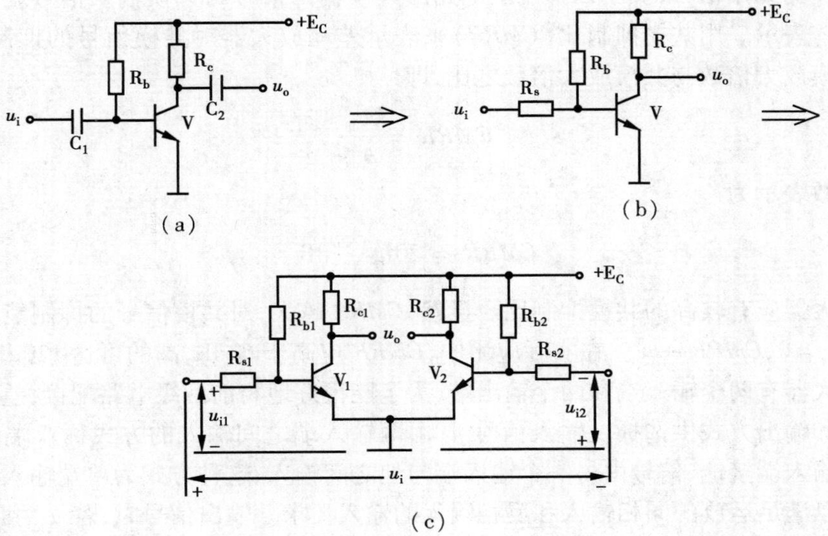

图 5-8　基本差动放大电路的组成

（a）单级阻容耦合放大器；（b）单级直接耦合放大器；（c）基本的差动放大器

　　上述分析说明：当温度 T 发生变化时，差动放大器的输出电压 u_o 不会发生变化，从而有效地抑制了温度变化造成的"零漂"。同样，电路可以克服电源电压波动所引起的"零漂"，这个过程由读者自行分析。

　　当从两个输入端输入信号 u_{i1} 和 u_{i2}，若 $u_{i1} = -u_{i2}$，这种大小相等、极性相反的信号称为差模信号。差模信号是需要电路放大的有用信号，差动放大器应对它有很高的放大倍数。差模信号 u_{i1} 和 u_{i2} 的输入相当于在两个输入端之间输入一个和信号 u_i，其中 $u_{i1} = \dfrac{u_i}{2}$，$u_{i2} = -\dfrac{u_i}{2}$。如果用 A_u 表示差分电路中单个放大器的放大倍数 $\left(A_u = -\dfrac{\beta R_C}{R_s + r_{be}} \right)$，用 A_{du} 表示差分电路对差模信号的放大倍数，有

$$u_{C1} = A_u u_{i1} = \frac{1}{2} A_u u_i$$

$$u_{C2} = A_u u_{i2} = A_u \left(-\frac{u_i}{2} \right) = -\frac{1}{2} A_u u_i$$

则输出电压
$$u_o = u_{C1} - u_{C2} = \frac{1}{2} A_u u_i - \left(-\frac{1}{2} A_u u_i \right) = A_u u_i$$

　　放大器对差模信号的放大倍数为

$$A_{du} = \frac{u_o}{u_i} = \frac{A_u u_i}{u_i} = A_u = -\frac{\beta R_C}{R_s + r_{be}} \tag{5-1}$$

式中($R_s + r_{be}$)为单级电路的输入电阻。上式说明差动放大器的放大倍数与单级放大器的放大倍数相同（双端输出）。

当输入差动放大器两输入端的信号 $u_{i1} = u_{i2}$ 时，这种大小相等、极性相同的信号称共模信号。电路因电源电压波动或温度变化等引起的"零漂"都可以视为共模信号，它是影响差动放大器正常工作的无用信号，应予以抑制。电路的共模输出信号与共模输入信号之比为共模放大倍数，用 A_{cu} 表示。用共模抑制比（$CMRR$）来表示差动放大器对共模信号的抑制能力，它等于电路的差模放大倍数与共模放大倍数之比，即

$$CMRR = \frac{A_{du}}{A_{cu}} \tag{5-2}$$

也可以用对数表示为

$$CMRR = 20\lg\frac{A_{du}}{A_{cu}}\mathrm{dB} \tag{5-3}$$

差动放大器应有较高的共模抑制比。显然，$CMRR$ 越大，对共模信号的抑制能力越强。理想情况时，$A_{cu} = 0$，$CMRR \to \infty$。在实际应用中，$CMRR$ 应高于60dB，高的可达120dB。

差动放大器有两个输入端和两个输出端，为了能很好地与前后级电路配接，差动放大器有不同的输入和输出方式供选择。输入信号 u_i 由两输入端之间输入的方式称双端输入。如果将其中一个输入端接地，信号由另一个输入端与地之间输入，这种方式为单端输入。不同输入端的选择可以满足运放的同相输入和反相输入的输入要求。输出信号时，若 u_o 由两管的集电极之间取出，这种方式为双端输出。若 u_o 由其中一管的集电极与地之间输出称为单端输出。在双端输出时，电路的差模放大倍数 A_{du} 等于单级放大器的放大倍数 A_{u1}，即

$$A_{du} = A_{u1} \tag{5-4}$$

在单端输出时，差模放大倍数 A_{du} 只有单级放大器放大倍数的 $\frac{1}{2}$，即

$$A_{du} = \frac{1}{2}A_{u1} \tag{5-5}$$

实际应用中，差动放大器有 4 种输入输出的联接组合方式：单端输入、单端输出；单端输入、双端输出；双端输入、单端输出和双端输入、双端输出。

（2）差动放大器的实用电路

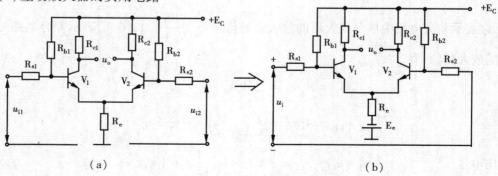

图 5-9 改进型差动放大器

（a）接共模抑制电阻 R_e 的差动放大器；（b）长尾式差动放大器

为了提高差动放大器对共模信号的抑制能力，即抑制"零漂"的能力，在基本差动放大器

的射极公共支路接入阻值较大的 R_e,如图 5-9(a)所示。当输入差模信号时,两管 V_1 与 V_2 的发射极电流流过 R_e 时变化方向相反,互相抵消,使 R_e 上的电流无变化,R_e 对差模信号无负反馈作用。当输入共模信号时,V_1 与 V_2 的发射极电流流过 R_e 时变化方向相同,互相叠加,使 R_e 产生很强的负反馈,共模放大倍数减小,增强了抑制"零漂"的能力。以温度 T 升高引起的"零漂"为例,上述过程可表示为

$$T\uparrow \nearrow \begin{matrix} i_{C1}\uparrow \\ \\ i_{C2}\uparrow \end{matrix} \searrow i_E\uparrow \to u_E\uparrow \nearrow \begin{matrix} u_{BE1}\downarrow \to i_{B1}\downarrow \to i_{C1}\downarrow \\ \\ u_{BE2}\downarrow \to i_{B2}\downarrow \to i_{C2}\downarrow \end{matrix}$$

上述分析表明了电路对"零漂"的抑制作用。

差动放大器接入共模抑制电阻 R_e 后,能大大提高对共模信号的抑制能力,但 R_e 的接入会将电路的射极电位抬高,从而减小放大器的动态范围。为了克服这一缺点,给 R_e 串接一个辅助电源 $-E_e$,可以降低射极电位,如图 5-9(b)所示。该电路称为长尾式差动放大器,它是一种比较典型的差分电路。

如果要进一步提高对共模信号的抑制能力,可以采用恒流源差动放大器,如图 5-10 所示,它是一种常用的差动放大

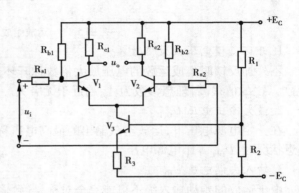

图 5-10 恒流源差动放大器

器。V_3,R_1,R_2,R_3 构成恒流源,向 V_1,V_2 提供恒定的射极电流 I_E。由于 R_1,R_2 的分压可以维持 V_3 的基极电位基本不变,当温度变化出现"零漂"时,抑制过程为

$$T\uparrow \nearrow \begin{matrix} i_{C1}\uparrow \\ \\ i_{C2}\uparrow \end{matrix} \searrow i_{C3}\uparrow \to i_{E3}\uparrow \to u_{E3}\uparrow \to u_{BE3}\downarrow \to i_{C3}\downarrow \nearrow \begin{matrix} i_{C1}\downarrow \\ \\ i_{C2}\downarrow \end{matrix}$$

所以,恒流源差动放大器有很强的抑制"零漂"的能力,使电路的共模抑制比进一步提高。

2. 中间级

运放的中间级由多级电压放大电路组成,主要使运放获得高的放大倍数,是集成运放的主要放大级。

3. 输出级

输出级为输出阻抗低、带负载能力强的互补推挽功率放大器,使电路具有一定的输出功率去推动负载。

根据运放组成的几部分,为了更好地理解,可以做出如图 5-11 所示的组成示意图。

二、集成运放的主要参数

集成运放的种类很多,为了正确地选用运放,必须熟悉它的参数。这里介绍集成运放的几个主要参数。

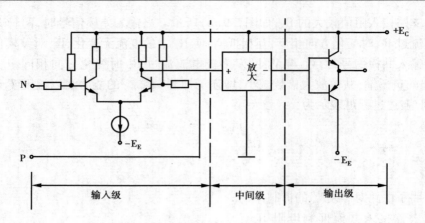

图 5-11　运放组成示意图

1. 开环差模电压放大倍数 A_{uo}

不外加反馈时集成运放的电压放大倍数称开环差模电压放大倍数，它是运放的一个重要参数。A_{uo} 的值很高，理想参数为 A_{uo} 趋近于无穷大。

2. 最大输出电压 U_{OPP}

在一定电源电压下，运放空载输出的最高电压称最大输出电压，它一般略低于电源电压。理想状况时，U_{OPP} 等于电源电压。

3. 输入失调电压 U_{IO}

由于运放的差动输入级不可能完全对称，导致输入电压 $u_i = 0$ 时，输出电压 $u_o \neq 0$，这种情况称运放失调。要使 $u_o = 0$，必须给输入端附加一个输入电压 U_{IO}，该电压称作输入失调电压。U_{IO} 越小，运放输入级的对称性越好。理想状态时 $U_{IO} \rightarrow 0$。

4. 输入失调电流 I_{IO}

输入信号为零时，同相输入端与反相输入端的静态电流不可能完全相等，它们的差值称输入失调电流 I_{IO}。I_{IO} 很小，理想状态时 $I_{IO} \rightarrow 0$。

5. 差模输入电阻 r_i

差模输入电压与输入电流之比为差模输入电阻。运放的差模输入电阻应很大，理想状态 $r_i \rightarrow \infty$。

6. 开环输出电阻 r_o

指不外接反馈电路时运放输出端的对地电阻。运放的输出电阻很小，理想状态时 $r_o \rightarrow 0$。

7. 输入偏置电流 I_{IB}

输入信号为零时，两输入端偏置电流的平均值称输入偏置电流。I_{IB} 越小越好，理想状态时 $I_{IB} \rightarrow 0$。

8. 共模抑制比 $CMRR$

指开环状态下差模放大倍数与共模放大倍数之比，它应很大，理想状态时 $CMRR \rightarrow \infty$。

除以上 8 个参数以外，运放还有其他参数，在使用中需要时可以查阅相关的集成电路手册或其他资料。

三、理想运放及其分析要点

具有理想参数的运算放大器为理想运放。理想运放并不真正存在，但可以参照理想运放来分析实际的运放电路,所得结论的误差很小,一般都在工程的允许误差范围内。所以今后除特殊说明外,都按理想运放进行分析。

由前面所讲的运放主要参数中,我们知道理想运放应有以下特点:开环差模电压放大倍数 $A_{uo} = \infty$;开环差模输入电阻 $r_i = \infty$;开环差模输出电阻 $r_o = 0$;共模抑制比 $CMRR = \infty$;开环带宽 $f_{bw} = \infty$。根据理想运放的这些特点,可以得到以下 3 个重要结论,用这 3 个结论来分析运放电路非常方便,是分析运放电路的 3 个基本依据。

①运放开环运用时,若 $u_P > u_N$,则 $u_o = +U_{OPP}$;若 $u_P < u_N$,则 $u_o = -U_{OPP}$。

理想运放开环时如图 5-12 所示,输出电压为

$$u_o = (u_P - u_N)A_{uo}$$

当 $u_P > u_N$ 时,$u_P - u_N > 0$。由于理想运放在开环状态下 $A_{uo} = \infty$,所以输出电压 u_o 达到运放的最高输出电压 U_{OPP},即 $u_o = +U_{OPP}$。

当 $u_P < u_N$ 时,$u_P - u_N < 0$。此时 u_o 为负向最高输出电压,即 $u_o = -U_{OPP}$。

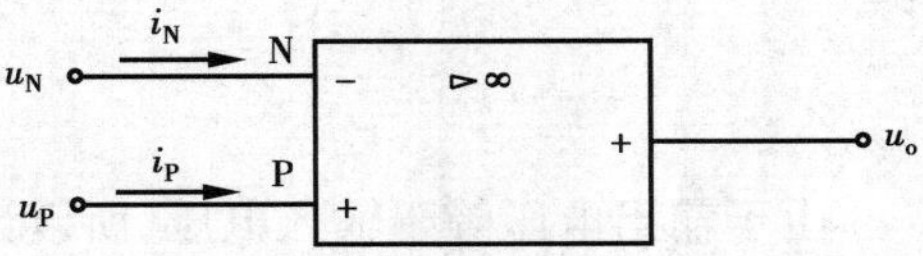

图 5-12　理想运放

上述分析说明,在开环状态下,输出电压 u_o 与输入电压之间不呈线性关系。为了使运放工作在线性放大状态,必须为运放引入较强的负反馈,使它的放大倍数下降,当放大倍数下降到合适的范围时,可以保证输入信号在一定数值内电路工作在线性状态。因而实用中运放一般都要外加很深的负反馈。

②理想运放两输入端电位相等,即 $u_P = u_N$。

由 $u_o = (u_P - u_N)A_{uo}$ 可知 $u_P - u_N = \dfrac{u_o}{A_{uo}}$,因 $A_{uo} = \infty$,而 u_o 为有限值(低于电源电压),所以

$$u_P - u_N \approx 0$$

即

$$u_P = u_N \qquad\qquad (5\text{-}6)$$

(5-6)式表明运放的两输入端 P 端与 N 端电位相等,P 点与 N 点相当于"短路",但电路内部并未真正短路,这种现象称"虚短"。

③理想运放的输入电流为零,即 $i_P = i_N = 0$。

因为差模输入电阻 $r_i = \infty$,而输入端电压 u_P 和 u_N 均为有效值,输入端电流为输入电压与输入电阻的比值,所以输入电流趋近于零,即

$$i_P = i_N = 0 \qquad\qquad (5\text{-}7)$$

(5-7)式表明运放的输入端电流为零,相当于输入端"断路",但并未真正断开,所以称为"虚断"。

四、应用实例

由分析运放的 3 个基本依据,可以对一般的运放电路进行分析,举例如下:

例 5-1　运放电路接为图 5-13(a)所示,求输出电压 u_o 与输入电压 u_i 的关系。

解　由图可知 $u_o = u_N$

根据分析运放电路的 3 个基本依据中的"虚短"有 $u_N = u_P$

所以

$$u_o = u_N = u_P$$

又根据"虚断"有 $i_1 = 0$,即 R_1 上无压降,使 $u_P = u_i$,则

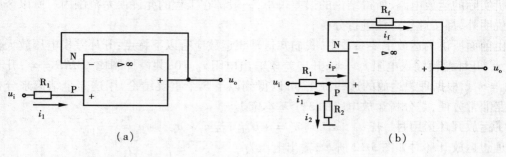

图 5-13

$$u_o = u_i$$

由于输出电压等于输入电压,所以该电路也称为跟随器电路,它广泛用于微机控制的数据采集系统中,作控制系统的采样保持电路。

例 5-2　在图 5-13(a)中增加电阻 R_2 和 R_f,让电路变为图 5-13(b)所示,求 u_o 与 u_i 的关系。

解　根据"虚断"有 $i_f = i_N = 0$,所以电阻 R_f 上无压降,则 $u_o = u_N$

根据"虚短"有 $u_N = u_P$,即

$$u_o = u_P$$

由"虚断" $i_P = 0$,可得到 $i_1 = i_2$

所以

$$u_P = \frac{R_2}{R_1 + R_2}u_i$$

$$u_o = u_P = \frac{R_2}{R_1 + R_2}u_i$$

从以上两例题可以看出,只要正确运用分析运放的 3 个基本依据,就能分析解决常见的运放问题。

第三节　基本集成运算放大电路

一、反相比例运算放大器

1. 电路结构

如图 5-14 所示,输入电压 u_i 通过 R_1 接到运放的反相输入端,在反相输入端与输出端之间接有反馈电阻 R_f,构成深度电压并联负反馈,使运放工作在线性放大状态。为了保证运放的输入端对称,在同相输入端与地之间接平衡电阻 R_2,且 $R_2 = R_1 /\!/ R_f$。

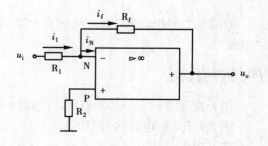

图 5-14　反相比例运算放大器

2. 闭环电压放大倍数 A_{uf}

由电路可知 $i_1 = \dfrac{u_i - u_N}{R_1}$，$i_f = \dfrac{u_N - u_o}{R_f}$

根据"虚断"有 $i_N = i_P = 0$，R_2 上无电流流过，使 $u_P = 0$。由"虚短"可得 $u_N = u_P = 0$，则

$$i_1 = \frac{u_i - u_N}{R_1} = \frac{u_i}{R_1} \qquad i_f = \frac{u_N - u_o}{R_f} = -\frac{u_o}{R_f}$$

当 $i_N = 0$ 时，$i_1 = i_f$，即

$$\frac{u_i}{R_1} = -\frac{u_o}{R_f}$$

上式整理可得

$$u_o = -\frac{R_f}{R_1} u_i \tag{5-8}$$

电路的闭环电压放大倍数为

$$A_{uf} = \frac{u_o}{u_i} = -\frac{R_f}{R_1} \tag{5-9}$$

(5-8)式表明了电路的输出电压与输入电压的关系，它们的相位相反，大小成一定的比例，所以称为反相比例运算放大器。(5-9)式说明：电路的闭环电压放大倍数由反馈电阻 R_f 和输入电阻 R_1 的比值决定，与运放的参数无关。所以只要合适地选取 R_1 和 R_f 的值，就可以得到需要的闭环放大倍数，并且因 R_f 的深度负反馈作用使电路的工作很稳定。

当 $R_1 = R_f$ 时，电路成为反相器。

二、同相比例运算放大器

1. 电路结构

如图 5-15 所示，输入信号 u_i 经 R_2 送到同相输入端，输出信号经反馈电阻 R_f 反馈到反相输入端。为了使输入端的阻抗平衡，同相输入端电阻 R_2 的取值为：$R_2 = R_1 /\!/ R_f = \dfrac{R_1 R_f}{R_1 + R_f}$。

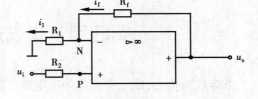

图 5-15　同相比例运算放大器

2. 闭环电压放大倍数 A_{uf}

在理想运放中，因为"虚断"，所以 $u_i = u_P = u_N$，根据 $i_N = 0$，使 $i_1 = i_f$，则 $u_i = u_N = \dfrac{R_1}{R_1 + R_f} u_o$

即

$$u_o = \frac{R_1 + R_f}{R_1} u_i = \left(1 + \frac{R_f}{R_1}\right) u_i \tag{5-10}$$

由于

$$\frac{R_1 + R_f}{R_1} = \frac{1}{\dfrac{R_1}{R_1 + R_f}} = \frac{R_f}{\dfrac{R_1 R_f}{R_1 + R_f}} = \frac{R_f}{R_2}$$

所以

$$u_o = \frac{R_f}{R_2} u_i \tag{5-11}$$

从(5-10)式和(5-11)式可知：输出电压 u_o 与输入电压 u_i 同相且成比例关系，所以电路可以完成同相比例运算。

由(5-10)式和(5-11)式得：

$$A_{uf} = \frac{u_o}{u_i} = 1 + \frac{R_f}{R_1} = \frac{R_f}{R_2} \tag{5-12}$$

上式为同相比例运算放大器的闭环电压放大倍数，它也与集成运放本身的参数无关，只与 R_f 和 R_1（或 R_2）的取值有关。需要注意的是：同相比例运算放大器的 A_{uf} 恒大于等于 1。当 R_1 开路或 $R_f = 0$ 时，$A_{uf} = 1$，此时电路构成电压跟随器。

例 5-3 在图 5-15 中，已知输出电压 $u_o = 1V$，电阻 $R_2 = 1.6k\Omega$，$R_f = 8k\Omega$。求：(1)输入信号 u_i 的大小；(2)电阻 R_1 的值。

解 (1)电路的闭环电压放大倍数为

$$A_{uf} = \frac{R_f}{R_2} = \frac{8k\Omega}{1.6k\Omega} = 5$$

因为

$$u_o = A_{uf}u_i$$

所以

$$u_i = \frac{u_o}{A_{uf}} = \frac{1V}{5} = 0.2V$$

(2)由两输入端的阻抗平衡有

$$R_2 = \frac{R_1 R_f}{R_1 + R_f}$$

即

$$1.6k\Omega = \frac{8k\Omega R_1}{R_1 + 8k\Omega}$$

解得：$R_1 = 2k\Omega$

第四节　集成运算放大器的应用

以运放为核心，配上合适的外围电路，可以完成一些具体功能，构成实用电路。下面介绍几种运放的典型应用电路。

一、信号运算电路

1. 加法运算电路(加法器)

加法运算电路也称求和电路，有反相求和运算电路和同相求和运算电路两种。下面以反相求和运算电路为例进行分析。

图 5-13 所示的反相比例运算放大电路中，在反相输入端增加一路输入信号，如图 5-16(a)所示，两路输入信号 u_{i1} 和 u_{i2} 分别经 R_1，R_2 送到反相输入端，电路可以完成它们的求和运算。

由于运放的输入电流为零("虚断")，即：$i_P = i_N = 0$，所以电阻 R' 上无压降，则 $u_P = 0$。

根据运放两输入端电位相等("虚短")，有 $u_N = u_P = 0$，所以

$$i_1 = \frac{u_{i1} - u_N}{R_1} = \frac{u_{i1}}{R_1} \qquad i_2 = \frac{u_{i2} - u_N}{R_2} = \frac{u_{i2}}{R_2}$$

$$i_f = \frac{u_N - u_o}{R_f} = -\frac{u_o}{R_f}$$

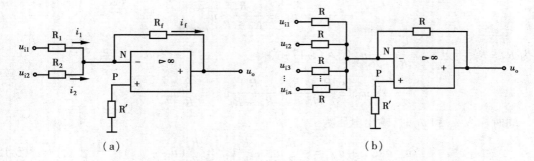

图 5-16　加法运算电路

（a）两路输入求和电路；（b）多路输入求和电路

又　因为 $i_N = 0$，所以 $i_1 + i_2 = i_f$

即　$\dfrac{u_{i1}}{R_1} + \dfrac{u_{i2}}{R_2} = -\dfrac{u_o}{R_f}$，变形可得

$$u_o = -\left(\frac{R_f}{R_1}u_{i1} + \frac{R_f}{R_2}u_{i2}\right) \qquad (5-13)$$

取 $R_1 = R_2 = R$，则

$$u_o = -\frac{R_f}{R}(u_{i1} + u_{i2}) \qquad (5-14)$$

当 $R_f = R$ 时，有

$$u_o = -(u_{i1} + u_{i2}) \qquad (5-15)$$

由（5-15）式可以看出：输出电压等于两输入电压之和，输出与输入相位相反，电路完成了反相求和运算。

若电路有多路信号输入，如图 5-16（b）所示，则有

$$u_o = -(u_{i1} + u_{i2} + u_{i3} + \cdots + u_{in}) \qquad (5-16)$$

它表明电路可以完成多路信号的求和。

2. 减法运算电路（减法器）

输出电压与输入电压之差成比例的电路叫减法运算电路。利用两输入端的差动输入可以构成减法运算电路，如图 5-17 所示。电路要求 $R_2 = R_f$。该电路实质上是同相比例运算放大器与反相比例运算放大器的合成，可以用叠加原理来分析。

当只有 u_{i1} 作用时，电路为反相比例运算放大器，它的输出为

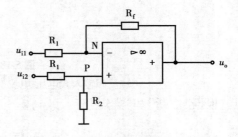

图 5-17　减法器

$$u_{o1} = -\frac{R_f}{R_1}u_{i1}$$

当只有 u_{i2} 作用时，电路为同相比例运算放大器，它的输出为

$$u_{o2} = \left(1 + \frac{R_f}{R_1}\right)u_N = \frac{R_1 + R_f}{R_1}u_N \qquad (5-17)$$

根据"虚短"有 $u_N = u_P$，又因"虚断"，使 P 端输入电流为零，所以

$$u_{\mathrm{N}} = u_{\mathrm{P}} = \frac{R_2}{R_1 + R_2} u_{i2}$$

因为 $R_2 = R_f$，所以 $u_{\mathrm{N}} = \frac{R_f}{R_1 + R_f} u_{i2}$ 代入(5-17)式得

$$u_{o2} = \frac{R_1 + R_f}{R_1} \cdot \frac{R_f}{R_1 + R_f} u_{i2} = \frac{R_f}{R_1} u_{i2}$$

同时输入 u_{i1} 和 u_{i2} 时，输出电压为

$$u_o = u_{o1} + u_{o2} = -\frac{R_f}{R_1} u_{i1} + \frac{R_f}{R_1} u_{i2} = \frac{R_f}{R_1}(u_{i2} - u_{i1}) \tag{5-18}$$

由(5-18)式可知：输出电压 u_o 与输入电压 u_{i2} 和 u_{i1} 的差值成比例。

当取 $R_1 = R_2 = R_f$ 时，上式变为

$$u_o = u_{i2} - u_{i1} \tag{5-19}$$

(5-18)式表示输出电压等于两输入电压之差，电路完成了减法运算。

二、信号变换电路

信号变换电路在工业自动化控制中应用十分广泛，它一般由运放构成，下面介绍两种信号变换电路。

1. 电压-电流变换器

电压-电流变换器的作用是将输入的电压信号变成与它成一定比例的电流信号输出。图 5-18(a)所示为反相输入式电压-电流变换器，R_1 为输入电阻，R_L 为负载，R_2 为输入端平衡电

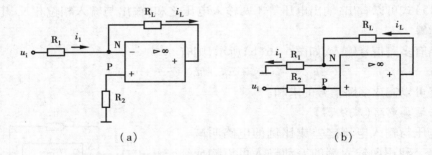

图 5-18　电压-电流变换器

(a)反相输入式电压-电流变换器；(b)同相输入式电压-电流变换器

阻。根据"虚断"和"虚短"有

$$i_L = i_1 = \frac{u_i - u_{\mathrm{N}}}{R_1} = \frac{u_i}{R_1} \tag{5-20}$$

上式说明负载 R_L 上电流与输入电压成正比，与负载电阻 R_L 的值无关。当输入电压 u_i 固定不变时，i_L 也恒定不变，电路就构成一个恒流源。

图 5-18(b)所示为同相输入式电压—电流变换器。根据"虚断"有 $u_{\mathrm{P}} = u_i$，$i_1 = i_L$，由"虚短"有 $u_{\mathrm{N}} = u_{\mathrm{P}} = u_i$，所以

$$i_L = i_1 = \frac{u_{\mathrm{N}}}{R_1} = \frac{u_i}{R_1} \tag{5-21}$$

(5-21)式表明电路也可以完成电压—电流变换作用。与反相输入式电压—电流变换器相

比,同相输入式的输入电阻变大,电路精确度更高,但该电路对运放的共模抑制能力的要求也更高。

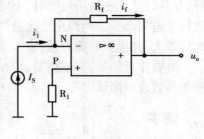

2. 电流-电压变换器

电流-电压变换器的作用是将输入电流信号变成与它成比例的输出电压,电路如图 5-19 所示。根据"虚断"有 $i_I = i_f = \dfrac{u_N - u_o}{R_f}$,由于"虚断"使 $u_N = u_P = 0$,所以 $i_I = -\dfrac{u_o}{R_f}$,即

$$u_o = -i_I R_f = -I_s R_f \qquad (5-22)$$

图 5-19　电流-电压变换器

上式表明:输出电压 u_o 与输入电流 I_s 成正比,电路完成了电流—电压变换。

三、集成运放正弦波振荡器

用集成运算放大器代替正弦波振荡器里的三极管,可以构成性能更稳定的振荡电路。下面分析由运放组成的 RC 正弦波振荡器。

图 5-20(a)所示为 RC 选频振荡器,也称文氏电桥振荡器。由 R_1,C_1,R_2,C_2 构成正反馈选频网络,当 $R_1 = R_2 = R$,$C_1 = C_2 = C$ 时,振荡频率为:$f_0 = \dfrac{1}{2\pi RC}$。反馈电阻 R_f 与 R_t 决定电路的放大倍数,R_t 具有温度补偿作用,使振荡稳定。

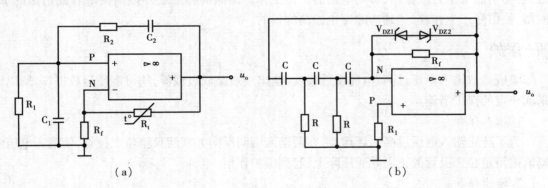

图 5-20　集成运放 RC 正弦波振荡器

(a)RC 选频振荡器;(b)RC 移相振荡器

图 5-20(b)所示为 RC 移相振荡器,R,C 组成三阶移相网络,振荡频率为:$f_0 = \dfrac{1}{2\pi\sqrt{6}RC}$。与反馈电阻 R_f 并联的二极管 V_{DZ1} 和 V_{DZ2} 起限制反馈信号幅度的作用。

第五节　使用集成运放的注意事项

一、运放的选用

集成运放的种类很多,性能也各不相同:有的输入阻抗高,有的噪声低,有的共模抑制比高等,各具特色。在使用运放时,不能一味追求高的性能指标,应根据不同场合的不同技术要求进行合适的选择。例如用于测量微弱的信号,为了保证测量的精度,应选输入电阻高、开环放大倍数大、共模抑制能力强、输入失调电压小的运放。

需要注意的是,同一类型运放的性能参数也可能有较大差异,在条件许可时,最好对一些重要参数进行测试。

二、调零

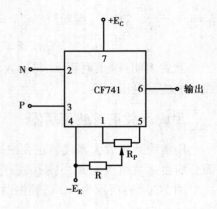

由于运放存在输入失调电压和输入失调电流,为了保证输入为零时输出为零,应对运放进行调零,以补偿输入失调电压和输入失调电流的影响。有的运放采用内部调零,不需外接调零电路,使用起来很方便。但有的运放需外接调零电路。图 5-21 所示为运放 CF741 的调零电路。调零电位器 R_P 接在①脚和⑤脚之间,调节 R_P 可以消除输入端失调对电路的影响。

三、消除自激

图 5-21　运放的调零

运放集成电路内,晶体管存在极间电容和分布参数,容易引起寄生自激振荡,影响电路的正常工作。消振的办法是外接消振电容或消振的 RC 网络,使信号产生相移,达到消除寄生振荡的目的。

四、保护

集成运放输入电压过高、电源极性接反、输出端短路或过载等,均可能使运放损坏,所以应采取一定的保护措施。

1. 输入保护

为了防止输入电压过高损坏运放,在两输入端间反向并联两只箝位二极管,使输入电压的幅值被箝定在二极管的正向导通压降上,起到保护作用。

2. 输出保护

可在输出端与地之间接反向串联的两只稳压二极管,设稳压二极管的稳压值为 $u_{V_{DZ}}$,它的正向压降为 U_T,则运放的输出电压被限制在 $\pm(u_{V_{DZ}} + U_T)$ 的范围内。

一般在运放内设有限流保护电路,不需外接限流元件。

小 结 五

①放大直流信号要采用直流放大器,直流放大器存在级间直流量相互影响和零点漂移两个问题。调节直流电位可以采用在后级三极管的发射极接电阻、二极管或稳压二极管的方法,也可以用 NPN 型管与 PNP 型管配合使用的方法。解决"零漂"问题可用差动放大器。

②运放由输入级、中间级和输出级构成。它的输入级一般采用差动放大器,可以抑制零点漂移,差动放大器的输入输出方式可以灵活选择。运放的开环放大输出、"虚短"及"虚断"是

分析运放电路的 3 个基本依据。

③反相比例运算放大器和同相比例运算放大器是集成运放的两种基本电路。反相比例运算放大器的输出电压与输入电压反相,闭环放大倍数为 $A_{uf} = -\dfrac{R_f}{R_1}$。同相比例运算放大器的输出电压与输入电压同相,闭环放大倍数为 $A_{uf} = 1 + \dfrac{R_f}{R_1} = \dfrac{R_f}{R_2}$。

④用集成运放可以构成加法器、减法器等信号运算电路,也可以构成信号变换电路和正弦波振荡电路,集成运放的应用很广泛。

⑤要根据需要选择合适的集成运放,在使用中要注意运放的调零,消除自激振荡,并要给运放加一定的保护措施。

习题五

一、填空题

1. 运放输入级常用双端输入的差动放大电路,一般要求输入电阻_____,差模放大倍数_____,抑制共模信号的能力_____,静态电流_____。

2. _____是指当放大电路输入信号为零时,由于受温度变化,电源电压不稳等因素的影响,导致电路输出端电压不为零的现象。

3. 差模信号是指在两个输入端加上幅度_____,极性_____的信号。

4. 运算放大器的符号中有三个引线端:两个输入端和一个输出端。其中一个输入端称为同相输入端,在该端输入信号与输出端输出信号的极性_____,用符号"＋"或"P"表示;另一个输入端称为_____输入端,在该端输入信号与输出端输出信号的极性相异,用符号"－"或"N"表示。输出端一般画在输入端的另一侧,在符号边框内标有"＋"号。

5. 共模抑制比反映了差动放大器对_____的抵制能力。

6. 如题图 5-1 所示电器中,当 $u_o = 5V$ 时,$R_x = $ _____。

7. 集成运放由_____、_____、_____、_____四部分组成。

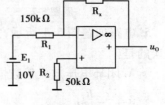

题图 5-1

二、判断题

1. 将电路中的元器件和连线制作在同一硅片上,制成了集成电路,又称集成运放。

( )

2. 运放的中间级是一个高放大倍数的放大器,常用多级共发射极放大电路组成。 ( )

3. 解决零漂最有效的措施是在输入级采用差动放大电路。 ( )

4. 差动放大电路对称性越差,其共模抑制比就越大,抑制共模信号(干扰)的能力也就越差。

( )

5. 运算放大器只有三个引线端:两个输入端和一个输出端。 ( )

6. "虚短"是指集成运放的两个输入端电位无限接近,但又不是真正短路的特点,结论 $u_P = u_N$。

( )

7. 集成运放中,共模信号是有用信号,需要被放大。 （　　　）

8. 功率放大器工作在小信号状态。 （　　　）

9. 运放实际上是一个高放大倍数的多级直接耦合放大器。 （　　　）

三、选择题

1. 直流放大器中,为改善电路性能,下列不属于级间直流电位调节的常用方法是(　　　)

  A. 在后一级发射极加接电阻   B. 在后一级的发射极接二极管或稳压管

  C. 用 NPN 型管和 PNP 型管直接耦合   D. 输入级采用差动放大电路

2. 在集成运放主要参数中,理想状态时下列说法正确的是(　　　)

  A. 开环差模电压放大倍数趋于 0   B. 差模输入电阻 0

  C. 开环输出电阻 0   D. 共模抑制比趋于 0

3. 电路如题图 5-2 所示,输出电压为 $u_o =$ _____。

  A. 4.5V   B. $-4.5V$ C. 13.5V   D. $-13.5V$

4. 电路如题图 5-3 所示,已知 $u_i = 3V$,求 $u_o =$ _____ V。

  A. 1.5V   B. 2.5V   C. 3.5V   D. 4.5V

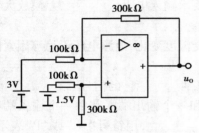

题图 5-2

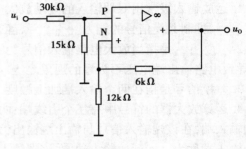

题图 5-3

5. 电路如题图 5-4 所示,关于同相比例运放,下列说法错误的是(　　　)

  A. 闭环电压放大倍数恒大于等于 1

  B. $u_o = \dfrac{R_f}{R_2} u_i$

  C. 平衡电阻 $R_2 = R_1 // R_f$

  D. 闭环电压放大倍数由 R_f 和 R_1（或 R_2）,与运放本身参数决定

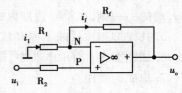

题图 5-4

四、简答题

1. 什么是直流信号?什么是直流放大器?它只能放大直流信号吗?

2. 直接耦合放大器存在什么问题?怎样解决?

3. 运放由哪几部分组成?它的输入级采用什么电路?为什么?

4. 做出基本的差动放大器电路,试分析它抑制零漂的原理。

5. 什么叫差模信号?什么叫共模信号?什么叫共模抑制比?

6. 差动放大器选择不同的输入端有什么不同?单端输出和双端输出的差模放大倍数有什么不一样?差动放大器的输入和输出有哪几种连接方式?

7. 运放有哪些主要参数?各有什么含义?

8. 理想运放有哪些参数? 分析运放的 3 个基本依据是什么?

9. 在题图 5-5 所示电路中,求输出电压 u_o。

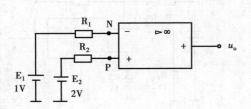

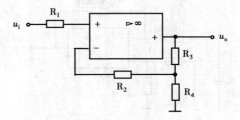

题图 5-5　　　　　　　　　　　　题图 5-6

10. 在题图 5-6 中,求输出电压 u_o 与输入电压 u_i 的关系。

11. 电路如题图 5-7 所示,$R_1 = 10\text{k}\Omega$,$R_2 = 8\text{k}\Omega$,当 $u_i = 5\text{mV}$ 时,求 u_o。

12. 某集成运放的差模放大倍数为 10^6,当输入共模信号 $u_{iC} = 1\text{mV}$ 时,输出的共模信号为 $u_{oC} = 10\text{mV}$,求该运放的共模抑制比为多少分贝?

13. 如题图 5-8 所示电路中,已知:$R_1 = 20\text{k}\Omega$,$R_f = 30\text{k}\Omega$,输出电压为 $u_o = 600\text{mV}$,求:

（1）u_i 的大小;

（2）R_2 的值。

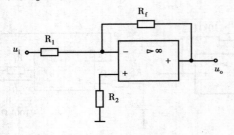

题图 5-7　　　　　　　　　　　　题图 5-8

14. 在题图 5-9 中,$R_1 = 10\text{k}\Omega$,$R_2 = 40\text{k}\Omega$,$R_3 = 20\text{k}\Omega$,$R_f = 100\text{k}\Omega$,输入信号 $u_{i1} = 0.4\text{V}$,$u_{i2} = -2\text{V}$,$u_{i3} = 1\text{V}$,求 u_o。

15. 在题图 5-10 所示的同相加法运算电路中,求 u_o 与 u_{i1},u_{i2} 的关系。

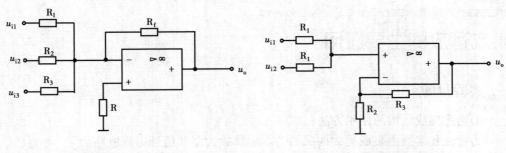

题图 5-9　　　　　　　　　　　　题图 5-10

16. 若给定运算放大器的反馈电阻 R_f 的值为 $40\text{k}\Omega$,作出完成以下功能的电路并标出元件参数。

（1）$u_o = -u_i$;

（2）$u_o = 2u_i$。

17. 电路如题图 5-11 所示，求 u_o。

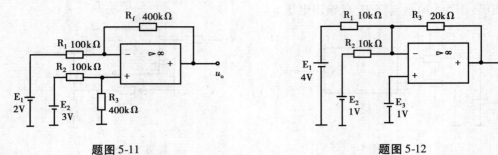

题图 5-11

题图 5-12

18. 在题图 5-12 中，求输出电压 u_o。

19. 做出运放电路，使它的输出电压与输入电压满足下列关系（设反馈电阻 $R_f = 300\text{k}\Omega$）。

（1）$u_o = -5(u_{i1} - u_{i2})$；

（2）$u_o = -2u_{i1} - 3u_{i2}$

20. 电路如题图 5-13 所示，求 u_o。

21. 在集成运放的使用中要注意些什么？为什么？

22. 如题图 5-14 所示为一恒流源电路，求 I_L。

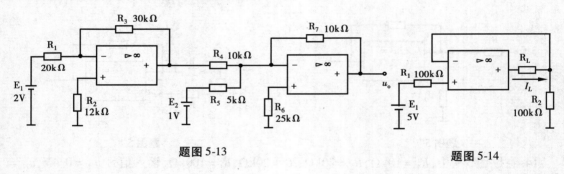

题图 5-13

题图 5-14

实验八

集成运放的主要应用

一、实验目的

①熟悉集成运放的使用方法；

②验证和掌握由集成运放构成的基本运算放大器和信号运算电路。

二、实验电路及原理

1. 反相比例运算放大器

如实验图 8-1 所示,电路的闭环放大倍数与运放本身参数无关,由外接电阻决定。

$$A_{uf} = -\frac{R_f}{R_1}$$

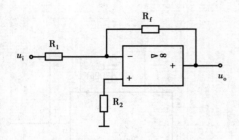

实验图 8-1

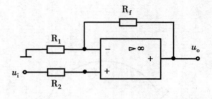

实验图 8-2

2. 同相比例运算放大器

电路见实验图 8-2 所示,闭环放大倍数为

$$A_{uf} = 1 + \frac{R_f}{R_1}$$

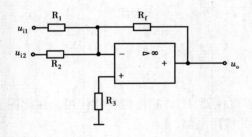

实验图 8-3

实验图 8-4

当输入端对称平衡时,$R_2 = R_1 /\!/ R_f$,此时

$$A_{uf} = 1 + \frac{R_f}{R_1} = \frac{R_f}{R_2}$$

3. 加法器

实验图 8-3 所示为反相输入加法运算电路,输出电压为

$$u_o = -\left(\frac{R_f}{R_1}u_{i1} + \frac{R_f}{R_2}u_{i2}\right)$$

若 $R_1 = R_2 = R$,则

$$u_o = -\frac{R_f}{R}(u_{i1} + u_{i2})$$

4. 减法器

电路如实验图 8-4 所示,$R_1 = R_2, R_3 = R_f$,输出电压为

$$u_o = \frac{R_f}{R_1}(u_{i2} - u_{i1})$$

三、实验器材

1. 实验电路

用运放 F004 及元器件分别连接成实验图 8-1、实验图 8-2、实验图 8-3 和实验图 8-4 所示电路。

F004 运放简介：

①运放 F004 的管脚排列如实验图 8-5 所示。

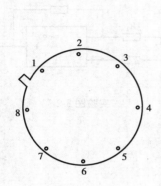

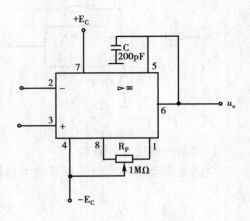

实验图 8-5

①,⑧脚：调零；　②脚：反相输入端；

③脚：同相输入端；　④脚：负电源 $-E_C$；

⑤脚：相位补偿；　⑥脚：输出；

⑦脚：正电源 $+E_C$。

实验图 8-6

②F004 基本电路图如实验图 8-6 所示，R_P 为调零电位器，R，C 起相位补偿作用。在此图的基础上再连接相应的运放外接电路，可以构成不同的应用电路。

2. 实验仪器

①±15V 直流稳压电源 1 台；

②低频信号发生器 1 台；

③500mV～5V 可调直流信号源 1 台；

④学生示波器 1 台；

⑤万用表 1 只；

⑥毫伏表 1 只。

四、实验过程

（1）连接好基本电路如实验图 8-6 连接好 F004 的基本电路，并调节 R_P 使运放调零，用示波器观察输出信号，调节相位补偿电容 C 的容量，使电路消振，输出无自激现象。

（2）运算放大电路的检测

● 反相比例运算放大器

①如实验图 8-1 所示，取 $R_1 = 10k\Omega$，$R_2 = 8k\Omega$，$R_f = 40k\Omega$，连接好电路并接通电源。

②将输入信号 u_i 取直流信号，取值见实验表 8-1 所示，测出 u_o 的值，填入实验表 8-1 中，

并根据 u_i 和 u_o 的值算出闭环电压放大倍数 A_{uf}，填入实验表 8-1 中。

③将 u_i 改为 $f = 1\text{kHz}$ 的交流信号，信号幅度见实验表 8-1，测出 u_o 的值，填入实验表 8-1 中，并算出相应的闭环电压放大倍数 A_{uf}，填入实验表 8-1 中。

④根据实验图 8-1 所示电路中所给电阻值计算出闭环放大倍数 A_{uf}，把它与表中的 A_{uf} 的平均值比较，验证理论分析的正确性。

• 同相比例运算放大器

实验表 8-1

u_i/V	直流信号				交流信号	
	−1	−0.2	0.2	1	0.2	1
u_o/V						
A_{uf}						

如实验图 8-2 所示，取电阻 $R_1 = 10\text{k}\Omega$，$R_2 = 9\text{k}\Omega$，$R_f = 90\text{k}\Omega$，实验步骤与反相比例运算放大器相同，测出相应数据填入实验表 8-2 中。

实验表 8-2

u_i/mV	直流信号				交流信号	
	−500	−200	200	500	200	500
u_o/V						
A_{uf}						

• 加法器

①如实验图 8-3 所示，选取 $R_1 = R_2 = 10\text{k}\Omega$，$R_3 = 4\text{k}\Omega$，$R_f = 20\text{k}\Omega$，连好电路。

②在输入端输入不同直流电压（见实验表 8-3），测出 u_o，填入实验表 8-3 中。

实验表 8-3

u_{i1}/V	2	3	−2	3	−3	2	3
u_{i2}/V	3	2	3	−2	−2	−2	−3
u_o/V							
u'_o/V							

③根据电路所给参数计算出相应的输出电压 u'_o，填入实验表 8-3 中，与 u_o 进行比较。

• 减法器

如实验图 8-4 所示，取 $R_1 = R_2 = 10\text{k}\Omega$，$R_3 = R_4 = 30\text{k}\Omega$，实验过程与加法器相同，数据填入实验表 8-4 中。

实验表 8-4

u_{i1}/V	1	2	−1	1	−1	−1	2
u_{i2}/V	2	1	2	−2	−2	−1	2
u_o/V							
u'_o/V							

第六章
功率放大器

第一节　功率放大器的基本概念

一、功率放大器的特点

功率放大器简称功放,一般处于多级放大器的最后一级,它将经过前级放大的电压信号进行功率放大,输出足够的功率去推动负载(如扬声器)工作。为了使负载获得足够的功率,要求功率放大器既要充分放大电压,也要有足够的电流放大能力。功率放大器的输入信号和输出信号都较大,工作在大信号状态,它工作的动态范围大。

二、对功率放大器的要求

1. 输出功率大

功率放大器输出信号电压与信号电流的乘积为它的输出功率,为了得到大的输出功率,功率放大器元件的参数要达到功率要求。

2. 效率高

功率放大器是一种能量转换电路,将电源的能量转变为交流信号能量输出。输出的信号功率 P_o 与电源提供的功率 P_E 之比为效率,用 η 表示,即

$$\eta = \frac{P_o}{P_E} \times 100\% \tag{6-1}$$

η 越大,效率越高。功率放大器要求有尽可能高的效率。

3. 非线性失真小

功率放大器工作在大信号状态,输入信号幅度变化大,可能导致功放管进入饱和区或截止区而造成非线性失真。功率放大器要求功放管要工作在线性放大区域,使非线性失真尽量小。

4. 散热良好

功率放大器工作时,流过功放管的电流较大,会产生很大的热量,造成温度升高,容易损坏功放管。所以要采取散热措施,降低功放管的工作温度,保证功率放大器的正常工作。

三、功率放大器的分类

根据功放管的静态工作点设置的差异,常见功率放大器可分为甲类、乙类、甲乙类等几

大类。

1. 甲类

静态工作点设置较高,在输入信号的整个周期内,功放管都导通并有电流流过。甲类功放的效率很低,只有30%左右。

2. 乙类

功放管静态时的偏置电流为零,输入信号正半周时功放管导通,负半周时反偏截止,这种状态称乙类状态。乙类功放效率高,可达78.5%。但由于乙类功放的功放管无静态偏置,信号在死区内得不到放大,会产生交越失真(如图6-1所示)。

3. 甲乙类

给功放管加上较小的偏置,使它微导通,工作点在甲类与乙类之间,这类功放为甲乙类。甲乙类功率放大器的功放管导通时间大于半个信号周期,可以克服交越失真。

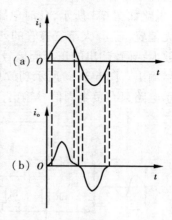

图6-1　交越失真的产生
(a)输入信号电流;
(b)输出的交越失真电流

第二节　功率放大电路

一、功放的基本电路

功率放大电路有多种形式,根据所带负载的不同,对功放性能要求的侧重点也不一样,这里主要介绍几种常见的功率放大电路以及它们的发展演变过程。

1. 射极输出的单管甲类功放

只采用1只三极管作功放管的功率放大器为单管功率放大器。图6-2所示为分别由NPN型管和PNP型管构成的单管功放,电路为射极输出器。由于射极输出器的输出阻抗低,使电路的带负载能力强。在电路中,功放管加了较大的偏置,工作在甲类状态,它的静态电流较大,消耗了大部分电源供给的能量,电路的效率很低。该电路在实际中采用较少。

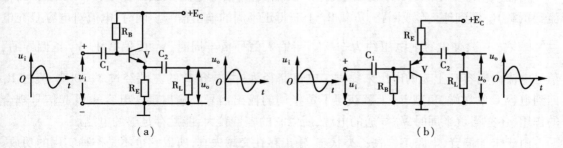

图6-2　射极输出的单管功率放大器
(a)NPN型单管功放;(b)PNP型单管功放

2. 乙类单管功放

为了提高单管功放的效率,必须降低静态偏置电流,当取消偏置电阻时,构成乙类单管功放,电路如图 6-3 所示,此时电路的效率最高。在图 6-3(a)中,当输入信号 u_i 为正半周时,由于无偏置,若 u_i 大于三极管的死区电压,电路会正常放大输出;若 u_i 小于死区电压,信号不会被放大,导致输出的正半周信号有交越失真。当输入信号 u_i 为负半周时,三极管反偏截止,无信号输出。图 6-3(a)所示功放只有正半周信号输出,且有交越失真。同样可以得出图 6-3(b)所示电路只有负半周信号输出,也有交越失真。

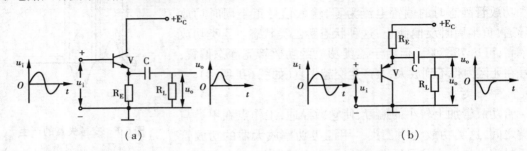

图 6-3　乙类单管功放

(a)NPN 型乙类单管功放;(b)PNP 型乙类单管功放

　　由上述分析可知:乙类单管功放的输出为严重失真的半波波形,且有交越失真,所以它不是一种实用的功放。

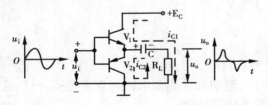

图 6-4　双管互补对称乙类功放

3. 双管互补对称乙类功放

　　在乙类单管功放中,NPN 型乙类单管功放只有正半周信号输出,而 PNP 型乙类单管功放只有负半周信号输出,它们都有严重的失真。为了消除这种失真,可以将 NPN 型管和 PNP 型管组合起来,构成双管互补对称乙类功放,如图 6-4 所示。它是最简单、最基本的 OTL 功放电路。V_1,V_2 为功放管,C 为输出耦合电容。静态时,V_1,V_2 的发射极电位为 $\frac{1}{2}E_C$。电路要求 V_1 和 V_2 的 β 值和饱和压降等参数要尽量相近,以保证工作对称。

　　当输入信号正半周时,V_1 正偏导通,V_2 反偏截止,信号电流 i_{C1} 由 $+E_C$ 经 V_1 到电容 C,再流到负载 R_L 回到地,形成回路,负载 R_L 上获得正半周的输出信号。同时,电流对电容 C 充电左"+"右"−",使电容上电压约为 $\frac{1}{2}E_C$。当输入信号负半周时,V_1 反偏截止,V_2 正偏导通,信号电流由电容 C 上充的电压来提供。电流路径为:由电容 C 的左端经过 V_2 到地,流过 R_L 回到电容 C 的右端,负载 R_L 上就获得了负半周的输出信号。输出耦合电容 C 既起信号耦合的作用,还充当负半周时 V_2 导通的电源,所以它的容量较大,能贮存足够的电能。

　　由于未加偏置,电路工作在乙类状态,输出存在交越失真,所以它也不是一种实用的功放。

4. 典型 OTL 功放电路

　　实际应用中,采用 OTL 功放的较多。典型 OTL 功放电路如图 6-5 所示,V_2、V_3 为功放管,C_2 为输出耦合电容。为了克服交越失真,V_D 和 R_{P2} 给功放管提供偏置,使功放管微导通而工作在甲乙类状态。调节 R_{P2} 可调节偏置的大小。V_1 为功放激励管,R_3、R_{P2} 和 V_D 提供 V_1 的集电极电流通路。静态时,要求中点 A 的电位为 $\frac{1}{2}E_C$,可以通过调节 R_{P1} 来实现。中点电压经 R_{P1} 和 R_1 分压后为 V_1 提供偏置,R_{P1} 和 R_1 兼有负反馈作用。R_2 是负反馈电阻,它与 R_{P1} 和 R_1 一起稳定激励级的工作点。

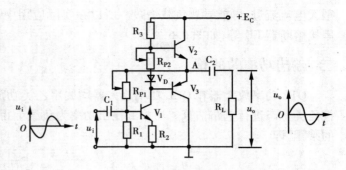

图 6-5 典型 OTL 功放电路

输入信号 u_i 负半周时,信号经 V_1 放大倒相为正,经 c 极输出,使 V_3 反偏截止,V_2 正偏导通;信号经 V_2 放大后,由发射极输出,电流路径为

$$+ E_C \longrightarrow V_2 \longrightarrow A \text{ 点} \longrightarrow C_2 \longrightarrow R_L \longrightarrow \text{地}$$

使负载 R_L 上的电流由上到下,在 R_L 上得到上"＋"下"－"的正半周输出信号。同时该电流对 C_2 充电,左正右负,使中点 A 的电位上升。

输入信号 u_i 正半周时,经 V_1 放大倒相为负,从 V_1 的 c 极输出,使 V_2 反偏截止,V_3 导通;信号由 V_3 放大后,由发射极输出。此时,输出耦合电容 C_2 放电充当电源向电路提供电流,电流路径为

$$C_2 \text{"＋"（左）} \longrightarrow A \text{ 点} \longrightarrow V_3 \longrightarrow \text{地} \longrightarrow R_L \longrightarrow C_2 \text{"－"（右）}$$

负载 R_L 上电流由下到上,在 R_L 上得到上"－"下"＋"的负半周输出信号。同时随着 C_2 的放电,中点电位降低。

由上述分析可知:输入信号经 V_1 倒相放大后,正负半周分别由 V_2,V_3 推挽放大输出,使负载 R_L 上得到经放大的完整的整个周期信号,且因功放管工作在甲乙类状态,克服了输出信号的交越失真,同时也保证了电路具有较高的效率。

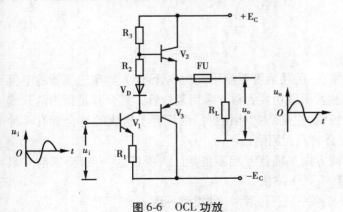

图 6-6 OCL 功放

5. OCL 功放

OTL 功放是一种采用较多的功放电路,但它的输出耦合电容容量较大,不便于集成。OCL 功放电路可以克服这一缺点。如图 6-6 所示,OCL 功放电路与 OTL 功放电路相似,但没有输出耦合电容,采用直接耦合输出。电路使用双电源,两电源大小相等(即 $E_C = E_E$),V_2,V_3 的集电极分别接正、负电源,负载 R_L 接在功放管的射极与地之间。

电路的工作原理与 OTL 电路相似,输入信号 u_i 负半周经 V_1 放大倒相后,使 V_3 截止,由 V_2 放大输出,在 R_L 上得到上"＋"下"－"的正半周输出。u_i 正半周经 V_1 放大倒相后,使 V_2 截止,由 V_3 导通放大后输出,在 R_L 上得到上"－"下"＋"的负半周输出信号。

需要注意的是:若功放管出现 c,e 击穿短路时,电源将直接加到负载 R_L 两端,使 R_L 上有

很大电流流过,可能导致负载烧毁。所以在实际应用中一般都加有保护措施,比如给负载 R_L 串接熔断器 FU 等,如图 6.6 所示。

二、输出功率的估算

OTL 功率放大器和 OCL 功率放大器均属甲乙类功放,工作时接近于乙类状态,所以可以按乙类状态进行电路估算。功放的输出功率为负载上得到的电压有效值 U_o 与电流有效值 I_o 的乘积,即

$$P_o = U_o I_o = \frac{U_{om}}{\sqrt{2}} \cdot \frac{I_{om}}{\sqrt{2}} = \frac{1}{2} U_{om} I_{om} = \frac{1}{2} \frac{U_{om}^2}{R_L} \tag{6-2}$$

在双电源 OCL 功放中,每只管子的工作电压为 E_C。当输入信号足够强时,功放管接近饱和,使负载 R_L 上得到最高电压,该电压值略小于电源电压 E_C,可以近似认为等于 E_C,此时负载上获得最大功率。所以 OCL 功放电路的最大输出功率为

$$P_{om} = \frac{1}{2} \frac{U_{om}^2}{R_L} \approx \frac{1}{2} \frac{E_C^2}{R_L} \tag{6-3}$$

在 OTL 功放电路中,每只功放管的工作电压为 $\frac{1}{2} E_C$,则负载上获得的最高电压约等于 $\frac{1}{2} E_C$,所以 OTL 功放的最大输出功率为

$$P_{om} = \frac{1}{2} \frac{U_{om}^2}{R_L} = \frac{1}{2} \frac{\left(\frac{1}{2} E_C\right)^2}{R_L} = \frac{1}{8} \frac{E_C^2}{R_L} \tag{6-4}$$

可以用(6-3)式和(6-4)式来估算 OCL 功放和 OTL 功放的最大输出功率。

第三节　复合管 OTL 功放实用电路

一、复合管

有的功放电路需要输出较大的功率,它的功放管要使用大功率管,但大功率三极管的电流放大系数一般较小,且大功率管不易配对,所以功放管常常采用复合管。复合管是指由两只或两只以上的三极管组合等效成一只三极管,它又称达林顿管。两只管子组成的复合管有 4 种组合方式,如图 6-7 所示。复合管的组合有两大原则:

①复合管内每只三极管的各极电流方向正确且互相不抵触。为保证这一点,要求前一只三极管 V_1 的 c,e 极应接后一只三极管 V_2 的 b,c 极。

②复合管等效的三极管 V 的类型与前一只三极管 V_1 的类型一致。

复合管的电流放大系数约为参与复合的两只三极管的电流放大系数之积。设 V_1,V_2 的电流放大系数分别为 β_1,β_2,则复合管的电流放大系数 β 为

$$\beta \approx \beta_1 \beta_2 \tag{6-5}$$

复合管在提高放大系数的同时,也会增大穿透电流。实际应用中为了减小穿透电流,可以在后一只三极管 V_2 的基极接分流电阻 R,如图 6-8 所示。V_1 的穿透电流一部分经 R 分流后,

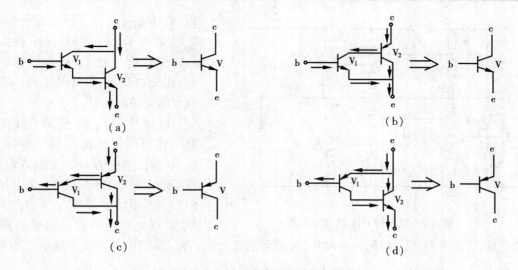

图 6-7　复合管的几种组合形式

（a）NPN 型；　（b）NPN 型；　（c）PNP 型；　（d）PNP 型

使流入 V_2 基极的部分减小,复合管总的穿透电流也减小。但应注意:R 的接入对 V_2 的基极电流有分流作用,会造成复合管的 β 值下降,所以 R 的取值要合适。

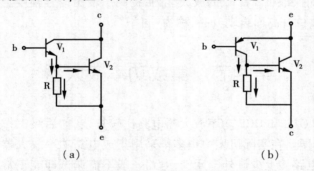

图 6-8　复合管减小穿透电流

（a）NPN 型;（b）PNP 型

二、OTL 实用电路分析

图 6-9 所示为一款实用的 OTL 音频功率放大器。它的功放管为复合管。电路中,V_1 等构成激励级,V_2,V_4 复合成 NPN 型功放管,V_3,V_5 复合成 PNP 型功放管,R_6,R_7 的接入可以减小复合管的穿透电流。同时,R_6,R_8 和 R_9 起射极负反馈作用,可以稳定电路的工作点。R_3,V_D 给复合功放管提供偏置,使它们工作在甲乙类状态,消除交越失真。R_4,R_3 等还充当了 V_1 的集电极负载。C_3,C_5 为高频消振电容。C_6 为输出耦合电容,同时充当 V_3,V_5 的电源。

静态时,中点 A 电位为 $\frac{1}{2}E_C$,调节 R_P 的值可以使它得到保证,同时 R_P 将中点信号反馈到 V_1 基极,构成电压并联负反馈,可以稳定电路的工作点。当在输入端输入信号 u_i 时, 在 u_i 负半周,经 V_1 放大倒相后,V_1 集电极电位升高,V_3,V_5 截止,V_2,V_4 导通放大信号,此时中点 A 电位升高,信号由 C_6 耦合输出到扬声器 B。在 u_i 正半周时,V_1 放大倒相后集电极电位降低,

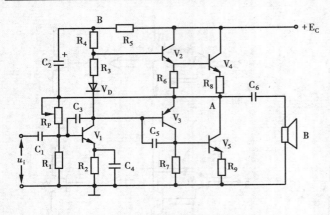

图 6-9　复合管 OTL 功率放大器

V_2，V_4 截止，V_3，V_5 导通放大信号，C_6 放电为 V_3，V_5 供电，使中点 A 电位降低。信号经 C_6 耦合到扬声器 B。由此可见，扬声器 B 上可以得到放大的完整的信号。

电路中，C_2，R_5 构成"自举电路"，它可以提高输出信号的幅度。C_2 称为自举电容，R_5 为隔离电阻。在不加自举电路时，若 V_1 集电极输出为正半周信号，V_2，V_4 导通放大信号，A 点电位会升高。信号越强，A

点电位越高，将导致 V_2，V_4 的正偏减小，对信号的放大能力减弱，输出信号幅度减小。加入自举电路后，在 V_3，V_5 导通时，电源经 R_5 对 C_2 充电上" + "下" − "，充得电压值约等于 $\frac{1}{2}E_C$。由于 C_2 容量较大，该电压可以维持基本不变。当 V_2，V_4 导通使 A 点电位升高时，因 C_2 充电使 B 点电位相应上升（B 点对地电压可以高于 E_C），U_B 通过 R_4 给 V_2，V_4 提供基极偏置，使 V_2，V_4 的偏置电压足够，从而保证了 V_2，V_4 的放大能力，提高了输出信号幅度。这种由于 C_2 的作用使 B 点电位随 A 点电位升高而自动升高，称为"自举"。

第四节　集成功率放大器

分立元件构成的 OTL 和 OCL 功率放大器电路比较复杂，前后级工作点互相牵连，给电路的调试和维修造成不便。在实际机型中很多都采用集成电路功率放大器，它使电路变得更简单，只需给功放集成电路接上少许外围元件，电路一般不需调试即能正常工作，电路的维修也变得容易，使用也很方便。所以，功放集成电路得到广泛的应用。功放集成电路的种类很多，这里介绍两种使用较多的音频功放集成电路。

一、4100 集成音频功率放大器

4100 是一种 OTL 功放集成电路，常用作单声道的音频功率放大器，国内使用的主要产品有：如日本三洋公司的 LA4100、北京生产的 DL4100 及天津的 TB4100 等。它们的内部电路和技术参数都是一致的，可以互换使用。同系列的 4101，4102，4112 等都是单通道的 OTL 功放，内部电路与 4100 基本相同，只是所用电源的大小和输出的功率不同。

4100 采用带散热片的 14 脚双列直插式封装结构，各脚的功能为：①音频输出；②，③为空脚；④，⑤消振脚；⑥反馈脚；⑦，⑧空脚；⑨信号输入；⑩，⑫电源滤波；⑪空脚；⑬自举脚；⑭电源输入。

图 6-10 所示为 4100 构成的典型 OTL 功率放大电路。C_1 为输入耦合电容，C_8 是输出耦合电容，C_7 为自举电容，C_9 起电源退耦作用。R_1，C_2 组成负反馈网络，改善电路的性能。C_5 是相位补偿电容，消除自激振荡。C_3，C_4 为滤波电容，C_6 可防止寄生振荡。

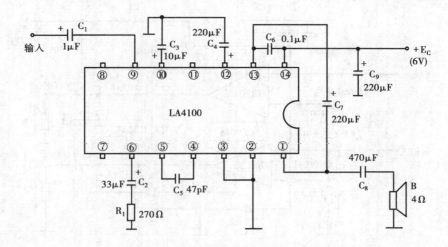

图 6-10 4100 典型实用电路

输入信号由 C_1 耦合到⑨脚,经集成电路内的前置放大、中间与激励放大后,由内互补推挽输出级进行功率放大,从①脚输出,经 C_8 耦合送到负载。在6V 电源电压下,LA4100 的输出功率为1W 左右。

二、TA7240P/AP 双声道音频功率放大器

1. TA7240P/AP 简介

在音响设备中,为获得立体声效果,常常采用双声道电路,要求电路有左(L)、右(R)两个对称的信号通道对信号进行放大处理。有许多集成电路可以完成双声道音频信号的功率放大。TA7240P/AP 是一种使用较普遍的双声道 OTL 功放集成电路,它是日本东芝公司的产品,内含两个声道的音频功放电路和保护电路。TA7240P/AP 输出功率大、失真小且噪声低,因而在音响设备中得到广泛应用。国内同型号产品为 D7240P/AP。

TA7240P/AP 的电源可用 9 ~ 18V,在 13V 电源和 4Ω 负载时,每个声道的输出功率为5.5W 左右。它内有静噪电路和保护电路,对负载的短路和过压等有保护作用。TA7240P/AP 为 12 脚单列直插式封装结构,各脚功能为:①右声道输入;②右声道负反馈;③滤波脚;④地;⑤左声道负反馈;⑥左声道输入;⑦地;⑧左声道功放输出;⑨左声道自举脚;⑩电源输入脚;⑪右声道自举脚;⑫右声道功放输出。

2. TA7240P/AP 典型应用电路

图 6-11 所示为 TA7240P/AP 的典型应用电路。在左声道(L)中,C_1 为输入耦合电容,C_2 为防止自激振荡的电容,R_1、C_3 组成负反馈网络,C_7 是滤波电容,C_{10} 为输出耦合电容,C_8 是自举电容,C_9 可以防止高频寄生振荡,C_{14} 是电源退耦电容。右声道(R)中,元件作用与左声道(L)中对应位置元件的作用相同。

左、右声道信号分别经 C_1,C_4 耦合输入到⑥脚和①脚,内部两个功放将信号放大后,分别由⑧脚和⑫脚输出,经 C_{10},C_{13} 耦合输出到扬声器。

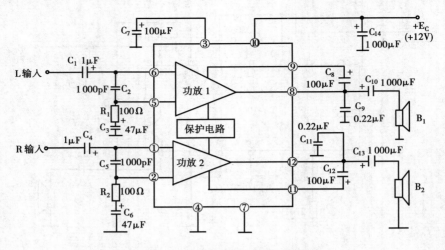

图 6-11　TA7240P/AP 典型应用电路

小结六

①功率放大器要求输出功率大、效率高、非线性失真小并有良好的功放管散热装置。按功放管的工作状态不同,功率放大器分为甲类、乙类、甲乙类。甲类功放效率低,只有 30% ~ 50%;乙类功放效率高,可达 78.5%;甲乙类功放的效率在甲类和乙类之间。

②加偏置的射极输出单管功放为甲类功放。乙类单管功放虽能提高效率,但会使信号丢失半个周期。双管互补对称乙类功放能放大输出整个周期信号,但存在交越失真。典型的 OTL 功放是一种实用功放电路,电路工作在甲乙类状态,能放大整个周期的信号且无交越失真现象,最大输出功率为:$P_{om} = \dfrac{1}{8}\dfrac{E_C^2}{R_L}$。OCL 功放使用双电源,采用直接耦合输出,便于集成化,最大输出功率为:$P_{om} = \dfrac{1}{2}\dfrac{E_C^2}{R_L}$。

③功放管可以采用复合管来提高电流放大系数,以提高功放的输出能力。复合管要保证两个管子电流畅通,复合管型号与参与复合的前一只管子型号相同。

④集成功率放大器电路简单,调试维修方便,被广泛采用。使用中注意它的参数、管脚作用及外围元件作用,必要时可以查阅相关的集成电路使用手册。

习题六

一、填空题

1. 双管互补对称乙类功放最大的缺点是存在_____。

2. 将 NPN 型管和 PNP 型管组合起来,构成双管互补对称乙类功放,常见的有_____电路和_____电路,OCL 电路最大输出功率是_____。

3. 按照三极管工作状态的不同,常用功率放大电路可分为_____类、甲乙类、_____类等。

4. 设计典型 OTL 功率放大器的额定输出功率为 10W,负载阻抗为 5Ω,要使负载上得到额定输出功率,则电源电压应为_____。

5. 典型 OCL 功率放大器电源电压为 12V,为使额定功率为 20W,负载电阻应为_____。

6. 由两只 PNP 型三极管构成的复合管,它们的电流放大系数分别为 50 和 100,则复合管的电流放大系数为_____。

二、判断题

1. 甲类功放,静态工作点设置较高,在输入信号的整个周期内,功放管都导通并有电流流过,功放管的效率低。(　　　)

2. 功率放大器只能放大电压,不能放大电流。(　　　)

3. 在复合管 OTL 功放电路的自举升压电路中,隔离电阻主要用于隔离功放管的集电极与自举电容,以免相互影响。(　　　)

4. 为避免产生交越失真,将 OTL 功放和 OCL 功放均设计为工作在甲乙类状态。(　　　)

5. 由两只三极管构成的复合管,复合管型与后一只三极管的管型一致。(　　　)

6. OCL 功放采用的是单电源,OTL 功放采用的是双电源。(　　　)

三、选择题

1. 甲乙类功放的最大输出功率为(　　　)。
   A. 50%　　　　　　B. 78. 5%　　　　　　C. 30%　　　　　　D. 68%

2. 为了消除交越失真,OTL 功放电路中功放管应工作在(　　　)状态。
   A. 饱和　　　　　B. 截止　　　　　　C. 放大　　　　　　D. 微导通

3. OTL 功放电路的输出耦合电容(　　　)。
   A. 只用于信号传输　　　　　　　　　B. 只起隔直作用
   C. 兼作电源　　　　　　　　　　　　D. 只起阻抗匹配作用

4. 如下图所示,复合管连接正确的是(　　　)。

A.　　　　　　　B.　　　　　　　C.　　　　　　　D.

5. 对功率放大电路的要求,下列说法不正确的(　　　)。
   A. 输出功率越大越好　　　　　　　B. 效率高
   C. 非线性失真小　　　　　　　　　D. 散热良好

6. OTL 功放静态时,输出中点电位为(　　　)。
   A. E_c　　　　　　B. $2E_c$　　　　　　C. 0V　　　　　　D. $\frac{1}{2}E_c$

四、简答题

1. 功率放大器的作用是什么?它有哪些要求?

2. 功率放大器与一般放大电路比较有什么特点?

3. 根据功放管的工作状态,功率放大器分哪几类? 各有什么特点?

4. 什么叫交越失真? 怎样克服交越失真?

5. 射极输出的单管甲类功率放大器有什么特点?

6. 双管互补对称乙类功放有什么特点?

7. 做出典型 OTL 功率放大器电路图,分析主要元件作用和信号放大原理。

8. 在典型 OTL 功放中,负载取 4Ω,要使负载上获得 2W 的最大输出功率,电源电压应取多少?

9. OCL 功放与 OTL 功放有什么不同? OCL 功放有什么优点?

10. 在 OCL 功率放大器中,若两电源均取 10V,负载 R_L 为 5Ω,求电路的最大输出功率为多少?

11. 复合管有什么优点和缺点? 组成复合管的原则是什么? 怎样减小复合管的穿透电流?

12. 判断如题图 6-1 所示的复合管是否正确?

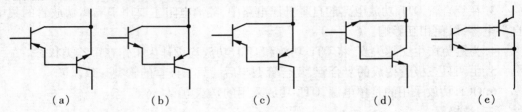

（a）　　　　　（b）　　　　　（c）　　　　　（d）　　　　　（e）

题图 6-1

13. 题图 6-2 所示电路中,回答下列问题:

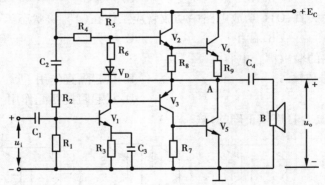

题图 6-2

（1）电路正常工作时 A 点电位应为多少? 如何调节?

（2）R_6,V_D 的作用是什么? 若复合管的静态电流太大,应怎样调节?

（3）自举电路由哪些元件构成? 它有什么作用? 试分析自举原理。

（4）C_4 有什么作用?

（5）若 R_6 开路,电路会出现什么情况? 为什么?

14. 分析图 6-10 所示 4100 实用电路中主要元件的作用?

15. 试分析图 6-11 所示 TA7240P/AP 应用电路中 R 声道各元件的作用。

实验九

分立元件 OTL 功放的调试

一、实验目的

①掌握 OTL 功放静态工作点的调试步骤和方法,会测算电路的最大不失真功率和效率。

②验证自举电路的作用。

二、实验电路

实验电路如实验图 9-1 所示。

三、实验器材

①连接好的实验图 9-1 所示电路板及备换三极管等元件;

②直流稳压电源 1 台;

③低频信号源 1 台;

④万用表 1 只;

⑤毫伏表 1 只;

⑥示波器 1 台。

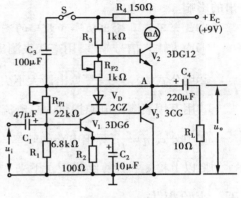

实验图 9-1

四、实验步骤

1. 静态工作点的调试

(1)中点电压的调试

将电路板通电,用万用表测 A 点对地电压,调节 R_{P1} 使 $U_A = 4.5V$。

(2)功放级静态电流的调试

将万用表的电流挡串入 V_2 的集电极支路,调节 R_{P2} 使功放级的静态电流为 $5 \sim 8mA$,将测得值记录下来。

注意:上述(1),(2)两个步骤互相有影响,要反复调节 R_{P1} 和 R_{P2} 使电路达到要求。

2. 输出信号波形观察和电路元件调整

将低频信号源产生的 1kHz 正弦波信号送到电路输入端,在 R_L 两端接示波器,调节输入信号大小,使示波器上显示的输出波形合适,此时波形应为上下对称的正弦波。

①若正弦波不对称,可以替换 β 值对称的三极管,使输出正弦波上下对称。

②增大输入信号的幅度,若某半周出现削顶失真,说明三极管的饱和压降不对称,应更换三极管,直到调大输入信号时,正负半周恰好同时开始出现削顶失真。此时三极管配对好。

做出上述几种情况的波形并注明原因。

3. 验证"自举电路"的作用

在输入 1kHz 正弦波信号时,输出端接示波器,并在 R_L 上并接毫伏表。

①断开开关 S,观察输出波形的幅度大小,读出毫伏表上输出信号电压值并记录下来。

②闭合开关 S,同样将输出波形大小和毫伏表上的读数记录下来。

比较上述两种情况的波形幅度变化及毫伏表读数的变化,得出"自举电路"对放大器的输出的影响。

4. 最大不失真输出功率和效率的测算

①增大输入信号幅度,用毫伏表测出不失真的最大输出电压 U_{om}。

②用公式 $P_{om} = \dfrac{1}{2} \dfrac{U_{om}^2}{R_L}$ 算出最大不失真输出功率。

③用万用表测出电源提供的总电流 I,用公式 $P_E = IE_C$ 算出电源提供的总功率。

④用公式 $\eta = \dfrac{P_{om}}{P_E}$ 算出电路的效率。

将以上检测和计算结果记录下来。

五、实验报告

将以上实验过程记录整理填入实验报告。

第七章

直流稳压电源

第一章已介绍了整流滤波和简单的硅稳压管电路,下面介绍性能好、广泛使用的串联稳压电路、三端集成稳压器和开关稳压电路。

第一节 晶体管串联型稳压电源

简单硅稳压管稳压电路的主要缺点是负载能力太小,输出电压不能调节。串联型晶体管直流稳压电路能克服上述缺点。

一、串联稳压电路基本原理

串联稳压电路的基本原理如图 7-1(a)所示。串联稳压电路由电压调节元件 R(相当于一个可变电阻)和负载电阻 R_L 串联组成,通过调节 R 的大小来保持负载电压的稳定。当输入电压 U_I 升高,可变电阻 R 变大,R 上的电压降相应增大;当输入电压 U_I 降低,R 变小,R 上的电压降相应减小,因此维持输出端电压 U_O 不变。当负载变化引起输出电压变化时,同样也可以采取改变电阻 R 大小的办法来稳定输出电压 U_O。现在的问题是找一个能根据需要自动改变电阻大小的元件来代替可变电阻 R。从三极管特性可以看出,在放大状态工作的三极管的集电极—发射极间的等效电阻 R_{ce} 不是常数而是受基极电流 I_B 控制,即 $R_{ce} = \dfrac{U_{CB}}{I_C} = \dfrac{U_{CE}}{\beta I_B}$,只要改变三极管的基极电流 I_B 就能改变三极管集—射极间电阻 R_{ce} 的大小,所以三极管可以用来做串联稳压电路的调节元件,如图 7-1(b)所示。

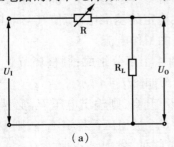

（a） 图 7-1 （b）

二、最简单的串联型稳压电路

图 7-2 所示为最简单的串联稳压电路。在该电路中，V 为调整管，起可变电阻作用，稳压管 V_{DZ} 稳定调整管基极电压。从图中可以看出

$$U_{BE} + U_o = U_{V_{DZ}}$$
$$U_{BE} = U_{V_{DZ}} - U_o \tag{7-1}$$

由（7-1）式可以看出：$U_{V_{DZ}}$ 稳定，假定输出电压 U_o 升高，三极管 U_{BE} 将减小，使 I_B 减小，调整管集—射电阻 R_{ce} 增大。由于 $U_o = U_I - U_{CE}$，则输出电压 U_o 下降，且 U_o 降低程度基本上等于原来升高的程度，使其输出电压稳定。该稳压过程可表示为

$$U_o \uparrow \rightarrow U_{BE} \downarrow \rightarrow I_B \downarrow \rightarrow R_{ce} \uparrow \rightarrow U_{CE} \uparrow \rightarrow U_o \downarrow$$

若输出电压 U_o 下降，其变化趋势与此相反。

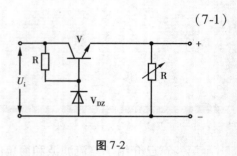

图 7-2

三、具有放大环节的可调式稳压电源

上述分析的简单稳压电源带负载能力有所增强，但稳压效果并不理想。其显著的缺点是输出电压不可调。图 7-3 所示为稳压效果较好且输出电压在一定范围连续可调的基本串联型稳压电源。下面分析稳压电路的组成和主要器件的作用。

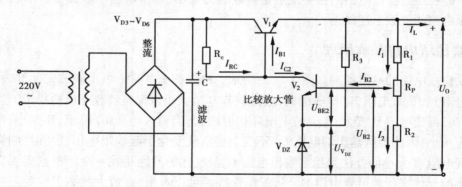

图 7-3　基本串联型可调式稳压电源

V_1 为调整管与负载 R_L 串联，用于调整输出电压 U_o。V_2 为比较放大管，它是将稳压电路输出电压的变化量 ΔU_o 放大，送至 V_1 基极，控制其基极电流 I_B，从而控制 V_1 的 R_{ce}。R_c 为它的集电极电阻，R_1，R_2，R_P 组成输出电压 U_o 的取样电路，将 U_o 变化量的一部分送入 V_2 基极，R_P 可调节输出电压 U_o 的大小。V_{DZ} 为 V_2 的发射极提供稳定的基准电压，使其与取样电压比较，将电压差值送到 V_2 放大。R_3 保证稳压管 V_{DZ} 有合适的工作电流。

从图 7-3 所示电路结构的分析中可见，该稳压电路由 4 个部分组成：调整环节 V_1、比较放大环节 V_2、基准环节 V_{DZ} 和取样环节 R_1，R_2，R_P。其方框图如图 7-4 所示。

该电路的稳压原理如下：设负载 R_L 不变，输入电压 U_I 升高，则输出电压 U_o 必然升高，使取样电路 R_1，R_2，R_P 上的分压 U_{R2} 升高。因 V_2 射极电压 $U_{V_{DZ}}$ 被稳压管稳定不变，则 U_{BE2} 升高，其集电极电流 I_{C2} 增大，集电极电压 U_{C2} 降低，V_1 基极电位降低，发射结正偏压 U_{BE1} 下降，基极

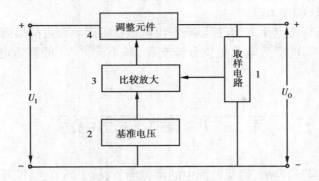

图 7-4　具有放大环节的串联型稳压电源方框图

电流 I_{B1} 减小,集电极电流 I_{C1} 随着减小,V_1 集—射之间电阻 R_{ce} 增大,U_{CE1} 增大,使输出电压 U_o 下降,其下降程度与原来升高程度基本一致,使 U_o 稳定。上述稳压过程可表示为

$$U_I \uparrow \to U_O \uparrow \to U_{B2} \uparrow \to U_{BE2} \uparrow \to I_{B2} \uparrow \to I_{C2} \uparrow \to U_{B1} \downarrow$$

$$U_O \downarrow \leftarrow U_{CE1} \uparrow \leftarrow R_{ce1} \uparrow \leftarrow I_{B1} \downarrow \leftarrow U_{BE1} \downarrow$$

输入电压降低时,其稳压过程与上述相反。

当输入电压不变,而负载改变时(假定 R_L 减小,I_L 增加),输出电压的稳定过程为

$$I_L \uparrow \to U_O \downarrow \to U_{B2} \downarrow \to U_{BE2} \downarrow \to I_{B2} \downarrow \to I_{C2} \downarrow \to U_{C2} \uparrow$$

$$U_O \uparrow \leftarrow U_{CE1} \downarrow \leftarrow R_{ce1} \downarrow \leftarrow I_{B1} \uparrow \leftarrow U_{BE1} \uparrow \leftarrow U_{B1} \uparrow$$

同理,负载减小时,其稳压过程与上述相反。

在取样电路中,R_P 调节输出电压 U_o 的原理:

R_P 中心调节臂上滑导致 V_2 基极电压升高,则 V_2 集电极电压下降,使 V_1 基极电压下降,基极电流 I_{B1} 下降,集电极电流 I_{C1} 减小,V_2 集—射等效电阻增大,U_O 下降,即

R_P 中心调节臂上滑 $\to U_{B2} \uparrow \to U_{C2} \to U_{B1} \downarrow \to I_{B1} \downarrow \to I_{C1} \downarrow \to R_{ce1} \uparrow \to U_O \downarrow$

反之亦反。可见,调节 R_P 就可调整输出电压 U_o 的大小。

上述具有放大环节的串联型稳压电源的稳压效果实际上是通过电压负反馈实现的。反馈电压 U_{B2} 是从输出电压 U_O 中取出的一部分,将它与基准电压 U_{VDZ} 比较后,对电压差值进行放大,以控制调整管基极电流 I_{B1},从而调整其管压降而达稳压目的。

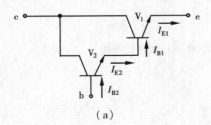 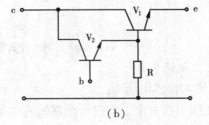

（a）　　　　　　　　　　（b）

图 7-5　用复合管作调整管

（a）复合管的接法；（b）减小穿透电流的复合管

输出功率较大的稳压电源,多用大功率三极管作调整管。大功率三极管往往 β 小,影响稳压性能,如用图 7-5(a)所示复合管,其 β 可提高到 $\beta \approx \beta_1 \beta_2$,这样可以用较小的基极电流 I_{B2} 控

制较大的输出电流 I_L（图中 I_{E1}）。

复合管的缺点是穿透电流大,直接影响输出电压稳定度。改进的措施是在 V_1 的基极与地之间接一电阻 R,为 V_2 的穿透电流提供分流支路,减小流入 V_1 的穿透电流,其电路如图 7-5(b)所示。

第二节　集成稳压电源

随着集成电路工艺的发展,稳压电源中的调整环节、放大环节、基准环节、取样环节和其他附属电路大都可以制作在一块硅片内,形成集成稳压组件,称为集成稳压电路或集成稳压器。本节将讨论输出电压固定和输出电压连续可调的两类三端集成稳压器。

一、固定式三端集成稳压器 W7800 系列

1. 外型与管脚分布

集成稳压器 W7800 系列有 3 个接线端,即输入端、输出端及公共端。其成品采用塑料或金属封装,外形如图 7-6 所示。W7800 系列为正电压输出,与之对应的 W7900 系列为负电压输出。其输出电压值用型号最后的两位数字代表。如 W7805 表示输出电压为 +5V,W7905 表示输出电压为 -5V。此外还有输出6,8,12,15,18,24V 等几个挡级,其输出电流为 1.5A。其中 W7800系列和 W7900 系列的管脚排列分别如图 7-7(a),(b)所示。

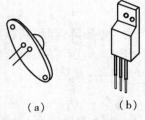

图 7-6　W7800 系列外形
(a)金属封装;(b)塑料封装

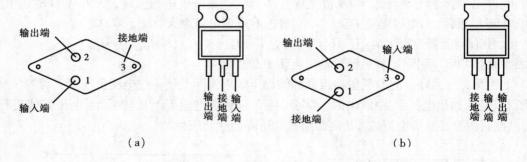

（a）　　　　　　　　　　　　　　　（b）

图 7-7
(a)W7800 系列的管脚排列;(b)W7900 系列的管脚排列

2. 主要性能参数

(1)最大输入电压 U_{Imax}

保证稳压器安全工作时所允许输入的最大电压。

(2)输出电压 U_O

稳压器正常工作时,能输出的额定电压。

(3)最小输入输出电压差值 $(U_I - U_O)_{min}$

保证稳压器正常工作时所允许的输入与输出电压的最小差值。

（4）最大输出电流 I_{Omax}

保证稳压器安全工作时所允许输出的最大电流。

（5）电压调整率$\dfrac{\Delta U_O / U_O}{\Delta U_I} \times 100\%$

当输入电压每变化 1V 时输出电压相对变化值 $\Delta U_O / U_O$ 的百分数。此值越小，稳压性能越好。

（6）输出电阻 R_L

输入电压变化量 ΔU_I 为 0 时，输出电压变化量 ΔU_O 与输出电流变化量 ΔI_O 的比值。即

$$R_L = \left. \frac{\Delta U_O}{\Delta I_O} \right|_{\Delta U_I = 0}$$

它反映负载变化时的稳压性能。R_L 越小，即 ΔU_O 小，稳压器性能越好。

表 7-1 标明了 W7800 系列三端集成稳压器的参数数值。

表 7-1　W7800 系列主要参数

参数类别	参数值
最大输入电压 U_{Imax}/V	35
输出电压 U_O/V	5,6,8,12,15,18,24
最小输入输出电压差值 $(U_I - U_O)_{min}/\text{V}$	2 ~ 3
最大输出电流 I_{Omax}/A	1.5
电压调整率	10% ~ 20%
输出电阻 $/\Omega$	30 ~ 150

3. 内部结构方框图

图 7-8 所示为三端集成稳压器 W7800 系列内部功能方框图。从图中可以看出，它属于串联稳压电路，其工作原理与分立元件串联型稳压电源相同。

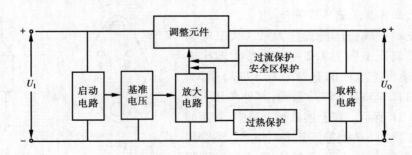

图 7-8　W7800 系列内部电路方框图

4. 典型应用电路

（1）固定输出的基本稳压电路

图 7-9（a）所示为输出电压固定的基本稳压电路，其输出电压等级由所选用的三端集成稳压器决定。如需 12V 输出电压，就选用 W7812。电路中 C_1 的作用是消除因输入线路较长引

起的自激振荡，C_2 用于消除电路高频噪声。如果需用负电源，可改用 W7900 系列稳压器，电路的其他结构不变，如图 7-9（b）所示。

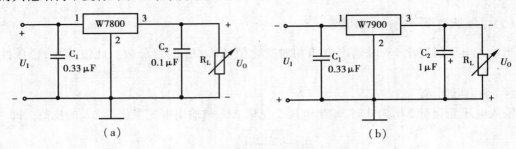

图 7-9　固定输出的基本稳压电路

（a）W7800 基本稳压电路；（b）W7900 基本稳压电路

（2）具有正负电压输出的稳压电路

当用电设备需要正、负两组电压输出时，可将正电压输出稳压器 W7800 系列和同规格的负电压输出稳压器 W7900 系列配合使用，其电路如图 7-10 所示。

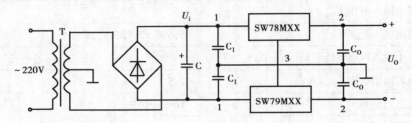

图 7-10　具有正负电压输出的稳压电路

从图中可以看出，正负电源分别接成如图 7-10 所示的固定输出基本稳压电路，但具有公共接地端。另外变压器和整流滤波电路由两个电源共用，变压器副边用中心抽头接地。

二、可调式三端集成稳压器

1. 可调式三端集成稳压器简介

可调式三端集成稳压器被称为第二代三端集成稳压器。其调压范围为 $1.2 \sim 37V$，最大输出电流为 $1.5A$。输出正电压的有 W317（W117）系列，输出负电压的有 W337（W137）系列，其外形和引出脚分布如图 7-11 所示。在上述系列产品中，常用的有 F-1 型、F-2 型和 S-7 型等。其 F-1 和 F-2 型管脚排列为：1 调整端，2 输入端，3 输出端；S-7 型管脚排列为：1 调整端，2 输出端，3 输入端。

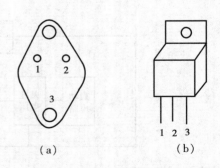

图 7-11　W317（W337）三端可调集成稳压器

（a）F-1，F-2 型；（b）S-7 型

2. W317（W117）典型应用电路

W317（W117）三端可调集成稳压器应用电路如图 7-12 所示，图中 1 为调整端，2 为输入端，3 为输出端。C_2 用于消除高频自激并减小纹波电压，C_3 用于消除高频噪声，C_4 完成对输出电压的滤波。R_P 与 R_1 组成输出电压 U_o 调整电路，调节 R_P 即可调整输出电压的大小。

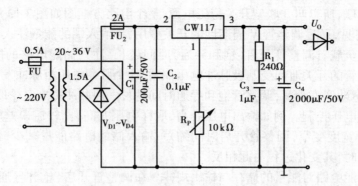

图 7-12 CW117 三端可调集成稳压电路

与 W7800 系列相比,它不仅设计精巧、电压连续可调,而且输出电压稳定度高,电压调整率、电流调整率、纹波抑制比等都高出几倍。最大输出电压差可达 40V,功耗 15W,工作温度范围为 0 ~ +125℃。在实际应用中,可查阅有关手册,按需要选用参数。

第三节 开关型稳压电源简介

以上讨论的分立元件和集成电路稳压电源都属于线性稳压电路。这种稳压电源虽然优点突出,但调整管功耗大,加上电源变压器笨重、耗能,使电源效率大为降低。近年来研制出了调整管工作在开关状态的开关式稳压电源,其调整管只工作在饱和与截止两种状态,即开、关状态,使管耗降到最小,从根本上克服了放大式稳压电源的缺点,使整个电源体积小、效率高且稳压范围大。它广泛应用于对稳压电源要求较高的场合,如彩色电视机、录像机及空间技术中的电子设备等。

一、开关型稳压电源的基本结构与工作原理

开关型稳压电源的形式很多,根据电源的能量供给电路的接法不同分并联型和串联型两类。下面以并联开关稳压电源为例分析其结构原理。

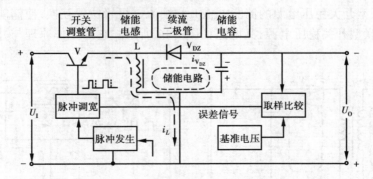

图 7-13 并联型开关稳压电源方框图

并联型开关稳压电源主要由开关调整管、储能电路、取样比较电路、基准电路、脉冲调宽和脉冲发生电路等组成。其储能电路由储能电感 L、储能电容 C 和续流二极管 V_{DZ} 组成。因储能

电感 L 与负载并联,所以叫并联型开关稳压电源,整个电路方框图如图 7-13 所示。

从图 7-13 可见,通过调整管 V 周期性的开关作用,将输入端的能量注入储能电路,由储能电路滤波后送到负载。调整管开启(饱和导通)时间越长,注入储能电路的能量越多,输出电压越高。但调整管的开关时间受基极脉冲电压控制,这个脉冲电压由脉冲发生器产生,受脉冲调宽电路控制,脉冲宽度越宽,调整管饱和导通时间越长。而脉冲宽度又受取样电压与基准电压比较后的误差电压控制。例如输出电压升高,取样电压升高,比较后误差电压升高,使脉冲调宽电路的脉冲宽度变窄,调整管开启时间缩短,输入储能电路能量减少,使输出电压降低。当输出电压降低时,其变化过程与此相反。

下面分析储能电路对能量的储存与输出规律。在调整管开启(饱和导通)期间,电网上的输入电压 U_I 通过调整管 V 加到储能电感 L 两端。在 L 中产生不断增长的电流 I_L,由于 L 的自感作用将产生上正下负的自感电动势,使续流二极管 V_{DZ} 反偏截止,以便 L 将 U_I 的能量转换成磁场能储存于线圈中。调整管 V 导通时间越长,I_L 越大,L 储存的能量越多。当调整管从饱和导通跳变到截止瞬间,切断外电源能量输入电路,L 的自感作用将产生上负下正的自感电动势,导致续流二极管 V_{DZ} 正偏导通。这时 L 将释放能量向储能电容 C 充电,并同时向负载供电。当调整管再次饱和导通时,虽然续流二极管 V_{DZ} 反偏截止,但可由储能电容释放能量向负载供电。

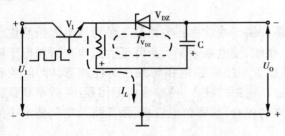

图 7-14　并联型开关稳压电源原理图

通过上面分析可以归纳出并联型开关稳压电源工作原理。调整管导通期间,储能电感储能,同时储能电容向负载供电;调整管截止期间,储能电感释放能量对储能电容充电,同时向负载供电。这两个元件还同时具备滤波作用,使输出波形平滑。并联型开关稳压电源原理电路如图 7-14 所示。在有的并联型开关稳压电源中,储能电感以互感变压器的形式出现,其电路如图 7-15 所示。它的优点是可以通过变压器的不同抽头,再加上各自的整流滤波电路,可以得到不同数值的多路直流电压输出。这种稳压电源在彩色电视机等设备中得到广泛应用。

如果将并联型开关稳压电源的储能电感 L 和续流二极管位置互换,使储能电感 L 与负载串联,即成为串联型开关稳压电源,其电路如图 7-16 所示。它的工作原理与并联型开关稳压电源相同。

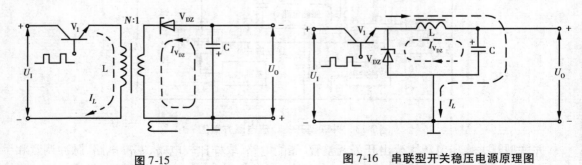

图 7-15　　　　　　　　　　　　　　　图 7-16　串联型开关稳压电源原理图

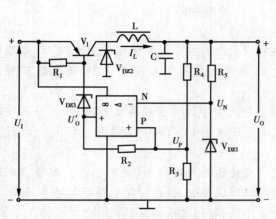

图 7-17 集成运放开关稳压电路

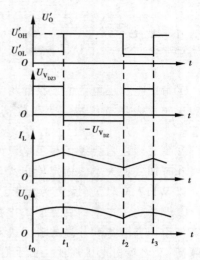

图 7-18 开关稳压电源波形图

二、实用电路分析

图 7-17 是以集成运算放大器控制调整管工作的串联型开关稳压电源。下面分析其电路结构和工作原理。电路中除调整管 V_1、储能电路 V_{DZ2}、L、C 外，取样、比较、脉冲发生和脉冲调宽等功能均由集成运放和相关外围元件完成。稳压管 V_{DZ1} 为运放反相输入端提供基准电压，使 U_N 为恒定值。同相输入端的输入信号由输出电压 U_0 通过 R_4，R_3 分压的值和 U'_0 及 R_2 决定。稳压管 V_{DZ3} 用于传送集成运放的输出电平，以控制调整管的导通与截止时间。下面根据图 7-18 所示波形分析该开关稳压电路工作原理。

$t_0 \sim t_1$ 期间：是电源启动期间，输出电压 U_0 不高，分压 U_P 不大，$U_N > U_P$，运放输出电压为低电平 $U_0 = U_{OL}$。V_{DZ3} 工作在反向击穿状态，稳压管压降 $U_{V_{DZ3}}$ 为高电平。调整管基极电位 U_{BI} 下降，U_{BE} 增大，正偏导通，注入储能电路的电流 I_L 呈线性增长，输出电压 U_0 在稳压和 LC 滤波的双重作用下由储能电容 C 提供，输出平滑而带上升趋势的直流电压 U_0。

$t_1 \sim t_2$ 期间：随着储能电路中能量的增加，U_0 上升，U_P 将上升，一旦 $U_P > U_N$ 时，运放输出电压 U_0 翻转，从低电平 U_{OL} 跳变到高电平 U_{OH}。稳压管 V_{DZ3} 从反向击穿变为截止，其管压降 $U_{V_{DZ3}}$ 为低电平，调整管 V_1 由于基极电位上升而截止，储能电路向负载输出的电流 I_L 将缓慢减小，输出电压 U_0 缓慢下降。

$t_2 \sim t_3$ 期间：输出电压 U_0 的下降，使运放同相输入端电压 U_P 下降，一旦 $U_P < U_N$ 时，运放再次翻转，电压 U_0 又由高电平 U_{OH} 跳变到低电平 U_{OL}，稳压管 V_{DZ3} 再次反向击穿，降低调整管 V_1 的基极电位 U_B，使调整管重新导通向储能电感供能，进入下一个循环。

从上面的分析可以看出，运放输出低电平时，调整管导通，向储能电感供能，负载由储能电容供能；当运放翻转输出高电平时，调整管截止，储能电感向储能电容充电，同时向负载供能，在负载上获得平稳的直流电压。如因某种原因使输出电压 U_0 升高时，运放同相输入端的电位将升高，使运放输出低电平的时间间隔 $t_0 \sim t_1$ 缩短，调整管导通时间相应缩短，供给储能电路的能量减少，使输出电压 U_0 下降，从而保持输出电压的稳定。如果 U_0 降低，则运放同相输入端电压低，增长其低电平输出时间，使调整管导通时间延长，给储能电路供能增多，U_0 升高，亦可达到稳压的目的。

小 结 七

①串联型稳压电源的三极管均工作在线性放大状态。主要由调整环节、取样环节、基准环节和比较放大环节组成。为了提高其稳压效果,在要求较高的稳压电源中,调整管多用复合管。

②集成稳压器代表了稳压电源的发展方向。广泛使用的是三端集成稳压器,它分固定输出式和可调式两大类。固定输出式以 W7800(正电压输出),W7900(负电压输出)为代表;可调式以 W117,W317 等系列为代表。

③开关稳压电源的调整管工作在饱和导通与截止两种极端状态(脉冲状态),其输出电压的高低由调整管饱和导通的时间决定。调整管导通时间越长,供给储能电路能量越多,输出电压越高;反之输出电压越低。由于它的损耗小,效率高,输出电压稳定,再加上轻便、体积小等,是性能更为优越的新一代稳压电源。

习题七

一、填空题

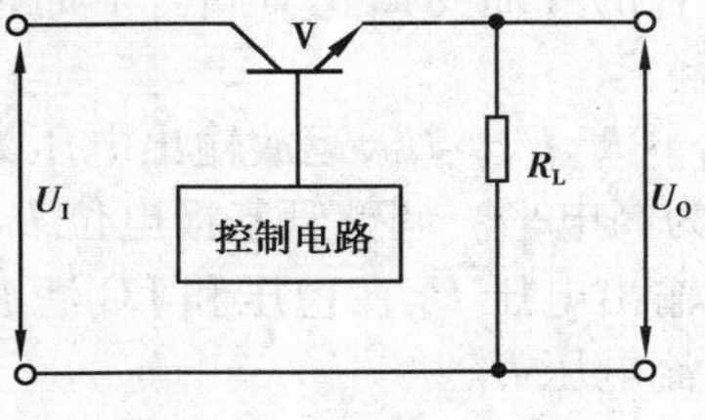

1. 如题图 7-1 所示,三极管的基极电流 i_B 增大时,三极管的 CE 之间等效电阻 R_{CE} _____,U_{CE} 将 _____,输出电压 U_O = _____。

2. 串联型稳压电源由 _____ 环节、_____ 环节和 _____ 环节组成。

3. 串联型稳压电源属于 _____ 稳压电源,其调整管工作在 _____ 状态,而开关型稳压电源的调整管工作在 _____ 状态。

题图 7-1

4. 带有放大环节的串联型稳压电源的稳压效果实际上是通过 _____ 实现的。为了提高稳压效果,在要求较高或输出功率较大的稳压电源中,调整管多用 _____。

5. 集成稳压器可分为 _____ 和 _____ 两大类,W7800 系列输出电压极性为 _____,W7900 系列输出电压极性为 _____。W7912 表示输出电压为 _____ V,输出电压极性为 _____。

6. 开关型稳压电源的优点是体积 _____,效率 _____ 且稳压范围 _____。

7. 开关型稳压电源根据电源能量供给电路的接法不同可分为 _____ 和 _____ 两类。

二、判断题

1. 稳压电源中稳压电路有并联和串联两种,这是按电压调整元件与负载连接方式的不同来区分的。 (   )

2. 直流稳压电源只能稳压,不能稳流,流过负载的电流大小由负载大小决定。 (   )

3. 带有放大环节的串联型稳压电源,比较放大管 e 极基准电压越低,该稳压电路输出电压

就越大。　　　　　　　　　　　　　　　　　　　　　　　　　　　　　　　　　　（　　）

4. 带有放大环节的串联型稳压电源,其输出电压 V_0 的调节范围,由取样电阻的分压值确定。　　　　　　　　　　　　　　　　　　　　　　　　　　　　　　　　　（　　）

5. 在串联型稳压电源中,稳压管工作在反向击穿状态,其稳压电路属于共射放大电路。
　　　　　　　　　　　　　　　　　　　　　　　　　　　　　　　　　　（　　）

6. 串联型稳压电源的调整管一般采用大功率管,因为输出电流绝大部分通过调整管。
　　　　　　　　　　　　　　　　　　　　　　　　　　　　　　　　　　（　　）

7. 开关型稳压电源和串联型稳压电源的调整管都工作在线性区,即放大区。　（　　）

8. 并联型开关稳压电源的储能电路由储能电感 L,储能电容 C 和续流二极管 V_{DZ} 组成。
　　　　　　　　　　　　　　　　　　　　　　　　　　　　　　　　　　（　　）

三、选择题

1. 串联型稳压电路,用复合管作调整管是因为单管(　　　)。
　　A. 电流 I_{CM} 不够小　　　　　　　　B. 击穿电压不够高
　　C. 功耗 P_{CM} 不够大　　　　　　　　D. 电流放大系数不够大

2. 下述说法正确的是(　　　)。
　　A. 串联型稳压电源的调整管工作在放大状态,所以稳压性能好
　　B. 开关型稳压电源稳压性能好,效率高,体积小,主要用于对稳压电源要求较高的场所
　　C. 两种稳压电源性能相同,可以任意选用
　　D. 串联型稳压电源的电路及原理比开关型稳压电源简单,所以所有电子设备都采用串联型稳压电源,这样可以降低成本

3. 关于三端稳压器的叙述正确的是(　　　)。
　　A. W317 为三端固定式稳压器
　　B. W7900 系列和 W7800 系列三端稳压器性能相同,可以互换使用
　　C. 三端可调式稳压器的稳压性能比三端固定式稳压器好
　　D. 三端稳压器电路简单,所以成本低,可以淘汰所有串联型和开关型稳压电源

4. 如题图 7-2 所示的稳压电路其输出电压 U_0 为(　　　)。
　　A. $U_0 = U_{DZ} + U_{BE}$　　　　　　B. $U_0 = U_{DZ} - U_{BE}$
　　C. 不一定　　　　　　　　　　　　D. $U_0 = U_{DZ}$

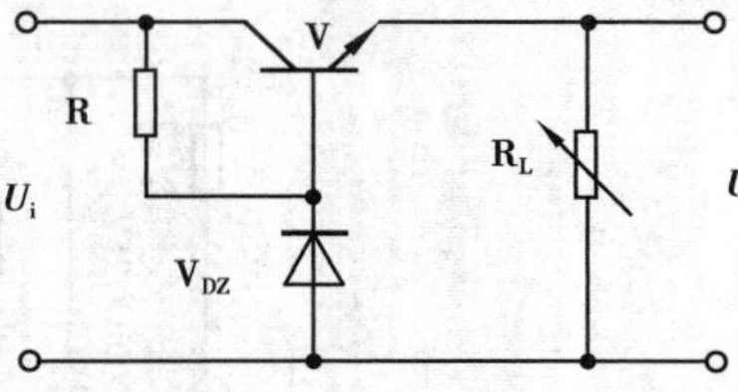

5. 在题图 7-2 中,调整管 V 工作在放大状态,当 U_i 增加时,则(　　　)。
　　A. U_B 增加　　　　　　　　　　B. U_B 减小
　　C. U_B 不变　　　　　　　　　　D. 不一定

题图 7-2

四、简答题

1. 串联型稳压电源主要由哪几部分组成? 调整管是如何使输出电压稳压的?

2. 在题图 7-3 所示稳压电源中,如果因温度变化使稳压管的稳压值变低,对输出电压有什么影响? 为什么?

3. 在题图 7-3 中,试用"↑"或"↓"表示当电网电压升高或降低时,各点电位(绝对值)的变化趋势和稳压原理。

4. 在串联型稳压电源中,调整管用复合管有哪些好处? 缺点是什么? 怎样改进?

5. 试区分可调式三端集成稳压器 W117(W317)系列中 F-1 型、S-7 型 3 只引出脚的功能。

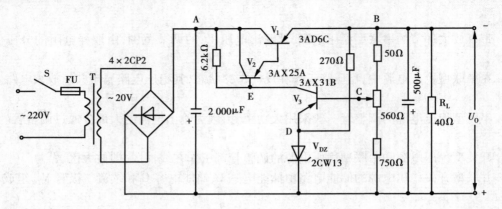

题图 7-3

6. 试分析图 7-15 可调式三端集成稳压电路中各主要元件的作用。

7. 开关型稳压电源由哪些主要部分组成？试画出其方框图。

8. 简述并联型开关稳压电源的工作原理。

9. 为什么说在开关型稳压电源中,调整管饱和导通时间越长,输出电压越高？

实验十

串联型稳压电源的测试

一、实验目的

熟悉串联型稳压电源工作原理,掌握其性能指标的测试方法。

二、实验电路

如实验图 10-1 所示。

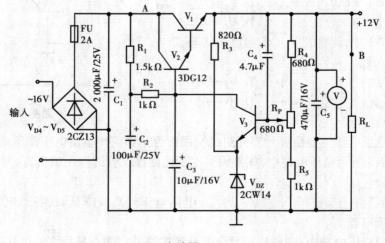

实验图 10-1

三、实验器材

①万用表；
②示波器；
③交流调压器；
④交流电压表；
⑤实验图 10-1 所示实验电路板。

四、实验内容与步骤

①检查实验电路板,确定无误后用交流调压器输入 16V 交流电压,观察有无电压输出。调整 R_P,观察输出电压是否变化。如无变化应检查实验电路是否有故障。若有,排除后继续测试。

②调节 R_P,使输出电压为 12V,按实验表 10-1 中的内容检测电路有关数据并记入该表中。

③检测稳压性能。

实验表 10-1 稳压电路电压检测记录

输入端 交流电压/V	C 两端 电压	U_1		U_2		U_3		稳压管 V 两端电压/V	空载输出 电压/V
		U_{BE}	U_{CE}	U_{BE}	U_{CE}	U_{BE}	U_{CE}		
三极管工作状态									

- 检测负载变化时的稳压情况

使输入 16V 交流电压保持不变,空载时将输出电压调至 12V。然后分别接入 36Ω,24Ω,12Ω 负载电阻,按实验表 10-2 中的内容进行测量,并将结果记入该表中,最后按照

$$稳压性能 = \frac{|输出电压 - 12|}{12} \times 100\% \qquad (实验 10-1)$$

进行计算,将计算结果一并记入实验表 10-2。

实验表 10-2 稳压性能测试数据记录表(一)

输入交流电压/V	C 两端电压	U_{CE1}	U_{CE2}	U_{C3}	R_L/Ω	输出电压/V	稳压性能/%
16					∞	12	
					36		
					24		
					12		

- 检测输入电压变化时的稳压情况

将负载电阻固定为 24Ω,在输入交流电压为 16V 时,调节 R_P 使输出电压为 12V,在实验表 10-3 中记下相关数据。然后调节交流调压器,依次将输入交流电压调至 18,14V,仍按实验表 10-3 所列内容记下有关数据,按(实验 10-1)式计算出稳压性能,一并记入实验表 10-3 中。

实验表 10-3 稳压性能测试数据记录表（二）

输入交流电压/V	C 两端电压	U_{CE1}	U_{CE2}	U_{C3}	R_L/Ω	输出电压/V	稳压性能/%
16					24	12	
18					24		
14					24		

④测量稳压电源效率。

将负载电阻固定为 24Ω,调整稳压电源直流输出电压为 12V,分别用调压器调节交流输入电压为 14,18V,测出调整管 V_1,V_2 集电极输入电流(断开实验图 10-1 中的 A 点,串入万用表)和负载电流(断开实验图 10-1 中的 B 点,串入万用表),记入实验表 10-4 中,按下式

$$稳压电源效率 = \frac{输出电压 \times 负载电流}{C_1 两端电压 \times 调整管输入电流} \times 100\% \qquad (实验10-2)$$

计算出效率,一并记入实验表 10-4 中。

实验表 10-4 稳压电源效率测量数据记录

输入交流电压/V	R/Ω	调整管输入电流/mA	负载电流/mA	输出电压/V	效率/%
14	24			12	
18	24			12	

⑤观察输出电压波形。

将示波器接入稳压电源输出端,观察直流电压波形。断开 C_2,C_3 观察输出电压波形。再断开 C_1,C_5,观察输出电压波形。

将上述测量和观察结果一并记入实验报告中。

第八章

无线电广播基本知识

第一节　无线电波及其传播

一、无线电波的概念

　　通过《电工技术基础》的学习,知道在通有交流电的导线周围,就有变化的磁场存在,变化的磁场在它周围又引起变化的电场,而变化的电场还将在它周围更远的空间引起变化的磁场,这样磁场和电场不断地相互交替产生,就把电磁场向四周空间传播开来。这种向四周空间传播的电磁场就称为电磁波。无线电波是电磁波的一种。

　　无线电广播、电视广播都是利用无线电波进行传播的。现代通讯离不开无线电波。近年来通讯技术的发展突飞猛进,无线电寻呼机和移动电话等通讯设备也是利用无线电波传播信号的。

二、无线电波的传播

　　无线电波从发射端到接收点有以下几条传播途径:地面波、天波和空间波,如图 8-1 所示。

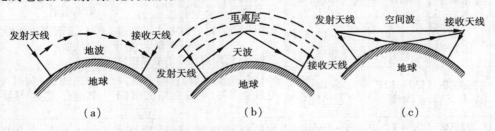

图 8-1　无线电波的传播途径

　　1. 地面波

　　地面波是沿地球表面进行传播的。虽然地球的表面是弯曲的,但电磁波具有绕射的特点,其传播距离与大地损耗有密切关系,工作频率愈高,衰减就愈大,传播的距离愈短,所以利用绕射方式传播时,采用长、中波比较合适。由于地面的电性能在较短时间内的变化不大,所以电磁波沿地面的传播比较稳定,如图 8-1(a)所示。

2. 天波

天波是利用电离层的反射而进行的传播。由于太阳的照射,在距离地面 100km 左右的高空,有一厚约 20km 的电离层,称 E 层。在距离地面高度约 200~400km 处,有电离层 F 层。一般中波在夜间可经 E 层反射而传播,短波则经 F 层反射而传播。超短波由于频率过高,电离层的电子、离子密度不够大,故超短波都穿透电离层而不能反射回到地面。因此,只有短波采用天波方式传播。天波传播受外界影响较大,如图 8-1(b)所示。

3. 空间波

空间波是电磁波由发射天线直接辐射至接收天线。由于地面及建筑物等的反射亦能抵达接收天线,故空间波实际上是直射波和反射波的合成。此现象称多径传播。空间波受大气干扰小,能量损耗小,接收的信号较强而且稳定,所以电视、雷达都采用空间波方式传播,如图 8-1(c)所示。

无线电波波段的划分见表 8-1。

表 8-1 无线电波波段的划分

序号	频段名称	频率范围	波长范围	传播特性	主要用途
1	极低频 (E. L. F.)	3~30 Hz	10~100Mm (极长波)	传播衰减小,通信距离远,信号稳定可靠,渗入地层、海水能力强	潜艇通信、远洋通信、远程导航、发送标准频率与标准时间等
2	超低频 (S. L. F.)	30~300 Hz	1~10Mm (超长波)		
3	特低频 (U. L. F.)	300~3 000 Hz	0.01~1Mm (特长波)		
4	甚低频 (V. L. F.)	3~30 kHz	10~100km (甚长波)		
5	低频 (L. F.)	30~300 kHz	1~10km (长波)	夜间传播与 V. L. V. 相同,但稍不可靠。白天吸收大于 V. L. V.,频率愈高,吸收愈大,每季均有变化	除上所述外,有时还可用于地下通信等
6	中频 (M. F.)	300~3 000 kHz	0.1~1km (中波)	夜间比白天衰减小,夏比冬衰减大,长距离通信不如低频可靠,频率越高越不可靠	广播、船舶通信,飞行通信,警察用无线电,船港电话
7	高频 (H. F.)	3~30 MHz	10~100m (短波)	远距离通信完全由电离层决定,每时、每日、每季都有变化,情况良好时,远距离传播的衰减极低	中、远距离的各种通信与广播
8	甚高频 (V. H. F.)	30~300 MHz	1~10m (超短波)	特性与光波相似,直线传播,与电离层无关(能穿透电离层,不被其反射)	短距离通信、电视、调频电台、雷达、导航等
9	特高频 (U. H. F.)	300~3 000 MHz	1~10dm (分米波)	均属微波波段,传播特性与 V. H. F. 相同	与 V. H. F. 类同,还适用于散射通信、流星余迹难、卫星通信等
10	超高频 (S. H. F.)	3~30 GHz	1~10cm (厘米波)		
11	极高频 (E. H. F.)	30~300 GHz	1~10mm (毫米波)		
12	至高频	300~3 000 GHz	0.1~1mm (丝米波)		

第二节 调幅与检波

一、无线电广播的发射和接收原理

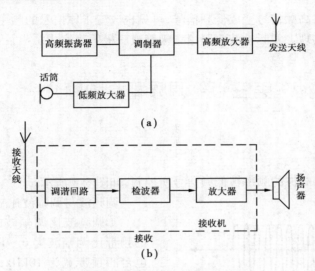

图 8-2 无线电广播过程示意图

采用电子技术的方法先将声音变成低频电信号,并将低频电信号加到高频电信号中去,然后再以高频电磁波形式向空中传播,这就是无线电广播。电视广播也相似,不过传送的信号中包含图像和伴音。天线收到的高频信号很微弱,必须用电子电路进行放大和加工处理,取出低频信号,通过喇叭还原成声音。这就是整个无线电广播的接收原理,图 8-2 是其过程示意图。

二、调幅原理

用低频信号控制高频信号的过程叫做调制,高频信号叫载波,低频信号叫调制信号。如果载波的幅度被低频信号控制,这种调制叫调幅,图 8-3 所示为调幅波形。

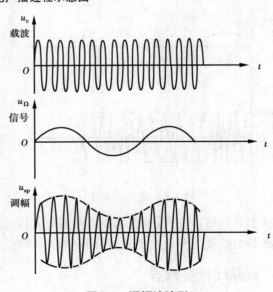

图 8-3 调幅波波形

由图可见,已调波与载波波形有差别,已调波的振幅是按调制信号的变化而变化。我们利用二极管或三极管的非线性特点来达到调幅的目的。

三、检波

从高频已调波中检出调制信号的过程,称为解调。调幅波的解调又称为振幅检波,它是调制的逆过程。

振幅检波就是从高频调幅波中检出低频信号,这个低频信号的频率和形状都与高频调幅波的包络线一致。

检波器既然是将高频信号变成低频信号,可见也改变了原信号的频率组成成分,因此也要用非线性元件才能实现。实际检波电路由二极管或三极管来完成。

第三节　调频和鉴频简介

一、调频

调频就是使高频载波的频率被低频信号所控制,如图 8-4 所示。

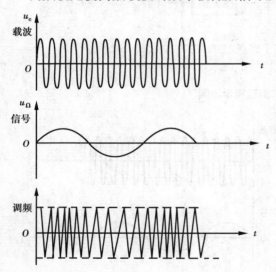

图 8-4　调频波波形

调频波与调幅波比较主要有两个特点:

①调频波比调幅波的频带宽得多,需用的频带比调幅波大 6 ~ 10 倍(一般规定调幅电台的频带宽为 10kHz,调频电台的频带宽为 200kHz),所以调频制只适用于频率范围宽广的超短波段。

②抗干扰性好。各种外来干扰多数表现为对信号幅度的影响,而对频率干扰很小。而调频接收机可以采取限幅措施消除干扰,所以调频制传送信号质量比调幅制好。例如立体声广播和电视伴音就是采用调频方式。

二、鉴频

调频波的解调称为鉴频,其作用是将调频信号变换成原来的调制信号。鉴频器电路的基本原理是:先把等幅的调频波变换为幅度按调制信号规律变化的调幅调频波,然后用振幅检波器把幅度的变化检出来,得到原来的调制信号,这个过程如图 8-5(a)所示。

三、对称比例鉴频器

图 8-5(b)为对称比例鉴频器电路原理图。L_1,C_1 是鉴频器输入端的初级调谐回路,L_2,C_2 组成次级调谐回路,V_{D1},V_{D2} 为检波管,C_3,C_4,R_1 和 R_2 为检波负载。对称位置的元件取相同的数值,对称比例鉴频器的"对称"即由此而来。鉴频器输出电压从 MN 间取出。根据推算,输出电压可表示为电容 C_3 和 C_4 的电压之差,即

$$u_{\mathrm{o}} = \frac{1}{2}(u_{\mathrm{C4}} - u_{\mathrm{C3}})$$

而 u_{C4} 和 u_{C3} 也可以用二极管 V_{D1}，V_{D2} 上的检波电压 $u_{V_{\mathrm{D1}}}$，$u_{V_{\mathrm{D2}}}$ 来表示，并且 $u_{\mathrm{CD}} = u_{\mathrm{C3}} + u_{\mathrm{C4}}$ 经过推算可得到输出表达式为

$$u_{\mathrm{o}} = \frac{1}{2}u_{\mathrm{CD}}\left(1 - \frac{2}{1 + \dfrac{u_{V_{\mathrm{D2}}}}{u_{V_{\mathrm{D1}}}}}\right)$$

由上式可知:输出低频电压 u_{o} 与比值 $u_{V_{\mathrm{D2}}}/u_{V_{\mathrm{D1}}}$ 有关,故称对称比例鉴频器。

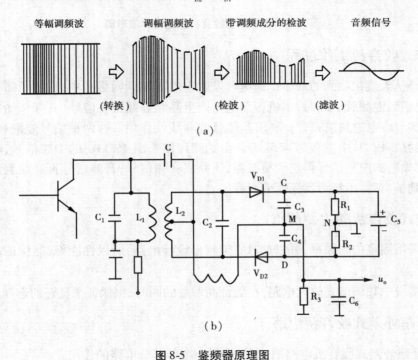

图 8-5　鉴频器原理图

第四节　晶体管超外差式收音机

超外差式收音机是把接收到的电台信号与本机振荡信号同时送入变频管进行混频,并始终保持本机振荡频率比外来信号频率高 465kHz,通过选频电路,取出两个信号的"差额"进行中频放大。这种电路叫做超外差式电路,采用此电路的收音机叫做超外差式收音机。

一、超外差式收音机的基本组成

超外差式收音机由输入回路、变频级、中频放大级、检波级、AGC 电路、低频放大级、功率放大级和扬声器组成,其方框图与各部分波形如图 8-6 所示。

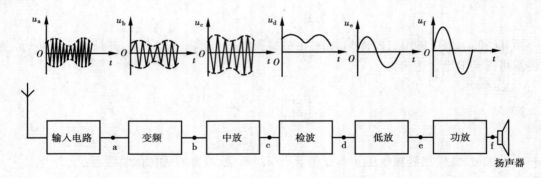

图 8-6　超外差式收音机方框图和波形图

二、超外差式收音机工作过程

输入回路从天线接收到的许多广播电台发射出的高频调幅信号中,选出所需要接收的电台信号,将它送到混频管。同时,本机振荡电路产生高频等幅振荡信号(其频率始终保持比外来信号高 465kHz)也送到混频管。利用晶体管的非线性作用。这两种信号经混频后,输出多种不同频率的信号。其中差频为 465kHz。由选频回路选出 465kHz 的中频信号,将其送到中频放大,经放大后的中频信号再送到检波器,还原成音频信号;音频信号再经前置低频放大和功率放大送到扬声器,由扬声器还原成声音。

三、超外差式收音机的主要优点

①由于采用固定中频频率,可以针对固定频率设计电路,所以性能好,能保证高灵敏度和高增益。

②采用多级中频调谐式放大电路,在保证高增益的同时,也保证了良好的选择性。

四、晶体管超外差式收音机电路

图 8-7 是超外差式收音机电路图,下面简要介绍各部分电路的作用。

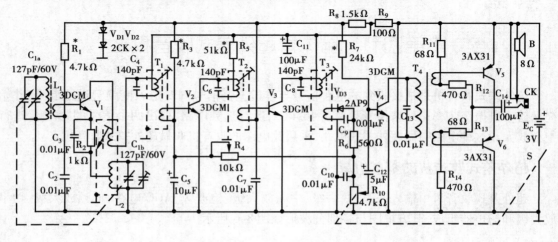

图 8-7　超外差式收音机电路图

1. 输入回路

由 L_1，C_{1a} 组成串联谐振回路，其作用是选频。改变 C_{1a} 的容量，可改变谐振频率，从而选出所要接收的电台信号，通过 L_1 耦合送至变频管的基极。

2. 变频级

由三极管 V_1 及相关元件 R_1，C_2，C_3，R_2，C_{1b}，L_2，C_4，B_1 初级等组成。其中 L_2，C_{1b} 组成本机振荡电路，与三极管 V_1 配合产生高频等幅振荡信号。三极管 V_1 既是振荡管同时又是混频管，本振信号采用发射极注入。V_1 混频后的中频信号由并联谐振回路（B_1 初级与 C_4 组成）选出并送入 V_2 基极进行中频放大。

3. 中放级

由 V_2，V_3 及相关元件 C_5，C_6，B_2，R_5，C_7，C_8，B_3 初级等组成二级单调谐放大器，保证足够的增益和带宽。中频频率为 465kHz，带宽为 10kHz（465 ± 5kHz），中频变压器 B_1，B_2，B_3 谐振在中频 465kHz。

4. 检波级

由二极管 V_{D3} 及 C_9，R_6，C_{10} 和电位器 R_{10} 组成，它包含检波器和自动增益控制电路。

检波器是将输入的中频信号利用二极管的非线性，把调幅中频信号变成去掉载波并保持其包络不变的低频信号。低频信号经 C_{12} 耦合到 V_4 进行低频放大。

自动增益控制电路的作用是：当收音机所接收的电台的信号强度变化较大时，其输出变化较小，即音量变化不大。检波电流中的直流分量在 R_{10} 上形成上负下正的电压。这个电压与信号强弱成正比，通过 R_4 引入到第一级中放管 V_2 的基极，构成自动增益控制。外来信号越强，V_2 的基极电位越弱，放大倍数也越小，使整个电路对强信号放大倍数小而对弱信号放大倍数大，起稳定增益的作用。

5. 低频放大和功率放大级

三极管 V_4 及有关元件组成电压放大，起推动末级功率放大电路作用。V_5 和 V_6 及有关元件组成变压器甲乙类推挽功率放大电路。由于变压器推挽电路元件少，功率增益大，所以目前仍在一部分收音机中采用。有些收音机的功放电路采用 OTL 电路。

V_1，V_2，V_3 和 V_4 的偏置电压取自两个正向二极管（V_{D1} 和 V_{D2}），其稳压值约为 1.4V，它能保证电池电压较低时也有足够的偏压。整机增益约为 80dB。

小 结 八

①无线电波是电磁波的一种，其主要任务是传送信号。

②无线电波传播的途径有 3 条：沿地面传播的地面波、在空间两点间传播的空间波和靠空中电离层的折射和反射作用传播的天波。

③无线电广播过程实质上是：声—电—声的转换过程。发射端将声音信号转变为电信号经过调制放大后用天线发射出来；接收端用天线接收到信号经过解调放大后，用喇叭还原出声音。

④调幅是指高频载波的幅度随音频信号而变化，但载波的频率不变。

⑤检波的作用主要是从已调制的调幅中频信号中取出原调制的音频信号。

⑥调频是指高频载波的频率随音频信号而变化,但载波的幅度不变。

⑦鉴频器的主要任务是从调频信号中恢复原音频调制信号。

⑧对称比例鉴频器是一种典型的鉴频器,其输出电压 u_o 与比值 $u_{V_{D1}}/u_{V_{D2}}$ 有关,故称对称比例鉴频器。

⑨晶体管超外差式收音机由输入回路、高频级、中频放大级、检波级、AGC 电路、前置低频放大级和功放等电路组成。

习题八

一、填空题

1.无线电波从发射端到接收端的传播途径有两种,分别是_____和_____。

2.无线电波是_____波的一种,其传播速度等于光速,即_____米/秒。

3.无线电广播的实质是_____的转换过程,在发射端采用电子技术的方法将声音转换为_____,经调制后用天线发射出去;接收机接收到高频信号后,利用电子电路进行放大和解调,取出信号,通过喇叭还原成_____。

4.电视节目、调频电台节目、雷达都采用_____波方式传播,即视距传播,传播的_____与发射天线、接收天线的高度有关。

5.调频波比调幅波的频带_____。我国规定:调幅电台的频带宽_____;调频电台的频带宽_____;调频接收机的中频频率为_____。

二、判断题

1.调幅波比调频波的抗干扰性好,故调幅制传送信号的质量比调频制好。　　　　　　　　(　　)

2.超外差式收音机由于采用了固定中频频率,则性能好,能保证高灵敏度和高增益。

(　　)

3.无线电广播的调制过程只有调幅、调频两种。　　　　　　　　　　　　　　　　(　　)

4.分离元件的比例鉴频器既有鉴频功能,又能进行限幅。　　　　　　　　　　　　(　　)

5.收音机接收的电台信号变化较大时,自动增益控制电路能保证音量跟着变化。　　(　　)

6.对称比例鉴频器是调幅频的解调电路。　　　　　　　　　　　　　　　　　　　(　　)

7.题图 8-1 所示的波形中属于调频波的波形是 C 图。　　　　　　　　　　　　　(　　)

8.无线电传播的途径有地面波、天波和空间波三种。　　　　　　　　　　　　　　(　　)

9.接收机的解调方法有检波和鉴频两种。　　　　　　　　　　　　　　　　　　　(　　)

三、选择题

1.调幅波的解调过程利用了二极管的(　　　　)。

　　A.单向导电性　　　　　B.非线性　　　　　C.线性特性　　　　　D.低频特性

2.无线电波波段的划分依据是(　　　　)。

　　A.波的基本特性　　　　B.节目性质　　　　C.频率 f、波长 λ　　　D.发射、接收途径

3.超外差式收音机混频器的功能是进行频率变换,保证本机振荡频率比信号频率高(　　　　)。

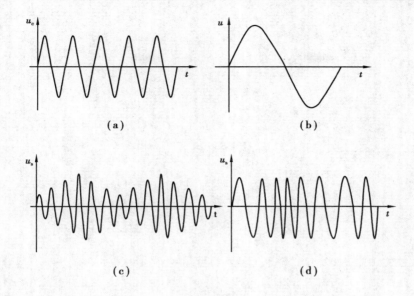

题图 8-1

A. 465kHz   B. 200kHz   C. 465Hz   D. 10kHz

4. 接收机中实现将高频调幅波还原为低频调制信号的电子线路是（　　）。

    A. 调谐回路   B. 放大电路   C. 扬声器   D. 检波器

5. 调频的过程是用低频调制信号控制载波（高频振荡信号）的（　　）。

    A. 幅度   B. 频率   C. 相位   D. 初相位

6. 调频波是一种（　　）。

    A. 电压正弦波   B. 高频载波   C. 余弦波   D. 等幅波

四、简答题

1. 无线电波的传播途径有哪些？各自的特点是什么？各适用于哪些波段？

2. 什么叫调幅？

3. 检波级的作用是什么？

4. 什么叫调频？

5. 鉴频器的作用是什么？

6. 对称比例鉴频器的特点有哪些？

7. 画出超外差式收音机方框图，简述其基本原理，并指出各部分的作用。

第二篇 数字电路

- 数字电路基础
- 组合逻辑电路
- 时序逻辑电路
- 数字电路在脉冲电路中的应用
- 数-模和模-数转换技术

数字电路应用十分广泛,目前所见到的大部分家用电器,如电视机、录像机、电冰箱、洗衣机、电风扇、电子钟表、电子照相机等都有大量的数字电路,而且正迅速向数字化方向发展,如数字音响、数字电视接收机、数字录像机,等等。

所谓数字化就是指将模拟信号转化为数字信号,并利用数字电路完成其信号的处理和传输。它与传统的模拟电路处理方式相比具有极大的优点,主要体现为信号在传输过程中失真小,保密性强,易实现高保真,同时便于与计算机系统相连。

数字电路也是由晶体管、场效应管及其有关元器件组成。它与模拟电路不同的是管子不是工作在放大状态,一般是工作在截止或饱和状态。因而,电路的输出状态基本上只有"高"、"低"两种电平。高电平通常用"1"来表示,低电平通常用"0"来表示。

数字电路的主要特点:

①数字电路的基本信号是二进制的数字信号,它在时间上和数值上是间断的,不是连续变化的,而是只有"0"和"1"两个基本数字。这个数字反映到电路上的状态就是关断和接通,反映到电平上就是高和低。

②数字电路中的晶体管或场效应管,在稳定状态时,都是工作在开、关状态。

③数字电路中主要研究的问题是输入信号的状态("0"和"1")和输出信号的状态("1"和"0")之间的关系,也就是常说的逻辑关系,即电路的逻辑功能。所以,数字电路中的基本问题是如何分析出电路的逻辑功能和如何找到能完成某个逻辑要求的电路,即逻辑分析和逻辑设计。

④数字电路所用的数学工具是逻辑代数,也称布尔代数。

⑤数字电路目前已生产出具有某种功能或某些功能的定型集成电路。它们有若干个输入端和若干个输出端,使用时按要求接好外围电路即可工作,完成某种电路功能。

由此可见,要学习好数字电路知识,必须学习数字电路基础。

第一节　数制及代码

一、数制

数制就是计数的制度。常用的计数制度有以下几种:

1.十进制数

十进制数一共有 0~9 十个数码(0,1,2,3,4,5,6,7,8,9)。计数的原则是"逢十进一"。这种数制人们最熟悉,简单明了,十分方便;这种数制的缺点是有 10 个状态,很难在电路中处理和运算。

2.二进制数

二进制数只有两个数码:"0"和"1"。计数的原则是"逢二进一"。数字电路及计算机中通常都采用二进制。在电路中实现二进制数是很容易的。

例如,可用开关的"断开"表示"0","接通"表示"1";也可用三极管的"截止"(输出高电平)代表"1","饱和"(输出低电平)代表"0"。当然,这种代表法也可以作相反的定义,一旦确定就必须遵守。

3.十六进制数

十六进制数要用 16 个数码表示,分别为 0,1,2,3,4,5,6,7,8,9,A,B,C,D,E,F。计数的原则是"逢十六进一"。它的前 10 个数码与十进制相同,不同的是后 6 个数码用英文字母 A ~ F 代表。

4.数制间的转换

(1)由十进制数转换成二进制数

一般采用除 2 取余法。具体的方法是:将已知的十进制数反复除以 2,若余数为 1,则相应二进制数码为 1;若余数为 0,则相应二进制数为 0;一直除到商为 0 为止,首次余数为最低位,最末次余数为最高位。

例 9-1　将十进制数 215 转变为二进制数。

$$
\begin{array}{ll}
2\,\underline{|\,215} & \text{余数} = 1 = K_0 \quad \text{最低位} \\
\quad 2\,\underline{|\,107} & \text{余数} = 1 = K_1 \\
\quad\quad 2\,\underline{|\,53} & \text{余数} = 1 = K_2 \\
\quad\quad\quad 2\,\underline{|\,26} & \text{余数} = 0 = K_3 \\
\quad\quad\quad\quad 2\,\underline{|\,13} & \text{余数} = 1 = K_4 \\
\quad\quad\quad\quad\quad 2\,\underline{|\,6} & \text{余数} = 0 = K_5 \\
\quad\quad\quad\quad\quad\quad 2\,\underline{|\,3} & \text{余数} = 1 = K_6 \\
\quad\quad\quad\quad\quad\quad\quad 1 & \text{余数} = 1 = K_7 \quad \text{最高位}
\end{array}
$$

所以　　　　　　　　　　　　$(215)_D = (11010111)_B$

(2)由二进制数转换成十进制数

一般是按数码乘以权后相加。所谓权是指数码所在位置为 1 时所代表数值的大小,如无小数的二进制数的从右数第一位的 1 就代表十进制数 1,而右数第二位的 1 则代表十进制数

2,同理第三位则代表十进制数4。如此,我们说右数第一位的数是1,右数第二位的数是2,右数第三位的数是4,如此类推是8,16,32,…也可以写成$2^0,2^1,2^2,2^3,2^4,$…也可以用2^n表示第n位的十进制数大小,n从0开始。二进制数转换成十进制数的关系式为:

$$(N)_D = a_{n-1} \times 2^{n-1} + a_{n-2} \times 2^{n-2} + \cdots + a_1 \times 2^1 + a_0 \times 2^0$$

式中的n是二进制的位数;$2^{n-1},2^{n-2},\cdots,2^1,2^0$是各位的"权";$a_{n-1},a_{n-2},\cdots,a_1,a_0$是各位的数码。

例9-2　将二进制数(11010111)$_B$转换成十进制数。

$$(N)_D = 1 \times 2^7 + 1 \times 2^6 + 0 \times 2^5 + 1 \times 2^4 + 0 \times 2^3 + 1 \times 2^2 + 1 \times 2^1 + 1 \times 2^0$$
$$= 128 + 64 + 0 + 16 + 0 + 4 + 2 + 1 = 215$$

故　　　(11010111)$_B$ = (215)$_D$

(3)十进制数转换成十六进制数

因为$2^4 = 16$,所以一位十进制数相当于四位二进制数,因此可将十进制转换成二进制数,然后再从右到左按四位一组分组,再看一组二进制代表的十六进制数是几,则可得到十六进制数。例如,某十进制数转换成二进制数后是:01101011。

二进制数　　0110　1011
　　　　　　　↓　　　↓
十六进制数　　6　　　B

故该数用十六进制表示为:(01101011)$_B$ = (6B)$_H$。

若最左边一组不足四位则左边加0补齐即可:如10001,则写成00010001

二进制数　　0001　0001
　　　　　　　↓　　　↓
十六进制数　　1　　　1

故　　　(10001)$_B$ = (11)$_H$

二、代码

在数字系统中,数字、符号、文字、字母、汉字等等通常是用二进制数码或十六进制数码来表示的,这种数码称为它们的代码,常用的有 BCD 码、ASCII 码。

1. BCD 码即二-十进制代码

所谓二-十进制代码,即用四位二进制码代替一位十进制数码0～9,然后按十进制数的次序排列。它具有二进制数的形式,又具有十进制数的特点。它可以作为人与数字系统联系的一种中间表示。因为四位二进制码有16种取值组合,可选取其中10种表示0～9这10个数字,所以有多种二-十进制代码,其中最常用的是8421BCD 码。本书未做特殊说明时均指8421BCD 码。

例如:256 的 8421BCD 码为　　0010 0101 0110;

74.8 的 8421BCD 码为　　0111 0100. 1000。

值得注意的是 BCD 码每四位间应有空格。

8421BCD 码和二进制码、十进制码之间的关系如表9-1 所示。

表 9-1　几种代码关系

8421BCD 码	二进制码	十进制	8421BCD 码	二进制码	十进制
0000	0000	0	1001	1001	9
0001	0001	1	0001 0000	1010	10
0010	0010	2	0001 0001	1011	11
0011	0011	3	0001 0010	1100	12
0100	0100	4	0001 0011	1101	13
0101	0101	5	0001 0100	1110	14
0110	0110	6	0001 0101	1111	15
0111	0111	7	0001 0110	00010000	16
1000	1000	8	1001 1001	01100011	99

2. ASCII 码

这种代码原是美国国家信息交换标准码,后作为计算机信息交换标准码。

什么是 ASCII 码呢? 就是将某些数字、英文字母、数学符号以及某些图形用七位二进制码表示。

例如:数字 0 的 ASCII 码是 30H;

　　　　数字 1 的 ASCII 码是 31H;

　　　　数字 9 的 ASCII 码是 39H。

英文大写字母 A ~ Z 的 ASCII 代码是 41H ~ 5AH;小写英文字母 a ~ z 的 ASCII 代码是 61H ~ 7AH;"?"的 ASCII 码是 3FH;"%"的 ASCII 代码是 25H;" = "的代码是 3DH 等。

第二节　门电路

逻辑是指事物内部联系的规律性,因果关系则是其中最常见的一类。

门电路是一种开关电路,它主要由工作于开关状态的二极管、三极管及其他元件构成,可用来控制电脉冲通过或不通过。如果用门电路来实现因果关系,其"因"是门的输入信号,而"果"则是门的输出信号,这就是所谓的逻辑门电路。

门电路是任何数字逻辑电路或系统组成的基本部分之一。本节将介绍基本的逻辑关系、常用的门电路,集成门电路也将做一定介绍。

一、**基本逻辑关系**

基本的逻辑关系是:"与"关系、"或"关系和"非"关系,对应的逻辑运算为"与"运算(也称逻辑乘)、"或"运算(也称逻辑加)和"非"运算。

1."与"关系

这种关系是指:只有当决定某种结果的全部条件发生时(或各个条件全具备时),结果才发生。这种特定的因果关系称为"与"逻辑关系。如果用 Y 代表结果,而 A,B 等表示各个独立的条件,则这种"与"关系可以用如下关系式表示:

$$Y = A \cdot B$$

如果规定条件成立为"1",不成立为"0",那么 Y = 1 的条件是 A = B = 1,只要有一个原因(条件)为"0",则 Y = 0。例如图 9-1 是两个变量 A 和 B 构成的"与"关系电路。

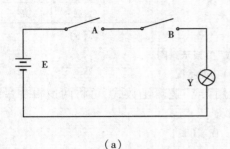

条件		结果
A	B	Y
通	通	亮
断	通	不亮
通	断	不亮
断	断	不亮

（a）　　　　　　　　　　　　　（b）

图 9-1　两变量"与"关系示意图
(a)原理图;(b)功能状况

注意:上述的"1"或"0"不是指数字大小,而是指两种不同状态。例如上述图中的 A = B = 1 表示通,A = B = 0 表示断。

"与"关系在进行逻辑运算时应做逻辑乘。运用"与"逻辑函数式,可将两逻辑变量的运算结果表示如下:

$$0 \cdot 0 = 0 \qquad 0 \cdot 1 = 0$$
$$1 \cdot 0 = 0 \qquad 1 \cdot 1 = 1$$

如已知"与"门输入的波形,则可根据"与"运算的逻辑功能画出输出 Y 的波形(见图 9-2),即输出波形是输入逻辑变量经过"与"运算的结果。

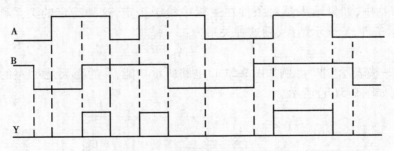

图 9-2　"与"门的波形关系

2."或"关系

"或"关系是指:只要决定某种结果的各种条件当中任何一个条件具备时,结果就会发生。这种特定的因果关系称为"或"关系。如果用 A,B 表示条件,而 Y 表示结果,"或"关系可以用下式表示:

$$Y = A + B$$

其中,"+"读作"或"。

例如,图 9-3 是"或"关系的例子。

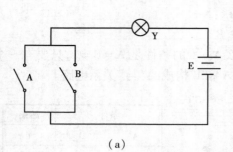

条件		结果
A	B	Y
通	断	亮
断	通	亮
断	断	不亮
通	通	亮

（a）   （b）

图 9-3   两变量"或"关系示意图

（a）原理图;（b）功能状况

"或"关系在进行逻辑运算时应做逻辑加,运用"或"逻辑函数式,可将两逻辑变量的运算结果表示如下:

$$0+0=0 \qquad 0+1=1$$
$$1+0=1 \qquad 1+1=1$$

若已知"或"门输入的波形,则可根据"或"运算的逻辑功能画出输出 Y 的波形（见图 9-4）,即输出波形是输入逻辑变量经过"或"运算的结果。

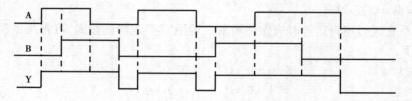

图 9-4   "或"门的波形关系

3."非"关系

在任何事物中,如果结果是对条件在逻辑中给予否定,这种特定的关系称为"非"关系。如果用 A 表示条件,Y 表示结果,则这种关系为:

$$Y = \overline{A}$$

$\overline{A}$上面的一横表示"非"。例如图 9-5（a）电路所示功能,Y 的亮灭是对 A 的否定。如用三极管来实现则如图 9-5（b）所示。

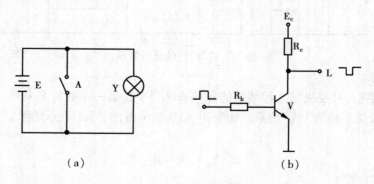

（a）   （b）

图 9-5   "非"示意图

"非"关系在进行逻辑运算时应做逻辑取反。运算结果如下：

$$\overline{0} = 1 \qquad \overline{1} = 0$$

3 种基本逻辑关系的逻辑符号如图 9-6 所示。

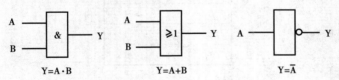

图 9-6　3 种基本逻辑关系符号及对应关系

二、常用逻辑门电路

常用门电路的内部结构尽管千差万别，但同一类门电路的功能是相同的。因此除二极管门电路外，只介绍它们的逻辑符号和所完成的逻辑运算。

1. "与"门电路

如图 9-7 所示是"与"门电路，其右边列出其因果关系、真值表和代表符号。真值表是逻辑关系的一种表示方法，它表明逻辑门电路输入端状态和输出端状态逻辑的对应关系，它包括了全部可能的输入值组合及其对应的输出值。

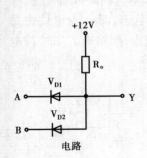

条件		结果
A	B	Y
0V	0V	0V
0V	3V	0V
3V	0V	0V
3V	3V	3V

因果关系

输入		输出
A	B	Y
0	0	0
0	1	0
1	0	0
1	1	1

真值表

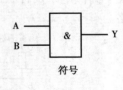

符号

图 9-7　"与"门电路

由图 9-7 可见，只有 A，B 两输入端均是电位 3V 时，Y 才输出 3V 高电位；其他情况，A，B 中只要有一个低电位时，其 Y 被箝位在 0V，输出低电位，实现了"与"逻辑关系：$Y = A \cdot B$。而真值表则是逻辑乘的结果，即

$$0 \times 0 = 0 \qquad 0 \times 1 = 0$$
$$1 \times 0 = 0 \qquad 1 \times 1 = 1$$

值得注意的是逻辑表达式中的逻辑变量 A，B 只能取"1"或"0"两个值，分别表示两个状态，即开或关，高电平或低电平。它不是用来计算电平值的，是用来计算逻辑结果的。

"与"门电路的逻辑功能：有低为低，全高为高。

2. "或"门电路

图 9-8 是"或"门电路、真值表及符号。

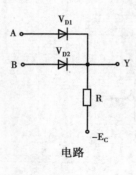

输入		输出
A	B	Y
0	0	0
0	1	1
1	0	1
1	1	1

真值表

符号

电路

图9-8 "或"门电路

由图9-8可见，A，B均是"0"时，Y是"0"；A，B中有一个是"1"时，Y为"1"，反之亦然。因为当A电位高时，V_{D1}导通，迫使V_{D2}截止；而当A，B均是高电位时，Y也是高电位，可见Y实现了Y＝A＋B的逻辑运算。真值表是逻辑加的结果，即

$$0+0=0 \qquad 0+1=1$$
$$1+0=1 \qquad 1+1=1$$

"或"门电路的逻辑功能：有高为高，全低为低。

3."非"门电路

"非"是取反的意思，一个量A取反的表示法，是在A上面加一横即$\overline{A}$，读作"A非"或"非A"。如图9-9所示的反相器就是"非"门电路，因为V是处在开关工作状态，而A点电位也是处于高低电平两种状态，只要高电平足以使V导通，低电平足以使V截止，则构成了"非"门电路。

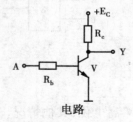

输入	输出
A	Y
0	1
1	0

真值表

符号

电路

图9-9 "非"门电路

由真值表可见，图9-9所示电路实现了"非"的运算：

$$\overline{0}=1 \qquad \overline{1}=0$$

以上给出了"与"门、"或"门和"非"门的例子，必须指出，各种门的具体电路很多，但它们都只完成基本逻辑运算，因而不论其结构是简单还是复杂，通常只注意它们的逻辑关系，因此同一功能的门电路不论复杂程度，均用一个符号代表。只不过有的门是分离元件，有的门是集成电路。

4."与非"门电路

这种电路的逻辑结构和符号如图9-10所示。

"与非"门电路的逻辑功能：有低为高，全高为低。

5."或非"门电路

这种电路的逻辑结构和符号如图9-11所示。

(a)

输入		输出
A	B	Y
0	0	1
0	1	1
1	0	1
1	1	0

(b)

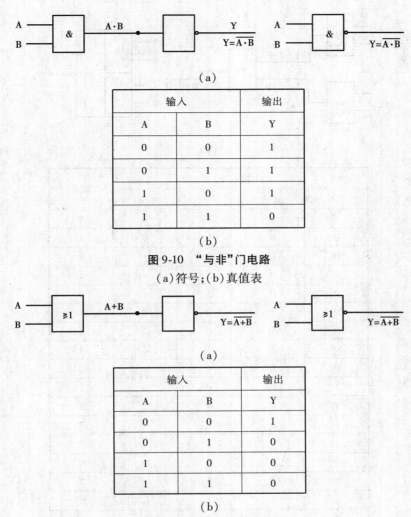

图 9-10　“与非”门电路

(a)符号;(b)真值表

(a)

输入		输出
A	B	Y
0	0	1
0	1	0
1	0	0
1	1	0

(b)

图 9-11　“或非”门电路

(a)符号;(b)真值表

“或非”门电路的逻辑功能:有高为低,全低为高。

6.“与或非”门电路

图 9-12 给出了这种电路的逻辑结构和符号。

由图 9-12 可见,电路是完成 $Y=\overline{A\cdot B+C\cdot D}$运算。

“与或非”门电路的逻辑功能:当输入端中任何一组全为高电平时,输出为低电平;当任一组输入端有低电平或所有输入端全为低电平时,输出为高电平。

7.“异或”门电路

图 9-13 是“异或”门电路逻辑结构和符号。

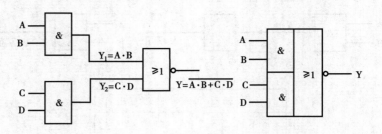

（a）

输入				输出
Y_1		Y_2		
A	B	C	D	Y
0	0	0	0	1
0	0	0	1	1
0	0	1	0	1
0	0	1	1	0
0	1	0	0	1
0	1	0	1	1
0	1	1	0	1
0	1	1	1	0
1	0	0	0	1
1	0	0	1	1
1	0	1	0	1
1	0	1	1	0
1	1	0	0	0
1	1	0	1	0
1	1	1	0	0
1	1	1	1	0

（b）

图9-12　"与或非"门电路

（a）符号；（b）真值表

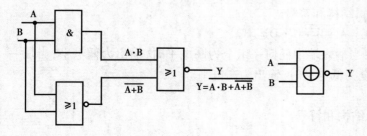

输入		输出
A	B	Y
0	0	0
0	1	1
1	0	1
1	1	0

（b）

（a）

图9-13　"异或"门电路

（a）符号；（b）真值表

由真值表可见其逻辑关系。这种运算可用关系式表示为：

$$A = A \oplus B$$

"异或"门电路的逻辑功能：输入相异输出为高，输入相同输出为低。

三、集成逻辑门介绍

上述介绍的门电路均是由单个分离元件（如电阻、电容、二极管和三极管等元件）连接而成的。在数字技术领域里广泛使用的数字集成电路，主要有 TTL 集成逻辑门电路和 CMOS 集成逻辑门电路。对集成逻辑门电路，主要应了解它的逻辑功能、外部特性，以便应用。

1. TTL 集成逻辑门

TTL 集成逻辑门电路是指：三极管-三极管逻辑门电路，它的输入端和输出端都是由三极管构成。由于采用集成工艺，电路元件及连线互不分离地结合在一片硅片上，所以集成门电路具有体积小、重量轻、功耗低、负载能力强、抗干扰能力好等优点，从而得到广泛的应用。

我国生产的 TTL 集成电路主要有五大系列，见表 9-2。其中，CT74LS 系列为现代主要应用产品，ALS 系列的工作速度和功耗都很低。

表 9-2　**TTL 主要产品系列**

系列	子系列	名称	国标型号	部标型号
TTL	TTL	基本型中速 TTL	CT54/74	T1000
	HTTL	高速 TTL	CT54/74H	T2000
	STTL	超高速 TTL	CT54/74S	T3000
	LSTTL	低功耗 TTL	CT54/74LS	T4000
	ALSTTL	先进低功耗 TTL	CT54/74ALS	

TTL 集成电路大多采用双列直插式塑料封装，其管脚编号判断方法是将标志（半圆形凹口）置于左端，引脚向下，从左端小圆点处开始逆时针依次读出序号。如图 9-14 所示为 CT74LS00（四 2 输入与非门，即 4 个与非门，每个与非门均有 2 个输入端）的引脚编号及功能含义。图中 A，B 为各门电路的输入端，Y 为输出端。以 1A，1B，1Y；2A，2B，2Y 等字头数字区分 4 个与非门。V_{CC}（⑭脚）为共用电源正端，GND（⑦脚）为共用接地端。CT74LS00 简称 74LS00。

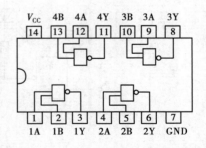

图 9-14　**74LS00 外引脚排列图**

在 TTL 集成逻辑门电路产品系列中，除与非门外还有其他功能产品，如或非门、与或非门、与门、或门、异或门等。我们只要掌握了它们的逻辑功能及电路外特性即可应用。

2. CMOS 集成逻辑门

MOS 器件的基本结构有 N 沟道和 P 沟道两种，相应的有 3 种逻辑门电路：由 PMOS 管构成的 PMOS 门电路、由 NMOS 管构成的 NMOS 门电路和由 PMOS 管与 NMOS 管构成的互补型 CMOS 门电路。其中，CMOS 门电路特别适用于通用逻辑电路设计，故应用最广泛，实际应用中多为 CMOS 门电路。

CMOS 门电路与 TTL 门电路相比具有功耗低、开关速度高、抗干扰能力强和输出幅度大等优点,特别适用于大规模数字集成电路(如存储器和微处理器)设计制造。

CMOS 门电路产品系列见表 9-3 所示。

表 9-3　CMOS 集成电路主要产品系列

系列	子系列	名称	国标型号	部标型号
CMOS	CMOS	互补场效应管型	CC40000	C00
	HCMOS	高速 CMOS	CT54/74HC	
	HCMOST	与 TTL 兼容的高速 CMOS	CT54/74HCT	

CMOS 集成门电路的外形封装与 TTL 集成门电路相同,如 CC40001 为四 2 输入或非门,内含 4 个两输入端的或非门。为与 TTL 集成门电路区别,共用电源正端用 V_{DD}(⑭脚)表示,共用接地端用 V_{SS}(⑦脚)表示。

3. 集成逻辑门电路使用注意事项

(1)TTL 与 CMOS 逻辑门电路之间的接口

TTL 和 CMOS 两种门电路可能存在电平高低差异,因此在两种电路之间应有接口电路,保证电路的正常工作。

(2)TTL 与 CMOS 的外接负载

在实际应用中往往需要用 TTL 或 CMOS 电路去驱动指示灯、发光二极管(LED)及其他显示器等负载。一般 TTL 或 CMOS 电路输出端可直接驱动 LED 等一类负载,如图 9-15(a),(b)所示。若需较大的负载电流,则需加接一至二级驱动电路,如图 9-15(c),(d)所示。

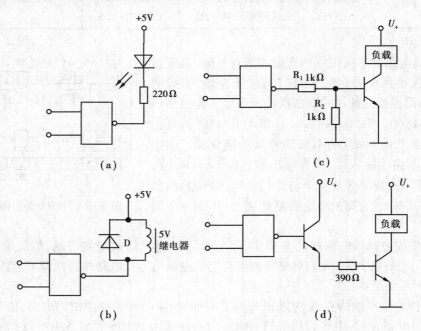

图 9-15　TTL 或 CMOS 电路外接负载实例

（3）多余输入端的处理

集成逻辑门电路在使用时，一般不让多余的输入端悬空，以防止干扰信号引入。对多余输入端的处理以不改变电路工作状态及稳定可靠为原则。

对于 TTL 与非门，一般可将多余的输入端通过上拉电阻接电源正端；对 CMOS 电路，多余输入端可根据需要使之接地（或非门）或接电源正端（与非门）。

第三节　逻辑代数的基本定律

一、逻辑代数的基本概念

分析数字逻辑电路的数学工具是逻辑代数，也称布尔代数。逻辑代数与普通代数的共同点是：逻辑代数也用 A，B，C，…，X，Y，Z 等表示变量；不同的是：这些变量的取值与普通代数不同，只有"0"和"1"两个值，这种变量称为"逻辑变量"。逻辑代数中的"1"和"0"不再表示数值的大小，而是代表两种互相对立的可能性或两种不同的物理状态，故称"逻辑 0"和"逻辑 1"。表 9-2 是常见的对立逻辑状态举例。

表 9-4　常见对立逻辑举例

类别＼状态	判断	开关	灯泡	晶体管	输出		逻辑值
一种	真	通	亮	截止	高电位	有脉冲	1
二种	假	断	灭	饱和	低电位	无脉冲	0

关于逻辑值的定义也可以相反，但是一经确定，在其系统中就必须遵守。

由逻辑变量构成的代数式 $F = f(A, B, C, \cdots)$ 反映的是逻辑变量 F 与逻辑变量 A，B，C，… 之间的逻辑关系，所以 F 又称逻辑函数。

逻辑代数就是研究这种代数的基本运算、基本运算规律和代数化简的代数。

二、逻辑代数的基本运算法则

逻辑代数有与普通代数类似的交换律、结合律和分配律等基本运算法则，还有其自身特有的规律。表 9-5 列出了逻辑代数的基本公式。这些关系都可用一定方法证明，下面证明其中一个关系式。

例 9-3　证明 $A + BC = (A + B)(A + C)$

证明　$(A + B)(A + C) = A \cdot A + A \cdot C + B \cdot A + B \cdot C$

$$= A + A \cdot B + A \cdot C + B \cdot C$$

$$= A(1 + B + C) + B \cdot C$$

因　$1 + B + C = 1$

故　$(A + B)(A + C) = A + BC$　　　　　　　证毕

表 9-5　逻辑代数的基本公式

名　称	公　式	
0-1 律	$A \cdot 0 = 0$	$A + 1 = 1$
自等律	$A \cdot 1 = A$	$A + 0 = A$
等幂律	$A \cdot A = A$	$A + A = A$
互补律	$A \cdot \overline{A} = 0$	$A + \overline{A} = 1$
交换律	$A \cdot B = B \cdot A$	$A + B = B + A$
结合律	$A \cdot (B \cdot C) = (A \cdot B) \cdot C$	$A + (B + C) = (A + B) + C$
分配律	$A(B + C) = AB + AC$	$A + BC = (A + B)(A + C)$
吸收律	$A(A + B) = A$	$A + AB = A$
非非律	$\overline{\overline{A}} = A$	

三、逻辑代数的基本定理

逻辑代数的基本定理是摩根定理：

①$\overline{A \cdot B \cdot C \cdots} = \overline{A} + \overline{B} + \overline{C} + \cdots$

②$\overline{A + B + C + \cdots} = \overline{A} \cdot \overline{B} \cdot \overline{C} \cdots$

其证明方法可以用真值表来说明。若只取两个变量,真值表如下：

$\overline{A + B}$与$\overline{A} \cdot \overline{B}$真值表　　　　$\overline{A \cdot B}$与$\overline{A} + \overline{B}$真值表

A	B	$\overline{A+B}$	$\overline{A} \cdot \overline{B}$
0	0	1	1
0	1	0	0
1	0	0	0
1	1	0	0

A	B	$\overline{A \cdot B}$	$\overline{A} + \overline{B}$
0	0	1	1
0	1	1	1
1	0	1	1
1	1	0	0

由表可见,在 A,B 不同状态组合下,两种关系表示的结果是完全相同的,因而它们的逻辑关系相等,即：

$$\overline{A + B} = \overline{A} \cdot \overline{B} \qquad \overline{A \cdot B} = \overline{A} + \overline{B}$$

如果是 3 个变量,把其中两个看成一个,可以用类似的方法得到一个中间结果,再用上述方法可以得到：

$$\overline{A \cdot B \cdot C} = \overline{A} + \overline{B} + \overline{C} \qquad \overline{A + B + C} = \overline{A} \cdot \overline{B} \cdot \overline{C}$$

因而可以推广成前面提到的关系,说明该关系是正确的。

四、逻辑函数的简化

逻辑函数的常用化简方法有两种：一种是代数化简法,就是利用代数公式和定理进行化简；另一种是卡诺图化简法。本书只介绍代数化简法。

化简的判别标准有两条：

①函数的项数少；

②在项数最少的条件下，每项内的变量最少，此时称为最简函数。

在运用代数法化简时，常采用以下几种方法。

（1）并项法

利用 $A + \bar{A} = 1, AB + A\bar{B} = A$ 等式将两项合并为一项，并消去一个变量。如

$$\bar{A}\ \bar{B}C + \bar{A}\ \bar{B}\ \bar{C} = \bar{A}\ \bar{B}(C + \bar{C}) = \bar{A}\ \bar{B}$$

（2）吸收法

利用公式 $A + AB = A$ 吸收多余项。如

$$\bar{A}B + \bar{A}BCD = \bar{A}B$$

（3）消去法

因为 $A + \bar{A}B = (A + \bar{A})(A + B) = 1 \cdot (A + B) = A + B$，所以利用 $A + \bar{A}B = A + B$ 消去多余因子。如

$$AB + \bar{A}C + \bar{B}C = AB + (\bar{A} + \bar{B})C = AB + \overline{AB}C = AB + C$$

（4）配项法

一般是在适当项中，配上 $A + \bar{A} = 1$，同其他项的因子进行化简。如

$$
\begin{aligned}
A\bar{B} + B\bar{C} + \bar{B}C + \bar{A}B &= A\bar{B} + B\bar{C} + (A + \bar{A})\bar{B}C + (C + \bar{C})\bar{A}B \\
&= A\bar{B} + A\bar{B}C + B\bar{C} + \bar{A}B\bar{C} + \bar{A}\ \bar{B}C + \bar{A}BC \\
&= A\bar{B} + B\bar{C} + \bar{A}C
\end{aligned}
$$

例 9-4　化简 $Y = AB + A\bar{B} + \bar{A}\ \bar{B} + \bar{A}B$。

解　$Y = A(B + \bar{B}) + \bar{A}(\bar{B} + B) = A + \bar{A} = 1$

例 9-5　化简 $Y = \bar{A} + \bar{B} + AB$。

解　$Y = \bar{A} + \bar{B} + AB = (\bar{A} + AB) + \bar{B} = \bar{A} + B + \bar{B} = \bar{A} + 1 = 1$

例 9-6　化简 $Y = AB + \bar{A}\ \bar{C} + B\bar{C}$。

解　$Y = AB + \bar{A}\ \bar{C} + B\bar{C} = AB + \bar{A}\ \bar{C} + (A + \bar{A})B\bar{C}$
$\qquad = AB + \bar{A}\ \bar{C} + AB\bar{C} + \bar{A}B\bar{C} = (AB + AB\bar{C}) + (\bar{A}\ \bar{C} + \bar{A}CB) = AB + \bar{A}\ \bar{C}$

例 9-7　化简 $Y = AD + A\bar{D} + AB + \bar{A}C + BD$。

解　$Y = AD + A\bar{D} + AB + \bar{A}C + BD = (AD + A\bar{D}) + AB + \bar{A}C + BD$
$\qquad = A + AB + \bar{A}C + BD = A + \bar{A}C + BD = A + C + BD$

例 9-8　求证：$\overline{AB + \bar{A}C} = A\bar{B} + \bar{A}\ \bar{C}$。

证明　$\overline{AB + \bar{A}C} = (\overline{AB}) \cdot (\overline{\bar{A}C}) = (\bar{A} + \bar{B})(A + \bar{C}) = A\bar{B} + \bar{A}\ \bar{C} + \bar{B}\ \bar{C}$
$\qquad\qquad = A\bar{B} + \bar{A}\ \bar{C} + (A + \bar{A})\bar{B}\ \bar{C} = A\bar{B} + \bar{A}\ \bar{C} + A\bar{B}\ \bar{C} + \bar{A}\ \bar{B}\ \bar{C}$
$\qquad\qquad = (A\bar{B} + A\bar{B}C) + (\bar{A}\ \bar{C} + \bar{A}\ \bar{C}\ \bar{B}) = A\bar{B} + \bar{A}\ \bar{C}$

例 9-9　求证：$\overline{A\bar{B} + \bar{A}B} = AB + \bar{A}\ \bar{B}$。

证明　$\overline{A\bar{B} + \bar{A}B} = (\overline{A\bar{B}}) \cdot (\overline{\bar{A}B}) = (\bar{A} + B)(A + \bar{B}) = \bar{A} \cdot A + \bar{A}\ \bar{B} + AB + B\bar{B}$
$\qquad\qquad = AB + \bar{A}\ \bar{B}$

第四节　逻辑电路图、逻辑表达式与真值表之间的互换

一、逻辑电路的表示方式

逻辑电路可以用多种方法表示:逻辑电路图、真值表、逻辑表达式、波形图和卡诺图等。其中,最常用的是逻辑电路图、逻辑表达式和真值表。各种表示方法之间可以相互转化。

二、逻辑电路图与逻辑表达式之间的互换

由逻辑电路图转化为逻辑表达式的方法是:从电路图的输入端开始,逐级写出各门电路的逻辑表达式,一直到输出端。

例 9-10　将图 9-16 转化为逻辑表达式。

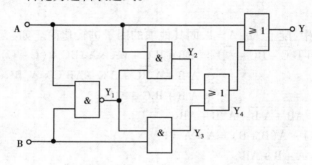

图 9-16　例 9-10 的图

解　依次写出 Y_1, Y_2, Y_3, Y_4 的逻辑表达式:

$$Y_1 = \overline{AB} \qquad\qquad Y_2 = AY_1 = A\,\overline{AB}$$

$$Y_3 = Y_1 B = \overline{AB}B \qquad\qquad Y_4 = Y_2 + Y_3 = A\,\overline{AB} + B\,\overline{AB}$$

最后写出 Y 的表达式:

$$Y = A + Y_4 = A + A\,\overline{AB} + B\,\overline{AB}$$

由逻辑表达式转化为逻辑电路图的方法是:根据表达式中逻辑运算的优先级别(逻辑运算的优先级是非→与→或,有括号先算括号)用相应的门电路实现对应的逻辑运算。

例 9-11　根据 $Y = (A + B) \cdot \overline{A + B}$ 画出逻辑电路图。

解　分析逻辑表达式

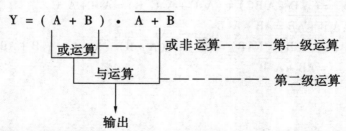

根据分析结果画电路图:第一级有两种运算(或和或非),可同时完成;第二级一种运算(第

一级运算结果参与第二级运算),如图 9-17 所示。

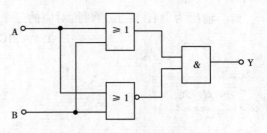

图 9-17 例 9-11 的逻辑电路图

三、逻辑表达式与真值表的互化

由逻辑表达式转化为真值表的方法是：

①若输入端数为 n,则输入端所有状态组合数为 2^n。

②列表时,输入状态按 n 列、2^n 行画好表格,然后从右到左,在第一列中填入 $0,1,0,1,\cdots$ 在第二列中填入 $0,0,1,1,0,0,1,1,\cdots$ 在第三列中填入 $0,0,0,0,1,1,1,1,\cdots$ 依次类推,直到填满表格,最后将每一行中各输入端状态分别代入表达式中,计算并填好结果。

例 9-12 列出 $Y = (A + B)\overline{AB}$ 的真值表。

解 输入端有 2 个,应列 2 列、2^2 行的真值表;再将每一行分别代入式中求出值填入表中。例如 $A = 0, B = 0$ 时,$Y = (0 + 0) \cdot \overline{0 \cdot 0} = 0$。

表 9-6 $Y = (A + B)\overline{AB}$ 的真值表

输入		输出
A	B	Y
0	0	0
0	1	1
1	0	1
1	1	1

由真值表转化为表达式的方法是：

①从真值表上找出输出为 1 的各行,把每行的输入变量写成乘积项:该变量为 0 时则取非,否则为原变量。

②相加各乘积项即为表达式。

例 9-13 将表 9-7 转化为逻辑表达式。

表 9-7 例 9-13 真值表

输入			输出	
A	B	C	Y	
0	0	0	0	
0	0	1	1	←输出为 1:$\overline{A}\,\overline{B}C$
0	1	0	0	
0	1	1	1	←输出为 1:$\overline{A}BC$
1	0	0	0	
1	0	1	0	
1	1	0	0	
1	1	1	1	←输出为 1:ABC

解 输出为1有二、五、八行,对应的三个乘积项为:$\overline{A}\ \overline{B}C$,$\overline{A}BC$,$ABC$。逻辑表达式为:

$$Y = \overline{A}\ \overline{B}C + \overline{A}BC + ABC$$

小 结 九

①数制就是计数的制度。

本章主要介绍了十进制数、二进制数和十六进制数的表示方法以及不同进制数的相互转换,在数字电路中,主要应用二进制数。

若需要将十进制正整数转换为任意进制整数,可以采用除 R 取余法,这里 R 为进位制数。这种方法就是用 R 去除十进制整数,第一次得到的余数即为该进制数的最低位系数,再继续除 R 取系数,直到商等于 0 为止,最后得到的系数为最高位系数。

用 4 位二进制码来表示一位十进制数,称为二-十进制编码,简称 BCD 码。常用8421BCD 码。

②基本逻辑关系有 3 种:"与"逻辑关系、"或"逻辑关系和"非"逻辑关系。实现这 3 种逻辑关系的电路,称为基本逻辑门,有"与"门、"或"门和"非"门,它们可以完成基本逻辑运算——逻辑乘、逻辑加、逻辑反运算。

除了 3 种基本逻辑门之外,还有许多复合门,如:"与非"门、"或非"门、"与或非"门、"异或"门等。每一种门电路的输出与输入之间都有确定的逻辑关系。

③逻辑代数是用来描述逻辑函数,反映逻辑变量运算规律的。数字逻辑变量是用来表示逻辑关系的二值量,它的取值只有"0"和"1"两种,代表逻辑状态而不是数量。

逻辑函数通常有 5 种表达形式,即真值表、逻辑表达式、逻辑图、波形图和卡诺图。它们之间可以相互转换。

逻辑函数的化简有公式法和卡诺图化简法两种。本章只介绍了公式法化简方法,它需要熟练运用公式,同时存在着一定的技巧性。

逻辑电路图、真值表、逻辑表达式之间可以实现两两互换。

常见逻辑门及其逻辑功能如表9-8 所示。

表9-8　常见逻辑门及其逻辑功能

逻辑关系	逻辑功能
"与"门	有低为低,全高为高
"或"门	有高为高,全低为低
"非"门	取反
"与非"门	有低为高,全高为低
"或非"门	有高为低,全低为高
"与或非"门	有低为高,全高为低
"异或"门	输入相异输出为高,输入相同输出为低

习题九

一、填空题

1. 二进制数的特点有:一是_____;二是_____。

2. 二进制数转换成十进制数常采用_____法。

3. 十进制数转换成二进制数常采用_____法。

4. 二进制数 1101,用位权和数码,其展开式为_____。

5. $(215)_{10} = ($ _____ $)_2$

6. $(110110)_2 = ($ _____ $)_{10}$

7. 在画 3 个输入端逻辑电路的真值表时,一般画_____行_____列。

8. 基本的逻辑关系是:_____、_____、_____。

9. 逻辑变量的取值范围只有_____和_____两个值。

10. 在运用代数法化简时,常采用_____、_____、_____和_____法。

11. $AB + A\overline{B} = $ _____ $, A + \overline{A}B = $ _____。

12. $A + \overline{A} = $ _____

13. 当 $A=0,B=1,C=0$ 时,逻辑函数式 $Y = (\overline{ABC} + \overline{BC} + A) \cdot (\overline{A+B}) \cdot AC$ 的值 $Y = $ _____。

14. $Y = ABC + AB$ 的最简式为_____。

15. 化简 $(A + B + \overline{C})\overline{CD} + (B + \overline{C})(\overline{ABC} + \overline{B}\,\overline{C}) = $ _____。

16. $Y = \overline{A} + \overline{B} + AB$ 的最简式为_____。

二、判断题

1. $(111)_2 = (7)_{10}$ ( )

2. 在数制电路,采用的数码"0""1"是表示不同的两种状态。 ( )

3. 逻辑代数式 $A + 1 = A$。 ( )

4. 逻辑代数式 $AB + \overline{AB} = 0$。 ( )

5. 同一逻辑函数的表达式是唯一的。 ( )

6. 真值表可以用来检验逻辑函数是否相等。 ( )

7. 任何一个逻辑函数式总可以用逻辑电路与之对应。 ( )

8. 逻辑电路图、逻辑表达式与真值表之间可以做互换。 ( )

9. $(A + B)(A + C) = A + B \cdot C$ ( )

10. 化简 $Y = \overline{\overline{A}BCD} + \overline{A}BCD = A$。 ( )

三、选择题

1. 下列各式,完全正确的有( )。

A. $A + A = A$, 　　A. $A = A$, 　　A. $A = 1$

B. $A + 1 = 0$, 　　A. $1 = 1$, 　　$\overline{A} = A$

C. $A + 0 = 0$, 　　A. $0 = 0$, 　　A. $\overline{A} = 0$,

D. $A + \overline{A} = 1 + B$, 　　$A + 0 = A \cdot A$, 　　A. $\overline{A} = C \cdot 0$

2. 如题图 9-1 所示,其逻辑表达式为(　　　)。

A. $\overline{\overline{A}.B} + \overline{B}$ 　　　B. $\overline{A.B} + \overline{B}$ 　　　C. $\overline{(A+B).\overline{B}}$ 　　　D. $\overline{A.\overline{B}+B}$

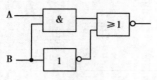

题图 9-1

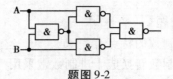

题图 9-2

3. 如题图 9-2 所示,其逻辑表达式为(　　　)。

A. $Y = \overline{\overline{A}.\overline{AB}.B}.\overline{AB}$ 　　B. $Y = \overline{\overline{AB}.B}.\overline{AB}$ 　　C. $Y = \overline{\overline{A}.\overline{AB}.BA}$ 　　D. $Y = \overline{\overline{A}.\overline{AB}.\overline{AB}}$

4. 对于或门逻辑电路,可以用来描述它的逻辑特点的是(　　　)。

　A. 全高为低,有低为高　　　　　　　　　B. 全低为低,有高为高

　C. 全低为高,有高为高　　　　　　　　　D. 有低为高,全高为低

5. 由逻辑函数式 $Y = \overline{A} + B$ 列出真值表为(　　　)。

A	B	Y
0	0	1
0	1	0
1	0	0
1	1	1

A.

A	B	Y
0	0	0
0	1	1
1	0	1
1	1	0

B.

A	B	Y
0	0	0
0	1	1
1	0	0
1	1	1

C.

A	B	Y
0	0	1
0	1	0
1	0	0
1	1	0

D.

四、作图题

1. 画出 3 种基本逻辑门电路符号及各门电路的对应关系表达式。

2. 画出逻辑函数式 $Y = ABD + \overline{B}CD + \overline{CD} + \overline{D}$ 的逻辑电路图。

五、简答题

怎样根据真值表写出逻辑函数式?

六、计算题

1. 求证:(1) $AB + A\overline{B} + \overline{A}C + \overline{A}\,\overline{C} = 1$

(2) $\overline{B}CD + BC\overline{D} + B\,\overline{C}\,\overline{D} + BCD = B$

2. 化简下列逻辑函数式

(1) $Y = A\overline{BC} + (A+B)C$

(2) $Y = A\overline{B} + ACD + \overline{A}\,\overline{B} + \overline{A}CD$

3. 根据下列真值表,写出相应的逻辑函数式,化简为最简函数式,并画出逻辑电路图。(用与非门来实现)

A	B	C	Y
0	0	0	0
0	0	1	0
0	1	0	1
1	0	0	0
0	1	1	0
1	0	1	1
1	1	0	1
1	1	1	1

实验十一

门电路逻辑功能测试

一、实验目的

①验证常用集成门电路的逻辑功能；
②掌握各种基本门电路的逻辑符号；
③了解集成电路的外引脚及使用方法。

二、实验方法

集成逻辑门电路是最简单、最基本的数字集成元件，从原则上讲，任何复杂的组合逻辑电路和时序逻辑电路都是由逻辑门电路通过适当的逻辑组合连接而成的。目前，已有种类齐全的集成门电路，例如："与非门"、"或门"、"非门"、"与门"等。虽然大规模集成电路相继问世，但组成某一系统时，仍少不了各种门电路。因此，掌握逻辑门电路的工作原理，熟练、灵活地使用逻辑门电路是数字技术工作者所必备的基本功之一。

①测试门电路逻辑高电平或低电平，可用万用表测电压值确定，也可用自制的"逻辑电平笔"显示（红色发光二极管亮表示高电平；绿色发光二极管亮表示低电平）。自制逻辑电平笔的方法附后。

②集成块（双列式）插入面包板的位置如实验图 11-1 所示。注意"1"脚位置不能插错，插集成块时，用力均匀插入。拔起集成块时，须使用专用起拔器。

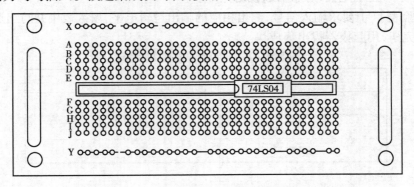

实验图 11-1　集成块（双列式）插入面包板

③连接导线时，为了便于区别，最好用有色导线区分输入电平的高低。例如，红色导线接高电平，表示输入为"1"；黑色导线接低电平，表示输入为"0"。（逻辑"1"为 3.6V 或通过 1 只 $1k\Omega$ 电阻接在 +5V 电源上；逻辑"0"是直接接地）

④直流稳压电源做实验时，调节输出电压为 +5V，作为集成块 E_c 用。

⑤实验前应熟悉被测集成门电路的引线排列图（见实验图 11-2）。

74LS00
四2输入与非门

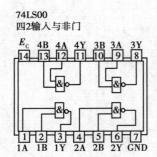

74LS04
六反相器

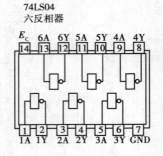

74LS86
四2输入异或门

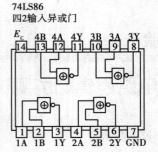

实验图 11-2　引脚排列图

三、实验仪器及器件

1. 仪器

①直流稳压电源 1 台;

②万用表 1 只。

2. 元器件

①74LS04,74LS00,74LS54,74LS86 各 1 只;

②连接导线(直径为 0.5mm,线头剥露长度为 5mm 的外包塑料铜线)数根;

③集成电路实验板(俗称面包板,可选 SY8-130 型)1 块(见实验图 11-1);

④集成电路起拔器 1 只。

四、实验内容

1. 非门(74LS04)逻辑功能测试

①将 74LS04 正确地插入面包板,接通电源。

②按实验表 11-1 要求输入信号,测出相应的输出逻辑电平,填入表中并写出逻辑表达式。

③实验完毕,用起拔器拔出集成块。

实验表 11-1　74LS04 逻辑功能测试

输入状态	输出状态
0	
1	
悬空	

2. 与非门(74LS00)逻辑功能测试

①将 74LS00 插入面包板,接通电源。

②按实验表 11-2 要求输入信号,测出相应的输出逻辑电平,填入表中并写出表达式。

③实验完毕,用起拔器拔出集成块。

实验表 11-2　74LS00 逻辑功能测试

输入状态		输出状态
输入端 1	输入端 2	
0	0	
0	1	
1	0	
1	1	
0	悬空	
1	悬空	
悬空	0	
悬空	1	
悬空	悬空	

3. 测试 74LS86 四 2 输入异或门逻辑功能

①将 74LS86 插入面包板,接通电源。

②按实验表 11-3 所列要求输入信号,测出相应的输出逻辑电平,填入表中并写出逻辑表达式。

实验表 11-3　74LS86 逻辑功能测试表

1A	1B	1Y	2A	2B	2Y	3A	3B	3Y	4A	4B	4Y
0	0		0	0		0	0		0	0	
0	1		0	1		0	1		0	1	
1	0		1	0		1	0		1	0	
1	1		1	1		1	1		1	1	

逻辑表达式 Y = ＿＿＿＿＿＿

③实验完毕,用起拔器拔出集成块。

4. 组合新功能逻辑门电路的实验

用 74LS00 四 2 与非门中的三个 2 输入与非门实现一个或门,即 $A + B = \overline{\overline{A + B}} = \overline{\overline{A} \cdot \overline{B}}$。

①写出逻辑表达式。

②画出接线图。

五、实验报告

①整理实验结果,填入相应的表格中。

②小结实验心得体会。

[附]　自制"逻辑电平笔"的方法简介

一、工作原理

电原理如附图所示。当信号输入端电压为低电平时,三极管 9013 处于截止状态,约有 5mA 的电流流过电阻 R_3、R_4 及发光二极管(绿色 LED_2),使 LED_2 点亮。同时,使三极管限制在 3.5V 左右。由于 LED_1 两端电压低于 1.9V,因此无电流流过而不能发光。当输入为高电平时,三极管饱和导通,LED_1(红色发光二极管)点亮,由于此时 LED_2 两端电压很低(近似为 0V),LED_2 则熄灭。

二、元器件

①三极管 V(9013)1 只 ;

②电阻 600Ω 1 只,300Ω 2 只,200Ω 1 只;

③发光二极管 LED 红绿各 1 只。

三、制作方法

按原理图制作印制板(以狭长形为宜,可置入旅行牙刷盒内),将红、绿发光二极管的球形端面稍露出盒外,焊接无误后,即可通电试验。输入端的触针可用直径为 1mm 的铜线制作。逻辑电平笔的结构和外壳也可自行设计制作。

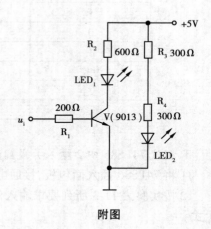

附图

第十章
组合逻辑电路

根据数字电路的特点,按照逻辑功能的不同,数字电路可以分成两大类:一类是组合逻辑电路,简称组合电路;另一类是时序逻辑电路,简称时序电路。

组合逻辑电路的应用很广泛,常见的有全加器、编码器、译码器等。本章通过这些典型电路的组成、工作原理和特点来学习组合逻辑电路的分析方法。

第一节　组合逻辑电路的定义及分析方法

一、组合逻辑电路的定义

1. 组合逻辑电路

所谓组合逻辑电路,是指任何时刻电路输出信号的状态,仅仅取决于该时刻输入信号的状态的组合,而与输入信号作用前电路本身的状态无关。

组合逻辑电路结构如图 10-1 所示。

组合逻辑电路结构特点:

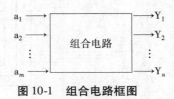

图 10-1　组合电路框图

①电路中不存在输出端到输入端反馈通路。

②电路中不包含有储能元件,它由门电路组成,一般包括若干个输入、输出端,如图 10-1 所示。$a_1 \sim a_m$ 表示有 m 个输入变量;$Y_1 \sim Y_n$ 表示有 n 个输出函数。输入输出间的关系可以表示为:

$$
\begin{aligned}
Y_1 &= f_1(a_1, a_2, \cdots, a_m) \\
Y_2 &= f_2(a_1, a_2, \cdots, a_m) \\
&\vdots \qquad\qquad \vdots \\
Y_n &= f_n(a_1, a_2, \cdots, a_m)
\end{aligned}
\tag{10-1}
$$

2. 组合逻辑电路功能特点

根据组合电路的定义和结构特点,可以知道组合逻辑电路功能具有如下特点:

①电路的输入状态确定之后,状态则惟一地被确定下来,因而,输出变量是输入变量的逻

辑函数。

②电路的输出状态不影响输入状态,电路的历史状态不影响输出状态。

二、组合逻辑电路的分析方法

1. 组合逻辑电路的任务

分析组合电路的任务是:找出给定组合电路的逻辑功能,用函数式或真值表的形式表示,并用文字表述出来。要完成分析任务,必须会由电路写出输入、输出间的逻辑表达式,并准确地计算出真值表,用真值表分析其逻辑功能。

2. 组合逻辑电路的分析方法

组合逻辑电路分析一般分如下 4 个步骤:

①根据已知组合电路的电路图(一般是逻辑电路图),逐级写出逻辑表达式。

②化简各逻辑表达式。

③设定输入状态,求对应的输出状态,列出上述最简逻辑表达式对应的真值表。基本方法是将所有逻辑变量的取值组合代入最简表达式计算真值(输出),最后列表。

④根据真值表分析出该电路所具有的逻辑功能,并用文字作答。

3. 组合逻辑电路实例分析

例 10-1 分析图 10-2 所示逻辑电路的功能。

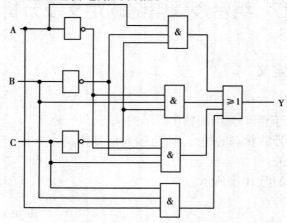

图 10-2 例 10-1 的图

解 (1)根据逻辑电路图写出表达式:

$$Y = A\overline{B}\,\overline{C} + \overline{A}B\,\overline{C} + \overline{A}\,BC + ABC$$

(2)此式已为最简式,因此不再化简。

(3)列出真值表见表 10-1 所示。

表 10-1 真值表

输 入			输 出
A	B	C	Y
0	0	0	0
0	0	1	1
0	1	0	1
0	1	1	0

续表

输 入			输 出
1	0	0	1
1	0	1	0
1	1	0	0
1	1	1	1

(4)分析该电路逻辑功能。根据表 10-1 可知,当输入端 A、B、C 只要其中 1 个或 3 个同时为 1 时,输出为 1;否则输出为 0,即同时输入奇数个 1 时输出为 1,因此该逻辑电路为 3 位奇数检验器。

三、组合逻辑电路的设计方法

逻辑设计就是由给出的逻辑要求,即输入输出之间的逻辑关系,画出实现该逻辑要求的电路图。组合逻辑电路的设计方法与组合逻辑电路的分析过程相反,其设计步骤如下:

①给定实际问题的逻辑关系或逻辑要求,列出真值表;

②根据真值表写出逻辑表达式;

③化简或变换逻辑表达式;

④根据最简的逻辑表达式画出相应的逻辑电路图。

下面举一个组合逻辑电路的设计实例。

例 10-2 举重比赛有 3 个裁判:一个主裁判 A 和两个副裁判 B,C。杠铃完全举起的裁决,由每个裁判按自己面前的按钮来决定:只有当两个以上裁判(要求必有主裁判)判明成功时,表明"成功"的灯才亮。试设计这个逻辑电路。

解 (1)根据上述实际问题,设 A 为主裁判,B,C 为副裁判,当它们值为"1"时表明该裁判按下了按钮,为"0"时没有按下按钮;设 Y 为指示灯,"1"表示灯亮成功,"0"表示灯灭失败。所以这是一个三输入单输出的逻辑关系,按要求列出真值表,见表 10-2 所示。

表 10-2 真值表

输入			输出
A	B	C	Y
0	0	0	0
0	0	1	0
0	1	0	0
0	1	1	0
1	0	0	0
1	0	1	1
1	1	0	1
1	1	1	1

(2)根据真值表写出逻辑表达式:

$$Y = A\bar{B}C + AB\bar{C} + ABC$$

(3)化简逻辑表达式:

$$Y = A\bar{B}C + AB\bar{C} + ABC$$
$$= A\bar{B}C + AB(\bar{C} + C)$$
$$= A\bar{B}C + AB$$

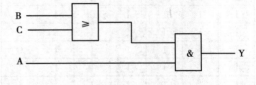

图 10-3 例 10-2 的逻辑电路图

$$= A(\overline{BC} + B)$$

$$= A(B + C)$$

(4)由逻辑表达式画出相应的逻辑电路图,见图 10-3 所示。

第二节 编 码 器

一、编码器

用若干位二进制代码,按一定的规律排列起来,组成不同的码制,并给予每个码制以固定的含义,这个过程称为编码。完成编码工作的数字电路称为编码器。

按码制的不同,编码器可分为二进制编码器、二-十进制编码器等。无论何种编码器,一般都具有 M 个输入端(编码对象),N 个输出端(码)。其关系应满足:

$$2^N \geqslant M$$

即码与编码对象的对应关系是惟一的,不能两个信息共用一个码。

二、二-十进制编码器

将十进制数的 10 个数字 0~9 编成二进制代码的电路,叫做二-十进制编码器,二-十进制编码器也叫 8421BCD 码编码器,因为 8421BCD 码自左向右每一位的权分别为 8,4,2,1。要对 10 个信号进行编码,根据编码器的一般原则,即 $2^N \geqslant M$,至少需要四位二进制代码,即 $2^4 \geqslant 10$,才能将 10 个信号进行编码。

下面以 8421BCD 码的编码器(如图 10-4)为例,说明编码器的设计方法,虽是一个特殊的例子,但其思考方法对其他的编码器也是适用的。

数码 0~9 通常用 10 条数据线表示,其输入方式多用键盘输入。当按下某键时,对应的数据线为低电平,希望由编码器得到 8421BCD 码。由以上的想法,可以列出其真值表,如表 10-3 所示。

表 10-3   8421BCD 码真值表

输　入										输　出			
0	1	2	3	4	5	6	7	8	9	A	B	C	D
0	1	1	1	1	1	1	1	1	1	0	0	0	0
1	0	1	1	1	1	1	1	1	1	0	0	0	1
1	1	0	1	1	1	1	1	1	1	0	0	1	0
1	1	1	0	1	1	1	1	1	1	0	0	1	1
1	1	1	1	0	1	1	1	1	1	0	1	0	0
1	1	1	1	1	0	1	1	1	1	0	1	0	1
1	1	1	1	1	1	0	1	1	1	0	1	1	0
1	1	1	1	1	1	1	0	1	1	0	1	1	1
1	1	1	1	1	1	1	1	0	1	1	0	0	0
1	1	1	1	1	1	1	1	1	0	1	0	0	1

输入编码器的是 10 条数据线,输出 4 条编码线。其约束要求是某一个为 0 时,其余全为 1。该表中只有 10 种变量组合,其他不允许。由表可见:

$$A = \overline{8} + \overline{9} = \overline{8 \cdot 9} \qquad\qquad B = \overline{4} + \overline{5} + \overline{6} + \overline{7} = \overline{4 \cdot 5 \cdot 6 \cdot 7}$$
$$C = \overline{2} + \overline{3} + \overline{6} + \overline{7} = \overline{2 \cdot 3 \cdot 6 \cdot 7} \qquad D = \overline{1} + \overline{3} + \overline{5} + \overline{7} + \overline{9} = \overline{1 \cdot 3 \cdot 5 \cdot 7 \cdot 9}$$

注意:此处的 1～9 是其数据线号,不是值,上面非号表示该线状态取反,如第一式 8 号数据线取反、9 号数据线取反,故有上式。

由上述关系,可得如图 10-4 所示的逻辑图,它就是 8421BCD 编码器。

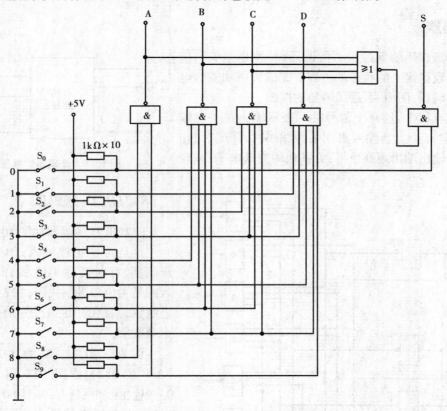

图 10-4　8421BCD 编码器

由图 10-4 可见,当 S 为 2 时:$A = 0, B = 0, C = 1, D = 0$,其输出为(0010),是 2;

当 S 为 6 时:$A = 0, B = 1, C = 1, D = 0$,其输出为(0110),是 6;

当 S 为 9 时:$A = 1, B = 0, C = 0, D = 1$,其输出为(1001),是 9;

当 S 为 0 时:$A = 0, B = 0, C = 0, D = 0$,其输出为(0000),是 0。

由此可见,只要在 S 处键入数码 0～9,则可得到对应的 8421BCD 码。

上述编码器很简单,它的特点是不允许两个或两个以上同时要求编码,即输入要求是相互排斥的,一个在进行编码时,不允许其他提出要求,因而使用受到限制。计算器中的编码器属于这类,因此在使用计算器时,不允许同时键入两个量。

常用的还有一种优先编码器,其特点是编码的先后是按优先权进行安排的。优先权大的在进行编码时,允许低权的进行采访,但按权高的编;只有权高的不编时,权低的才能进行编码。如电话中的电话一般分成几类,匪警、火警优先,办公电话次之,而一般生活电话属最后,所以一般在同时要求接通电话时,火警是优先的。

常见的优先编码器有 TTL 门电路构成的,如 T11417 集成电路;有 CMOS 电路构成的,如 CC40147 等等。

第三节 译 码 器

一、译码器

译码是编码的反过程。所谓译码,就是把编码信号转换成数据线上的状态的过程。完成译码功能的电路称为译码器,图 10-5 是译码器的框图。

图 10-5 译码器的框图

输入有 n 个,且 n 个信号共同表示输入某一种编码;输出有 m 个。当输入出现某种编码时,译码后,相应的一个输出端出现高电平,而其他均为低电平,或者相反。

二、8421BCD 译码器

8421BCD 译码器如图 10-6 所示。

这是一种 4 线输入,10 线输出的译码器,有时又称 4-10 线译码器。输入的是 4 位二进制代码,它表示一个十进制数,输出的 10 条线分别代表 0~9 十个数字。

例如,当输入为(0000),即($\overline{A}\ \overline{B}\ \overline{C}\ \overline{D}$)时,由图 10-5 可知译码器 0~9 输出线中,只有译码器 0 输出线的 4 个与非门输入信号全为"1",因此译码器 0 输出线为高电平,而其他 1~9 输出线的 4 个与非门输入信号不全为"1"(有一端为"0"),所以译码器 1~9 输出线为低电平(或者相反),表示输出为 0;同理,当输入为(0111)时,即($\overline{A}BCD$),7 输出线为高电平,其他输出线为低电平(或者相反),表示输出为 7。

上述译码器是比较简单的,可以较容易地列出真值表,如表 10-4 所示。

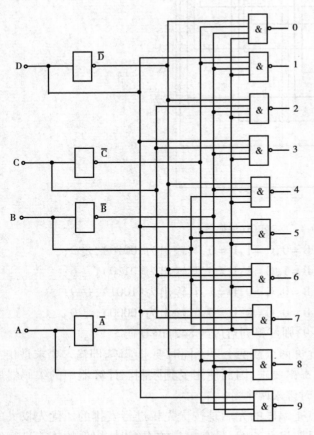

图 10-6 8421BCD 译码器

表 10-4　真值表

序	BCD 输入				十进制输出									
	A	B	C	D	0	1	2	3	4	5	6	7	8	9
0	0	0	0	0	0	1	1	1	1	1	1	1	1	1
1	0	0	0	1	1	0	1	1	1	1	1	1	1	1
2	0	0	1	0	1	1	0	1	1	1	1	1	1	1
3	0	0	1	1	1	1	1	0	1	1	1	1	1	1
4	0	1	0	0	1	1	1	1	0	1	1	1	1	1
5	0	1	0	1	1	1	1	1	1	0	1	1	1	1
6	0	1	1	0	1	1	1	1	1	1	0	1	1	1
7	0	1	1	1	1	1	1	1	1	1	1	0	1	1
8	1	0	0	0	1	1	1	1	1	1	1	1	0	1
9	1	0	0	1	1	1	1	1	1	1	1	1	1	0
无效	1	0	1	0	×	×	×	×	×	×	×	×	×	×
无效	1	0	1	1	×	×	×	×	×	×	×	×	×	×
无效	1	1	0	0	×	×	×	×	×	×	×	×	×	×
无效	1	1	0	1	×	×	×	×	×	×	×	×	×	×
无效	1	1	1	0	×	×	×	×	×	×	×	×	×	×
无效	1	1	1	1	×	×	×	×	×	×	×	×	×	×

由于输出是低电平,因而在写逻辑关系时,要注意取反。由真值表,可以写出译码器各线的(输出)表达式,如下:

$$0 = \overline{A} \cdot \overline{B} \cdot \overline{C} \cdot \overline{D} \qquad 1 = \overline{A} \cdot \overline{B} \cdot \overline{C} \cdot D$$

$$2 = \overline{A} \cdot \overline{B} \cdot C \cdot \overline{D} \qquad 3 = \overline{A} \cdot \overline{B} \cdot C \cdot D$$

$$4 = \overline{A} \cdot B \cdot \overline{C} \cdot \overline{D} \qquad 5 = \overline{A} \cdot B \cdot \overline{C} \cdot D$$

$$6 = \overline{A} \cdot B \cdot C \cdot \overline{D} \qquad 7 = \overline{A} \cdot B \cdot C \cdot D$$

$$8 = A \cdot \overline{B} \cdot \overline{C} \cdot \overline{D} \qquad 9 = A \cdot \overline{B} \cdot \overline{C} \cdot D$$

上述译码器是部分译码器,因为 4 位输入码可以构成 16 个状态,这里只用了其中的 10 个状态,故称部分译码器。

三、二进制全译码器

所谓全译码器是指它有几位输入码,在输出端就能得到与输入码对应的所能表征的全部状态信息。二进制全译码器的输入有 n 位二进制码,输出有 2^n 个输出信号。常用的二进制译码器有 2 线-4 线译码器、3 线-8 线译码器、4 线-16 线译码器。

例如:CD4555B 是 2 个 2 线-4 线译码器封装在一起的集成块,它是高电平输出有效;T4138 是 3 线-8 线译码器,它是低电平输出有效。

四、显示译码器

这种译码器主要用于不但要译码而且要求进行数字显示的场合,常用发光二极管(LED)作数码显示器。常见的集成电路有 CC4511BCD 显示译码器和 T1048 显示译码器。这类译码显示具有多功能的输入端可供使用,如使用前可检查灯是否好用,要不要进行显示,灭掉不必要的零显示及其允许释码控制,等等。使用时请查有关产品手册。

小 结 十

①组合逻辑电路的特点是任何时刻电路的输出状态仅取决于同一时刻的输入信号的状态组合,而与电路原来所处的状态无关。

②组合逻辑电路的分析方法是:

a. 逐级写出逻辑表达式;

b. 化简逻辑表达式;

c. 列出真值表;

d. 根据真值表,分析得出其逻辑功能。

③组合逻辑电路的种类很多,常见的有译码器、编码器等,本章通过对这些常用电路的介绍来掌握一些中规模集成电路的逻辑功能、使用特点,并通过它们来领会组合逻辑电路的分析方法。

习题十

一、填空题

1. 要对十进制数进行编码要_____位二进制数。

2. 组合逻辑电路的特点是:任何时刻的输出状态仅取决于当时的_____,而与电路无关,也就是说组合逻辑电路没有_____功能。

3. 所谓编码,就是_____的数码,代表某种_____的含义。

4. 在进行编码时,二进制代码有 5 位数,可以表示_____个特定含义。如再表示 12 个特定含义,至少需用_____位的进制代码。n 位二进制数可表示_____个特定含义。

5. 编码器在任何时刻只能对_____个输入信号进行编码。

6. 二—十进制 8421BCD 码编码输出端输出信号为_____位二进制码。

7. 译码是_____的反过程,译码器是一个_____的逻辑电路。对于输入信号的任一组代码,一般仅有_____个输出状态有效。

8. 二—十进制 8421BCD 码译码有_____个输入端,_____个输出端。

二、判断题

1. 编码和译码器都属于组合逻辑电路。 ( )

2. 组合逻辑电路具有记忆功能。 ( )

3. 组合逻辑电路的输出信号与输入信号作用前的电路状态有关。 ( )

4.8421BCD 码是唯一能表示十进制数的编码。　　　　　　　　　　（　　）

5.n 位二进制有 n^2 个状态,可表示 n^2 个特定含义。　　　　　　（　　）

6.编码器可同时对 n 个输入信号进行编码。　　　　　　　　　　　（　　）

7.由于译码器是编码器的反过程,因此,只须把编码器的输入端当输出端使用,输出端当输入端使用,编码器也可当作译码器作用。　　　　　　　　　　（　　）

8.要对 10 个信号进行编码,至少需要 3 位二进制代码。　　　　　　（　　）

9.译码器输出的是数字。　　　　　　　　　　　　　　　　　　　　（　　）

10.译码器实质上门电路组成的"条件开关","条件"满足时,门电路就开启,输出线上就有信号输出。　　　　　　　　　　　　　　　　　　　　　　　　　（　　）

11.译码器是一个多端输入和一个输出端的逻辑电路。　　　　　　　（　　）

12.译码器的输出电平,可以设计成输出低电平有效,也可以设计成输出高电平有效。
　　　　　　　　　　　　　　　　　　　　　　　　　　　　　　（　　）

三、选择题

1.(01010001)8421BCD 码表示十进制数(　　　)。

　　A. 3　　　　　　　　B. 4　　　　　　　　C. 5　　　　　　　　D. 31

2.如被编码的对象有 15 个,则输出最少必须用一组(　　　)位的二进制代码。

　　A. 2　　　　　　　　B. 3　　　　　　　　C. 4　　　　　　　　D. 5

3.如果用三位二进制编码器,则最多只能处理其中的(　　　)个编码对象。

　　A. 3　　　　　　　　B. 8　　　　　　　　C. 10　　　　　　　D. 4

4.二—十进制 8421BCD 编码器输入端个数为(　　　)。

　　A. 4　　　　　　　　B. 8　　　　　　　　C. 10　　　　　　　D. 16

5.编码器在任何时刻,只能对(　　　)个输入信号进行编码。

　　A. 1　　　　　　　　B. 2　　　　　　　　C. 3　　　　　　　　D. 4

6.如题图 10-1 所示,Y1 = Y2 = Y3 = Y4 = Y5 = Y6 = Y7 =0,编码器的输出状态 ABC =(　　　)。

　　A. 101　　　　　　　B. 100　　　　　　　C. 110　　　　　　　D. 010

7.如题图 10-1 所示,Y6 =1,其余为 0 码,则 ABC =(　　　)。

　　A. 101　　　　　　　B. 111　　　　　　　C. 110　　　　　　　D. 100

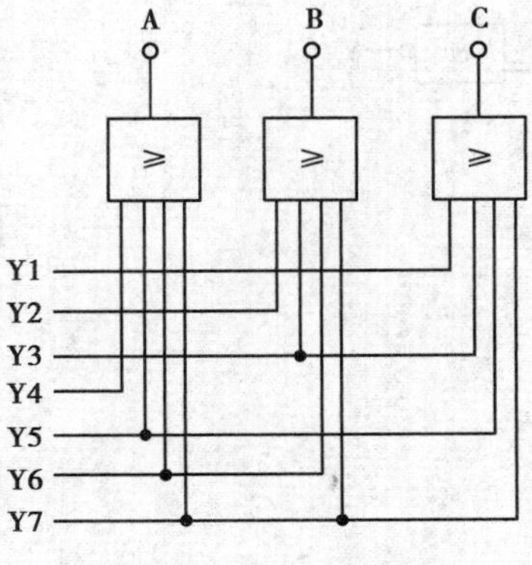

题图 10-1 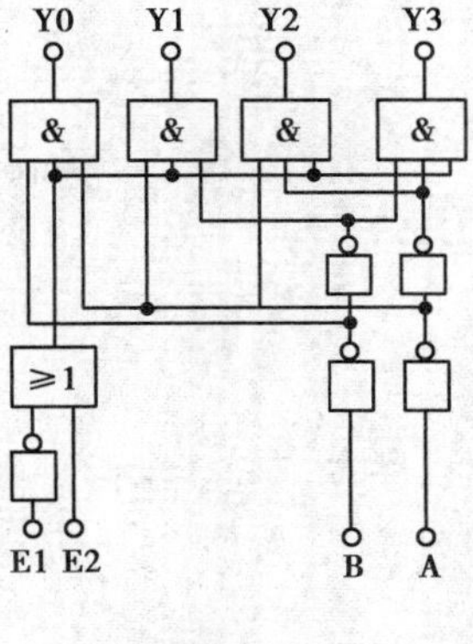　　　　　　　　　　　　　　　题图 10-2

8.如题图 10-2 所示,E1 = E2 = A = $\overline{B}$ = 0,译码器的输出状态 Y3Y2Y1Y0 =(　　　)。

A. 1110   B. 0010   C. 1101   D. 0001

9. 译码器和编码器的关系是(   )。

    A. 可以互换

    B. 不能互换

    C. 将译码器的输入端作为输出端,输出端作为输入端使用,译码器就变成了编码器

    D. 将编码器的输入端作为输出端,输出端作为输入端使用,译码器可变成译码器

10. 译码器的输出端为高电平或低电平有效的判断(   )。

    A. 一定是高电平有效   B. 一定是低电平有效

    C. 使用的门电路来定   D. 不能确定

四、简答题

1. 组合逻辑电路的设计程序是怎样的?

2. 试叙述组合逻辑电路的一般分析方法。

3. 什么叫编码器? 什么叫译码器?

五、根据下列各题要求,完成下列各题

1. 某诊断室有一、二、三号病室三间,每室设计呼叫按钮,按下按钮后可将值班室对应的一个指示灯点亮。

现要求当一号病室的按钮按下时,无论其他病室的按钮是否按下,只有一号指示灯亮,当一号病室的按钮没有按下而二号病室的按钮按下时,无论三号病室的按钮是否按下,只有二号指示灯亮,只有在一、二号病室的按钮均未按下而三号病室的按钮按下时,三号指示灯才亮,试设计一个满足上述控制要求的逻辑电路。

2. 分析如题图 10-3 所示电路的逻辑功能,写出输出的逻辑函数式,列出真值表。

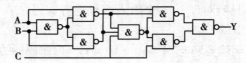

题图 10-3

3. 电路如题图 10-4 所示,写出逻辑函数式并化简,最后列出真值表。

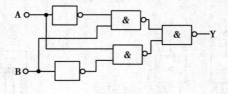

题图 10-4

实验十二

译码显示电路

一、实验目的

①理解译码显示原理及典型应用；
②掌握 8421BCD-七段译码驱动器和数码显示器的使用方法。

二、实验原理

1.数码显示器

数码显示器的作用就是将数字系统的结果用十进制数码直观显示出来，所以它应和计数器、译码驱动器等电路配合作用。常用的数码显示器为分段显示器，根据显示器材料不同可分为荧光数码管、半导体数码管和液晶显示器等几种。其显示原理均相同，下面以半导体数码管为例说明。

半导体数码管是将发光二极管排列成"日"字形，分共阳极和共阴极两种，见实验图 12-1 所示。当 a～h 端加上有效电平时（共阳极时低电平有效，共阴极时高电平有效），对应二极管发光，并显示相应的数码。外形排列见实验图 12-2 所示（此为国产共阴极型 BS205 和共阳极型 BS204 的引脚图）。

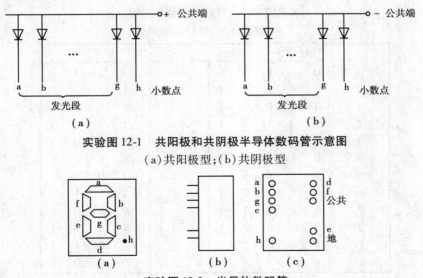

实验图 12-1　共阳极和共阴极半导体数码管示意图
(a)共阳极型；(b)共阴极型

实验图 12-2　半导体数码管
(a)正面；(b)侧面；(c)反面引脚排列

2.七段译码驱动器原理

七段译码驱动器能将 8421BCD 码译为显示器所要求的二进制代码（abcdefg），其真值表见实验表 12-1 所示。该表中输出为"1"时，对应段发光显示（即应接共阴极显示器）。

实验表 12-1　七段译码器输入输出关系

数字	输　入				输　出						
	D	C	B	A	a	b	c	d	e	f	g
0	0	0	0	0	1	1	1	1	1	1	0
1	0	0	0	1	0	1	1	0	0	0	0
2	0	0	1	0	1	1	0	1	1	0	1
3	0	0	1	1	1	1	1	1	0	0	1
4	0	1	0	0	0	1	1	0	0	1	1
5	0	1	0	1	1	0	1	1	0	1	1
6	0	1	1	0	1	0	1	1	1	1	1
7	0	1	1	1	1	1	1	0	0	0	0
8	1	0	0	0	1	1	1	1	1	1	1
9	1	0	0	1	1	1	1	1	0	1	1

常用的七段显示译码电路有 T337、T338 等。实验图 12-3 是 T337 的引脚排列图,实验表 12-2 为它的功能表。实验图 12-4 为本实验原理图。

实验图 12-3　T337 外引脚排列图

实验表 12-2　T337 功能表

十进制	输　入					输　出						
	D	C	B	A	I_B	a	b	c	d	e	f	g
0	0	0	0	0	1	1	1	1	1	1	1	0
1	0	0	0	1	1	0	1	1	0	0	0	0
2	0	0	1	0	1	1	1	0	1	1	0	1
3	0	0	1	1	1	1	1	1	1	0	0	1
4	0	1	0	0	1	0	1	1	0	0	1	1
5	0	1	0	1	1	1	0	1	1	0	1	1
6	0	1	1	0	1	1	0	1	1	1	1	1
7	0	1	1	1	1	1	1	1	0	0	0	0
8	1	0	0	0	1	1	1	1	1	1	1	1
9	1	0	0	1	1	1	1	1	1	0	1	1
×	×	×	×	×	0	0	0	0	0	0	0	0

三、实验仪器与器材

①直流稳压电源。

②BS205 1 只,T337 1 只,单刀双掷开关 4 只,印刷板及导线等。

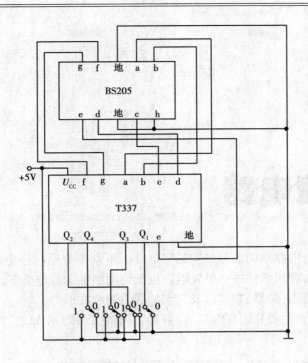

实验图 12-4 **实验原理图**

四、实验内容

按实验图 12-4 自制印刷电路板,并将元件安装在电路板上,确认无误后可通电实验。

照实验表 12-2 的输入状态预置 4 个开关位置(当开关接通高电平时代表输入为"1",否则代表输入为"0"),观察 BS205 的显示数码是否为对应的十进制数。

第十一章 时序逻辑电路

时序电路是与组合电路不同的另一类数字电路。本章先介绍时序电路的概念,然后主要讲解时序电路中的特有逻辑部件——触发器。由于使用的触发器种类多,具体电路也多,这里将主要介绍它们的逻辑图、符号、功能以及它们的真值表和波形图。

关于时序电路,本章主要介绍寄存器、计数器,了解它们的工作原理、波形图等等。

第一节 时序电路的定义及分类

一、时序电路的基本特征

所谓时序电路,是指任一时刻的输出信号不仅取决于当时的输入信号,而且还取决于电路原来的状态,即与电路经历的时间顺序有关。

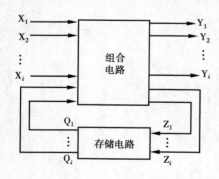

图 11-1 时序电路的框图

时序电路的框图如图 11-1 所示。

图中 $X(X_1, X_2, \cdots, X_i)$ 代表时序电路的输入信号;$Y(Y_1, Y_2, \cdots, Y_i)$ 代表时序电路的输出信号;而 $Z(Z_1, Z_2, \cdots, Z_i)$ 代表存储电路的输入信号;$Q(Q_1, \cdots, Q_i)$ 代表存储电路的输出信号,表示存储电路的状态。通常所说时序电路的状态,是指存储电路的状态。

由上述可知,时序电路在构成方面有两个特点:

①时序电路通常含有组合电路和存储电路,存储电路是必不可少的,存储器的状态必须反馈到输入端,与输入信号共同决定组合电路的输出;

②时序电路元件包含门电路和触发器两大类。

二、时序电路的分类

时序电路的分类按不同的原则有不同的名称,如按存储电路中存储元件状态变化的特点来分类,可将时序电路分为同步时序电路和异步时序电路两大类。在同步时序电路中,存储元件状态变化都是在同一时钟信号控制之下同时发生的,而异步时序电路中这种状态变化不是同时的,它可能需要时钟信号控制,也可能不需要时钟信号控制。

必须指明的是,并不是每一个具体的时序电路都有如图 11-1 所示的形式。如有些时序电路中无组合电路部分,也有些时序电路可能无输入变量,但它们都有时序电路的基本特征。

第二节 RS 触发器

触发器是能存储二进制数码的一种数字电路,电路状态的转换靠触发(激励)信号来实现,它具有记忆("0"或"1")功能。触发器属于时序逻辑电路,它是寄存器、计数器等数字电路的基本单元。

按照电路结构的不同,触发器可分成基本 RS 触发器、同步 RS 触发器、D 触发器、JK 触发器等多种形式,最常用的是 D 触发器和 JK 触发器。

在讨论触发器时,一般用真值表和特性方程来描述其逻辑功能,有时也用波形图来表述输出输入信号的关系。

一、基本 RS 触发器

1. 符号及电路组成

基本 RS 触发器的符号及电路组成如图 11-2 所示。

由图 11-2(a)可见,基本 RS 触发器是由 2 个与非门组成的,每一个门的输出又接至另一门的输入,电路左右对称。$Q,\overline{Q}$ 端为输出端,Q 与 $\overline{Q}$ 端的电平总是一高一低,互为"0","1"。S_d,R_d 端为输入端,小圆圈表明低电平有效,即只有输入信号为低电平("0")时,才能触发电路,为高电平("1")时,对电路无影响。

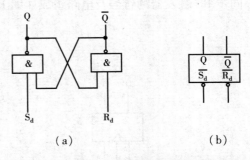

图 11-2 基本 RS 触发器的符号与电路组成
(a)逻辑电路图;(b)逻辑符号

2. 工作原理

①$S_d=0,R_d=1$ 时,不管触发器原来处于什么状态,其次态一定为"1",即 $Q_{n+1}=1$,触发器处于置位状态。

②$S_d=1,R_d=0$ 时,不管触发器原来处于什么状态,其次态一定为"0",即 $Q_{n+1}=0$,触发器处于复位状态。

③$S_d=R_d=1$ 时,触发器状态不变,处于维持状态,即 $Q_{n+1}=Q_n$。

④$S_d=R_d=0$ 时,$Q_{n+1}=\overline{Q}_{n+1}=1$,破坏了触发器的正常工作,使触发器失效。而且当输入条件同时消失时,触发器是"0"态还是"1"态是不定的,即 $Q_{n+1}=×$。这种情况在触发器工作时是不允许出现的,因此使用这种触发器时禁止 $S_d=R_d=0$ 出现。

基本 RS 触发器工作时各输入输出信号的关系见表 11-1。

表 11-1　基本 RS 触发器真值表

R_d	S_d	Q_{n+1}	说明
0	0	状态不定	不允许
0	1	$Q_{n+1}=0$	置0
1	0	$Q_{n+1}=1$	置1
1	1	$Q_{n+1}=Q_n$	保持

3. 主要特点

优点:电路简单,可以存储一位二进制代码,它是构成各种性能更完善的触发器的基础。

缺点:输入端信号直接控制输出状态,无同步控制端;R,S 端不能同时为 0,即 R,S 间存在约束。

二、同步 RS 触发器

基本 RS 触发器的状态翻转是受输入信号直接控制的,其抗干扰能力差。而在实际应用中,常常要求触发器在某一指定时刻按输入信号要求动作或多个触发器同步工作。这一指定时刻通常由外加时钟脉冲 CP 来决定(有时用 CLK 或 C 表示)。

受外加时钟脉冲 CP 控制的基本 RS 触发器,称为同步 RS 触发器。

1. 符号及电路组成

同步 RS 触发器的符号及电路组成如图 11-3 所示。

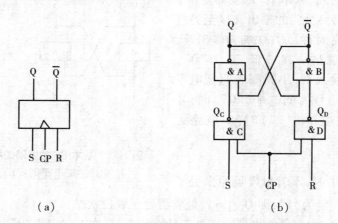

(a)　　　　　　　　　　　(b)

图 11-3　同步 RS 触发器的符号及电路组成

(a)逻辑符号;(b)逻辑电路图

与基本 RS 触发器电路相比,同步 RS 触发器的逻辑图中多了两个控制门 C,D。这两个与非门受时钟脉冲 CP 控制(同步),只有在 CP = 1 时,与非门 C 和 D 门才打开;CP = 0 时,C 或 D 门均被封闭,S,R 信号根本就进不去。

2. 工作原理

同步 RS 触发器工作时各输入输出信号的关系见表 11-2。

由同步 RS 触发器的逻辑图及表 11-2 可见,CP = 0 时,触发器不工作,此时 C,D 门输出均为1,基本 RS 触发器处于保持状态。此时无论 R,S 如何变化,均不会改变 C,D 门的输出,对状态无影响。

表 11-2　同步 RS 触发器的逻辑关系

CP	R	S	Q_{n+1}	说　明
1	0	0	不变	$Q_{n+1} = Q_n$(保持)
1	0	1	1	$Q_{n+1} = 1$(置1)
1	1	0	0	$Q_{n+1} = 0$(置0)
1	1	1	不定	不允许
0	×	×	不变	$Q_{n+1} = Q_n$(保持)

CP = 1 时,触发器工作,其逻辑功能分析与基本 RS 触发器相同,其触发方式为电平触发。所谓电平触发是指触发器的状态翻转发生在 CP = 1 的整个时间内,而不是某一时刻。

同步 RS 触发器与基本 RS 触发器相比较,其性能有改善,但由于这种触发器的触发方式为电平触发,而不是将触发翻转控制在时钟脉冲的上升边沿或下降边沿,因此,在实际应用中存在空翻现象,即在CP = 1期间,触发器的状态有可能发生翻转。另外,这种触发器的输入信号不能同时为"1"。

主从 JK 触发器能克服上述不足。

第三节　主从 JK 触发器

一、符号及电路组成

主从 JK 触发器的符号及电路组成如图 11-4 所示。

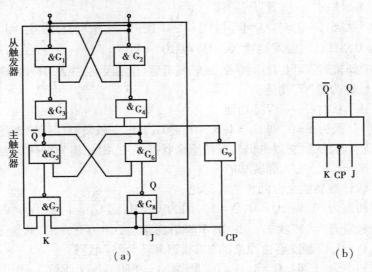

（a）　　　　　　　　　　　　　　（b）

图 11-4　主从 JK 触发器的符号及电路组成

（a）逻辑电路图;（b）逻辑符号

主从 JK 触发器主要由两部分组成：$G_1 \sim G_4$ 组成的同步 RS 触发器称为从触发器；$G_5 \sim G_8$ 组成的同步 RS 触发器称为主触发器。从触发器的输入信号是主触发器的输出信号 Q' 和 $\overline{Q'}$。G_9 门是一个非门，其作用是将 CP 反相后控制从触发器。图 11-4(a)中，输出端 Q 和 $\overline{Q}$ 交叉反馈到 G_7 和 G_8 的输入端，以保证 G_7 和 G_8 的输入永远处于互补状态。J 和 K 端为信号输入端，Q 和 $\overline{Q}$ 为触发器的两个互补输出端。

由于只有时钟脉冲的下降沿到来时，触发器的状态才能改变，因此，主从结构的触发器为下降沿触发方式，在图 11-4(b)中用 CP 端加小圆圈表示下降沿触发。

二、工作原理

1. CP = 1 期间

由于 CP = 1，G_7 和 G_8 被打开，主触发器工作，接收输入端 J 和 K 的信号。

此时，$\overline{CP} = 0$，G_3 和 G_4 门被封锁，从触发器不工作。因此，输入端信号暂存在主触发器的输出端 Q' 和 $\overline{Q'}$ 两端，等待$\overline{CP}$的上升沿到来，改变触发器的状态。

2. CP 下降沿到来

CP 由"1"变为"0"时，即 CP 下降沿到来，G_7 和 G_8 被封锁，主触发器不工作，不接收输入端信号。

此时，$\overline{CP}$由"0"变为"1"，有一个上升沿信号到来，使 G_3 和 G_4 门打开，从触发器根据已存的输入端信号改变触发器的状态。下面分析 JK 触发器的逻辑功能。

(1)当 J = 1, K = 0 时 —— 置"1"功能

设初态为"0"状态，即 Q = 0, $\overline{Q}$ = 1 时，在 CP = 1 期间，因为 K = 0，则 G_7 = 1；G_8 的输入全为高电平"1"，使其输出 G_8 = 0，所以，主触发器置"1"，Q' = 1，$\overline{Q'}$ = 0。

当 CP 下降沿到来时，$\overline{CP}$上升沿到来，从触发器置"1"，因此，主从 JK 触发器的状态为"1"状态，Q = 1，$\overline{Q}$ = 0，称为置"1"功能。

(2)当 J = 0, K = 1 时 —— 置"0"功能

设初态为"1"状态，即 Q = 1, $\overline{Q}$ = 0 时，在 CP = 1 期间，因为 J = 0，则 G_8 = 1；G_7 的输入全为"1"，其输出 G_7 = 0，所以，主触发器置"0"，Q' = 0，$\overline{Q'}$ = 1。

当 CP 下降沿到来时，$\overline{CP}$上升沿到来，从触发器置"0"，因此，主从 JK 触发器的状态为"0"状态，Q = 0，$\overline{Q}$ = 1，称为置"0"功能。

(3)当 J = 0, K = 0 时 —— 保持功能

在 CP = 1 期间，因为 J = 0，则 G_7 = 1；K = 0，则 G_8 = 1，主触发器保持原来的状态不变。

CP 下降沿到来后，从触发器也仍然保持原来状态不变，因此称为保持功能。

(4)当 J = 1, K = 1 时 —— 翻转功能

翻转功能又称计数功能。分两种情况讨论：

①若触发器初态为"0"时，Q = 0，$\overline{Q}$ = 1。因为 Q = 0，则 G_7 = 1，而 G_8 = 0，主触发器输出 Q' = 1，$\overline{Q'}$ = 0，主触发器为"1"状态。当 CP 下降沿到来时，$\overline{CP}$为上升沿，从触发器反映主触发器的状态，Q = 1，$\overline{Q}$ = 0，使触发器由原来的"0"状态翻转为"1"状态。

②若触发器初态为"1"时，Q = 1，$\overline{Q}$ = 0。因为 $\overline{Q}$ = 0 使 G_8 = 1，而 G_7 = 0，主触发器的输出 Q' = 0，$\overline{Q'}$ = 1，主触发器为"0"状态。当 CP 下降沿到来时，$\overline{CP}$为上升沿，从触发器反映主触发器的状态，Q = 0，$\overline{Q}$ = 1，使触发器由原来的"1"状态翻转为"0"状态。因此，当 J = K = 1 时，不

论触发器原来的状态是"0"态还是"1"态,CP 下降沿到来后,触发器翻转成与原来相反的状态,故称翻转功能。

由上面分析可以得到主从 JK 触发器的真值表(表 11-3)和波形图(见图 11-5)。

表 11-3　主从 JK 触发器的真值表

<table>
<tr><th colspan="2">CP 下降沿到来</th><th colspan="2">输　　出</th></tr>
<tr><th>J</th><th>K</th><th>Q_{n+1}</th><th>说　明</th></tr>
<tr><td>0</td><td>0</td><td>Q_n</td><td>保持功能</td></tr>
<tr><td>0</td><td>1</td><td>0</td><td>置"0"功能</td></tr>
<tr><td>1</td><td>0</td><td>1</td><td>置"1"功能</td></tr>
<tr><td>1</td><td>1</td><td>$\overline{Q}_n$</td><td>翻转功能</td></tr>
</table>

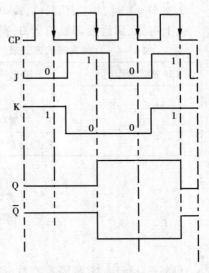

图 11-5　主从 JK 触发器波形图

JK 触发器的性能较之 RS 触发器更完善、更优良,它不但消除了空翻现象,同时也解决了 RS 触发器状态不定的问题,所以其应用很广。

第四节　D 触发器

在各类触发器中,JK 触发器的逻辑功能最完善,它在实际运用中具有很强的通用性,可以灵活地转换为其他类型触发器。D 触发器就可以由 JK 触发器转换而成。

一、符号及电路组成

由 KJ 触发器转换而成的 D 触发器的电路及符号见图 11-6 所示。由 J 端信号经非门后接到 K 端就构成 D 触发器。

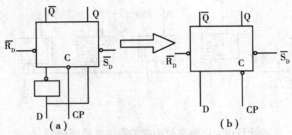

(a)　　　　　　　　　　　(b)

图 11-6　D 触发器的符号及电路组成

(a)逻辑电路图;(b)逻辑符号

二、工作原理

①当 D = 0 时,相当于 J = 0,K = 1。在 CP 脉冲下降沿作用后,触发器置 0,即 $Q_{n+1} = 0$。

②当 D = 1 时,相当于 J = 1,K = 0。在 CP 脉冲下降沿作用后,触发器置 1,即 $Q_{n+1} = 1$。

由上可知,D 触发器具有置 0、置 1 功能,真值表见表 11-4 所示,波形图见图 11-7 所示。

表 11-4　D 触发器的真值表

CP 下降沿作用	输出	
D	Q_{n+1}	说明
0	0	置"0"功能
1	1	置"1"功能

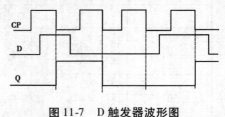

图 11-7　D 触发器波形图

第五节　寄　存　器

在数字系统中,常常需要将数据或运算结果暂时存放。能够暂时存放数据的逻辑电路称为寄存器。在计算机及其他计算系统中,寄存器是一种非常重要的、必不可少的数字电路部件,它通常由触发器(D 触发器)组成,主要作用是用来暂时存放数码或指令。一个触发器可以存放一位二进制代码,若要存放 N 位二进制数码,则需用 N 个触发器。

寄存器应具有接收数据、存放数据和输出数据的功能,它由触发器和门电路组成。只有得到"存入脉冲"(又称"存入指令"、"写入指令")时,寄存器才能接收数据;在得到"读出"指令时,寄存器才将数据输出。

寄存器存放数码的方式有并行和串行两种。并行方式是数码从各对应位输入端同时输入到寄存器中;串行方式是数码从一个输入端逐位输入到寄存器中。

寄存器读出数码的方式也有并行和串行两种。在并行方式中,被读出的数码同时出现在各位的输出端上;在串行方式中,被读出的数码在一个输出端逐位出现。

一、基本寄存器

由 D 触发器构成的 4 位数码寄存器电路组成如图 11-8 所示。

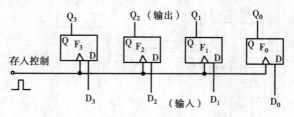

图 11-8　D 触发器构成的四位数码寄存器

图中寄存器是由 4 个 D 触发器组成。存入控制端(又称接收端)为高电平时,各触发器的门打开,输入端 4 位二进制数码 D_3,D_2,D_1,D_0 存入寄存器;存入控制端为低电平时,寄存器将

一直保存输入端存入的信号,即

$$Q_3Q_2Q_1Q_0 = D_3D_2D_1D_0$$

直至要寄存另一数码为止(由接收端控制)。上述寄存器也称为锁存器。

目前,寄存器基本上都已制成集成电路,很少用分立元件构成。一个集成化的寄存器内可以只封装有一个寄存器,也可以有几个寄存器。

集成化的寄存器,常见的有双五 D 寄存器、六 D 寄存器等;由锁存器组成的寄存器,常见的有八位双稳锁存器、带清除端的四位和双四位锁存器等。如图 11-9 所示是集成化四 D 寄存器。

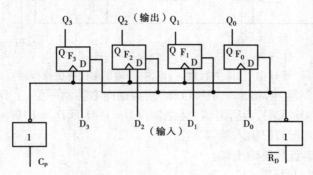

图 11-9　集成化四 D 寄存器

二、移位寄存器

为了处理数据的需要,寄存器中的各位数据要依次由低位向高位或由高位向低位移动,具有移位功能的寄存器称为移位寄存器。

移位寄存器具有将串行输入的数码转移成并行的数码输出,也可将并行输入的数码转换成串行输出的功能,这种转换在数据通信中是很重要的。例如,复印机内部的 CPU 间就常常有这样的数据变换和传送。

在数字系统和计算机中,移位寄存器是很有用的。有许多移位指令,如左移、右移、循环左移、循环右移指令等都需要将数据在寄存器中向左或向右移动。另外,二进制的乘法、除法也可以通过数据的左移或右移来实现,其原则是:

二进制数码左移一位,其值增加一倍;

二进制数码右移一位,其值减小一倍。

例如:

$$111100 = (60)_D \xrightarrow{\text{左移一位}} 011110 = (30)_D \xrightarrow{\text{右移一位}} 001111 = (15)_D$$

移位寄存器的种类较多,有单向移位寄存器(左移或右移)、双向移位寄存器(左移或右移均可)。

1. 单向移位寄存器

所谓单向移位寄存器是指数码只向一个方向移位的寄存器,如图 11-10 所示。

图中:

$\overline{R_d}$—— 清 0 或复位信号,低电平有效。

$\overline{S_d}$—— 置 1 端,低电平有效。

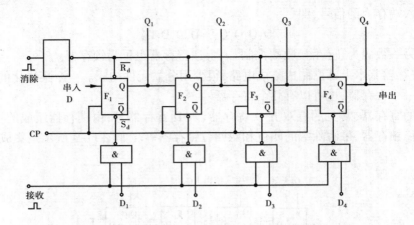

图 11-10　串、并行输入，串、并行输出单向移位寄存器

CP —— 移位控制脉冲，每来一个移位脉冲，数据向右移动一位，上升沿触发。

D —— 串行数码输入端，为所需移位数据，设 $D = D_3D_2D_1D_0 = 1011$。

$D_1D_2D_3D_4$ —— 并行数码输入端。

$Q_1Q_2Q_3Q_4$ —— 串行数码输出端。

（1）串行输入，串、并行输出

当接收控制端输入为低电平时，并行输入端关闭，电路工作在串行输入的状态。

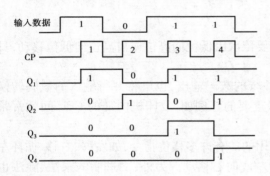

图 11-11　串行输入，串、并行输出波形图

在第一个移位脉冲的上升沿到来前 D 数码已为 1，故在 CP 上升沿触发后，$Q_1 = D_3 = 1$；在第二个 CP 上升沿前，Q_1 已为 1，故在第二个 CP 上升沿后，$Q_2 = Q_1 = 1$；依此类推，可知在第四个移位脉冲 CP 后，各触发器的输出状态必定为 $Q_4Q_3Q_2Q_1 = 1011 = D_3D_2D_1D_0$，这就是说，输入端的 1011 四位数码恰好全部存入在寄存器中，使串行输入的数码转换成并行输出的数码。

寄存器的串行输出是由 Q_4 端取出的，由图 11-11 可见，在第 8 个移位脉冲 CP 后，数码 $D_3D_2D_1D_0$ 将全部移出寄存器。

（2）并行输入，串、并行输出

当接收控制端输入为高电平时，电路工作在并行输入工作状态。

并行输入的数码 $D_4D_3D_2D_1$ 是通过与非门加至 D 触发器的置位端 $\overline{S_d}$。当要求并行数据 $D_4D_3D_2D_1$ 输入时，先由清零端加入信号，使各触发器均复位为 0 状态，再在接收控制端加高电平，使 4 个与非门打开，此时并行数据被反相后加至 4 个触发器的置位端 $\overline{S_d}$，分别将 D = 1 所对应的触发器的 Q 端置 1，而 D = 0 所对应的触发器状态不变，仍为 0，这样就将并行数据 $D_4D_3D_2D_1$ 装入了寄存器。然后按移位控制脉冲 CP 的节拍可将存入的并行数据一位一位地输出。

2. 双向移位寄存器

所谓双向移位寄存器，就是指数据既可从右侧触发器向左侧触发器逐位移动，也可以做相反传输。图 11-12 给出的是用 D 触发器构成的双向移位寄存器结构。

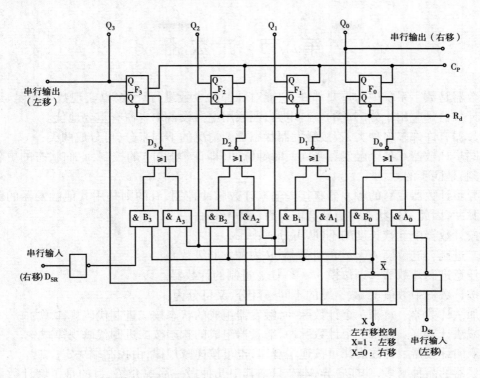

图 11-12 双向移位寄存器

对图 11-12 做如下几点说明：

①每个 D 触发器的输入端（D 端）均和与或非门组成的转换控制门相连,移位方向取决于移位控制端 X 的状态：

X = 1：与门 $A_0 \sim A_3$ 门被打开,$B_0 \sim B_3$ 门被封锁（由于 $\overline{X} = 0$）,左移串行数码由触发器 F_0 输入寄存器。此时：

$$D_0 = D_{SL}, D_1 = Q_0, D_2 = Q_1, D_3 = Q_2$$

X = 0：与门 $A_0 \sim A_3$ 门被封锁,$B_0 \sim B_3$ 门被打开（由于 $\overline{X} = 1$）,右移串行数码由触发器 F_3 的 D 端输入寄存器。此时：

$$D_3 = D_{SR}, D_2 = Q_3, D_1 = Q_2, D_0 = Q_1$$

②串行输入数据作左移时,是由低位向高位移动;作右移时,是由高位向低位移动。

3. 中规模集成化移位寄存器

集成移位寄存器有多种形式,从位数来看,有四位、八位、双四位等种;从移位方向来看有单向、双向之分;从输入输出方式来看有并行输入、并行输出,并行输入、串行输出,串行输入、并行输出,串行输入、串行输出等多种产品。常用的中规模集成化移位寄存器有：

CMOS 型：CC4014,CC4021 等为八位移位寄存器;

CC4015 为双四位移位寄存器（串行输入,并行输出）;

CC40194 为并行存取的双向移位寄存器。

TTL 型：T1194（74194）是四位移位寄存器;

T1198（74198）为八位移位寄存器等。

第六节 计 数 器

计数器是数字系统中的重要部件,它能对脉冲的个数进行计数,以实现数字测量、运算和控制。计数器是应用十分广泛的一种电路,在家用电器设备中也占有重要地位。

计数器有许许多多种类,若按触发器状态更新情况的不同来分,可分成两类:

● 同步计数器 各个触发器受同一时钟脉冲(即计数脉冲)的控制,它们状态的更新是在同一时刻,是同步的。

● 异步计数器 有的触发器直接受输入计数脉冲控制,有的则是用其他触发器的输出作为时钟脉冲,因此它们状态的更新有前有后,是异步的。

若按计数器中计数长度的不同,可分成:

● 二进制 进位模 $M = 2^n$ 的计数器(n 为触发器级数);

● 任意进制计数器 进位模 $M \neq 2^n$ 任意进制的计数器。

若按计数器中数值增、减情况的不同来区分,又可分为:

● 加法计数器 每来一个计数脉冲,触发器组成的状态按二进制代码规律增加;

● 减法计数器 每来一个计数脉冲,触发器组成的状态按二进制代码规律减少;

● 双向计数器 计数规律可按递增规律,也可按递减规律,由控制端决定。

计数器的品种繁多,功能各异,本节只举其中几种做一简单介绍,目的是了解计数器的组成原则与工作概况,掌握初步分析方法。

一、异步二进制加法计数器

1. 组成框图(原理图)

所谓加法计数就是每输入一个计数脉冲,电路就进行一次加 1 运算。下面介绍一种由 JK 触发器组成的四位二进制异步加法计数器,其组成框图与波形关系如图 11-13 所示。图中 R_d 是置 0 端,低电平有效,使各触发器基数为 0,计数状态时,R_d 为 1。

2. 工作原理

由图 11-13 的电路框图及波形关系可知:

①计数脉冲 CP 加在最低位二进制触发器上,每输入一个脉冲(下降沿),触发器的状态改变一次(因为 J = K = 1)。

②其他各二进制位均由相邻低位触发器的输出信号(Q 端)作为计数(触发)脉冲。各触发器均是 JK 型,各 J,K 端均悬空,即 J = K = 1,所以都处于计数状态。凡触发脉冲在下降沿(由"1"向"0"变化)到来时,该触发器的输出状态就要改变一次,原来为"0"的变为"1",原来为"1"的变为"0",Q_0,Q_1,Q_2,Q_3 与 CP 的波形关系已在图 11-13 中表现得十分清楚。

③每经一级触发器,输出脉冲的周期就增加一倍,即频率降低 $\frac{1}{2}$,因此每一位二进制计数器都是一个二分频器。图 11-13 中,由 Q_0 输出为 2 分频,由 Q_1 输出为 4 分频,由 Q_2 输出为 8 分频,由 Q_3 输出为 16 分频。

④由 4 个 JK 触发器组成的二进制异步计数器,能计 16 个计数脉冲,16 个脉冲后,计数器中各触发器均复 0,并向高位进 1。

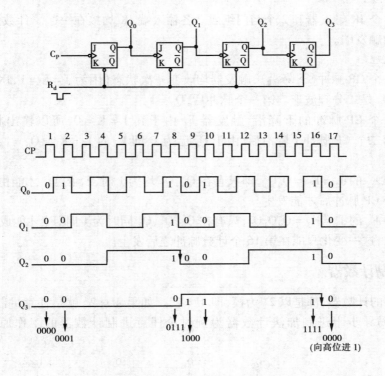

图 11-13　四位二进制异步加法计数器

二、同步二进制加法计数器

上面讨论的异步计数器,由于进位信号是逐级传送的,所以计数速度较慢,在图 11-13 中计数器状态由"1111"向"0000"变化时,输入脉冲要经过 4 个触发器的传输延迟时间才能达到新的稳定状态。为了提高计数速度,可以利用时钟(计数)脉冲同时去触发计数器中的全部触发器,使其状态变换同步进行 。按照这种方式组成的计数器称为同步计数器。

1. 组成框图(原理图)

图 11-14 是并行进位同步二进制加法计数器的组成框图,其 CP,Q_0,Q_1,Q_2,Q_3 的波形图与图 11-13 相似。

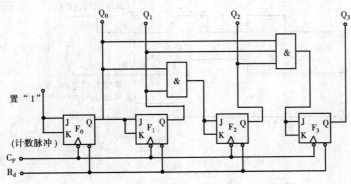

图 11-14　同步四位二进制加法计数器

电路由 4 个 JK 触发器和 2 个与门组成。各输入端 JK 均接在一起。计数脉冲 CP 同时加在各触发器的触发端。

2. 工作原理

①每来一个 CP 脉冲(下降沿),触发器均改变一次状态(因为 $J=K=1$,JK 触发器处于翻转状态),故 Q_0 是二分频波形。第一个脉冲后,$Q_0=1$。

②在第一个 CP 脉冲的下降沿,触发器 F_1 由于其 $J=K=0$,所以输出状态不变,仍为 $Q_1=0$;而在第二个 CP 脉冲下降沿后,由于 Q_0 已为 1,即 F_1 的 $J_1=K_1=Q_0=1$,所以其输出 Q_1 由 0 变为 1。

③触发器 F_2 的 $J_2=K_2=Q_0Q_1$,即只有在 Q_0,Q_1 均为 1 时,F_2 的 Q_2 才能由 0 变为 1,这一定是在第 8 个 CP 脉冲后才能发生。

④触发器 F_3 的 $J_3=K_3=Q_0Q_1Q_2$,只有在 Q_0,Q_1,Q_2 同时为 1 时,F_3 才能成为计数状态,使 Q_3 由 0 变为 1,这一变化只能在第 16 个计数脉冲之后发生。

三、任意进制计数器

上面介绍的计数器,都是以 2^n 为模,即 $M=2^n$。如果 $M \neq 2^n$ 就是任意进制计数器。下面以 8421BCD 码异步十进制加法计数器为例讨论任意进制计数器的工作原理,如图 11-15 所示。

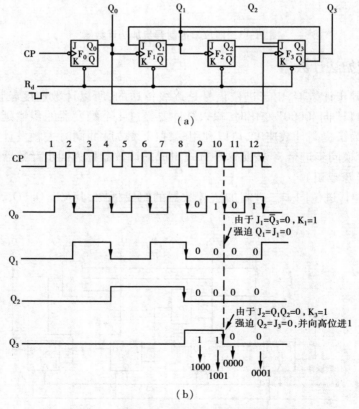

图 11-15　8421BCD 码异步十进制加法计数器

(a)逻辑图;(b)波形图

8421BCD 码是用四位二进制代码来表示十进制 $0 \sim 9$ 十个数码的。显然,BCD 码计数器是十进制计数器,即模 $M = 10$ 的计数器。

已知 $M = 10$。首先确定触发器的级数 n,由 $2^{n-1} < M < 2^n$,可知 $n = 4$,即需要 4 个触发器。由于 4 个触发器有 16 个不同的状态,故有 4 个多余的状态。为消除多余的状态,可采用反馈法。它有两种方式:脉冲反馈与阻塞反馈。本书主要讨论脉冲反馈,阻塞反馈请查阅有关资料。

由计数器的组成框图可知,它是由 4 个 JK 触发器构成,R_d 为 JK 触发器的异步置 0 端,当 R_d 为低电平时,触发器清零。为了获得十进制计数,电路中将 F_1,F_2 的输出 Q_1,Q_3 经与非门反馈至 R_d 端。这样在第 10 个计数脉冲后,Q_1,Q_3 输出全为 1,与非门就输出 0 给 JK 触发器的异步置 0 端,使 4 个触发器全部回到 0 状态,重新开始第二轮计数。

十进制计数器,不但有异步运行的,也有同步运行的,还有既可以做加法,也可以做减法的可逆计数器。

小 结 十一

①时序电路的输出不仅与当时的输入信号状态有关,而且还与电路原来的状态有关。时序电路中一定含有存储电路。

②触发器是组成时序电路的基本单元,它具有两个稳定状态,触发后翻转。由于无输入触发信号的作用时,电路维持在原来的稳定状态,因此具有记忆功能。

集成触发器按结构形式可分为 3 种。

● 基本触发器　是构成其他结构触发器的基本部分。存在着约束,"与非"门构成的基本触发器,不允许两个输入端同时为低电平;"或非"门构成的基本触发器,不允许两个输入端同时为高电平。由于无时钟控制端(CP 端),输出信号直接受输入信号控制。

● 钟控触发器　克服了基本触发器受控问题,增加了一个时钟控制端,即 CP 端。由于在 CP = 1 期间,输入信号随时可以改变触发器状态,所以称为电平触发方式。钟控触发器存在着空翻现象,因此,不能用于计数。

● 主从触发器　利用主、从工作方式克服空翻现象,在 CP = 1 期间,存储输入信号,等到 CP 下降沿到来时,触发器状态才根据存储的输入信号发生变化,所以,属于下降沿触发方式。不允许在 CP = 1 期间,输入信号发生改变,否则,发生错误翻转,称为误翻。

③寄存器是利用触发器的两个稳定状态来寄存"0"和"1"两个数据的。一般寄存器应具有清除、接收、保存和输出数码的功能。

④计数器是时序电路的主要逻辑部件之一,用来记录输入脉冲个数。按计数器内触发器的状态变化可以分为同步式和异步式;按进位关系可分为二进制计数器、十进制计数器和任意进制计数器等;按运算关系又可以分为加法计数器、减法计数器和可逆计数器。

习题十一

一、填空题

1. 时序逻辑电路由_____和_____组成。

2. 触发器是数字电路中的一种基本单元电路，它具有两种稳态，分别用二进制代码_____和_____表示。

3. 触发器具有两个稳定状态，在输入信号消失后，它能保持_____不变。

4. 基本 RS 触发器是由两个_____首尾交叉相连而组成。

5. 同步 RS 触发器状态的改变是与_____信号同步的。

6. 触发器处于 0 状态时，则_____端输出低电平，_____端输出高电平。

7. 同步 RS 触发器当 $CP=0,R=1,S=0$ 时触发器保持原来状态，当 $CP=1,R=0,S=1$ 时，触发器_____状态。

8. 当 $CP=0$ 时，同步 RS 触发器的控制门_____，触发器维持_____。

9. 主从 RS 触发器由_____和_____组成。

10. JK 触发器属于_____触发器，是在_____触发器的基础上发展而成的。

11. D 触发器具有置_____和置_____。

12. 由于三位二进制数只能表示_____个状态，而四位二进制数可表示_____个状态，因此要表示十进制计数，至少要_____位二进制数。

二、判断题

1. 触发器的逻辑特性与门电路一样，输出状态仅取决于触发器的即时输入情况。（　　）

2. 时钟脉冲的主要作用是使触发器的输出状态稳定。（　　）

3. 基本 RS 触发器的 $\overline{S}_D$、$\overline{R}_D$ 信号不受时钟脉冲的控制，就能将触发器置1或置0。（　　）

4. 主从 RS 触发器能够避免空翻现象。（　　）

5. 同步 RS 触发器只有在 CP 信号到来后，才依据 R、S 信号的变化改变输出的状态。

（　　）

6. 不论触发器原来是什么，基本 RS 触发器在 $\overline{S}=1,\overline{R}=1$ 时，总是保持原来状态不变，这就是触发器的记忆功能。（　　）

7. 主从 RS 触发器在 $CP=1$ 时，主触发器打开，从触发器封锁，触发器输出保持原态。

（　　）

三、选择题

1. 基本 RS 触发器电路中，触发脉冲消失后，其输出状态（　　）。

　A. 保持现状态　　　　B. 出现新状态　　　　C. 恢复原状态　　　　D、置0

2. 触发器与组合逻辑门电路比较（　　）。

　A. 两者都有记忆力

　B. 只有组合逻辑门电路有记忆能力

　C. 只有触发器有记忆能力

　D. 触发器和门组合逻辑门电路都无记忆能力

3.触发器的基本功能是具有记忆能力,能储存二进制编码,其储存二进制码的位数有( )位。

    A.1   B.2   C.3   D.4

4.$\bar{R}$、$\bar{S}$表示触发器是( )电平触发。

    A.高   B.低   C.高低均可   D.都不是

5.RS 触发器的$\bar{S}$端称为( )。

    A.置 1 端   B.置 0 端   C.复位端   D.置位端

6.在触发器中,为能区别 CP 作用前后 Q 端的状态,一般称 Q_{n+1} 为( )。

    A.原态   B.次态   C.终态   D.过程态

7.主从 RS 触发器是用 CP 脉冲来控制其翻转的,当触发器翻转时,CP 脉冲处于( )。

    A.下降沿   B.上升沿   C.脉冲的中间区   D.脉冲的截止区间

8.JK 触发器在翻转时,CP 脉冲处于( )。

    A.正跳变   B.脉冲的中间   C.负跳变   D.脉冲的截止区间

9.触发器具有的逻辑功能是( )。

    A.保持计数   B.置 0,计数   C.置 0,置 1   D.置 1,计数

四、简答题

1.时序逻辑电路有什么特点?它和组合逻辑电路的主要区别是什么?

2.时序逻辑电路按存储元件变化特点可分成哪两类?

3.基本 RS 触发器的结构如何构成? 它的功能表是什么?

4.试说明描述触发器逻辑功能的几种方法,分别叙述 D 触发器、基本 RS 触发器、JK 触发器的逻辑功能。

5.D 触发器的输入端波形如题图 11-1 所示,试画出输出端 Q 的波形图(设 Q 的初态为 0)。

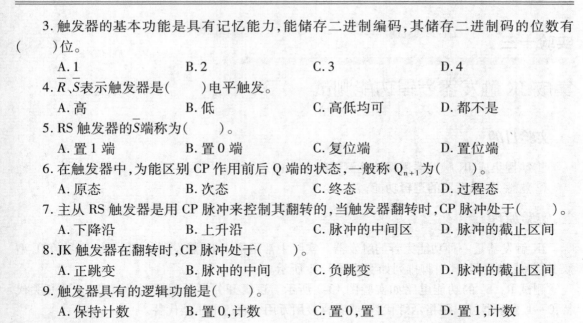

题图 11-1　　　　　　　　　　　　　　题图 11-2

6.如题图 11-2 所示为主从 JK 触发器的 CP,J,K 波形,试画出输出端 Q 的波形图(设 Q 的初态为 0)。

7.数码寄存器有何功能?

8.寄存器存放数码的方式有哪些?

9.单向移位寄存器的输入输出有几种工作方式? 双向移位寄位器的输入输出有几种工作方式?

10.计数器有何功能? 按触发器状态更新情况的不同来分,计数器可以分成几类?

实验十三

集成 JK 触发器逻辑功能测试

一、实验目的

①掌握集成 JK 触发器逻辑功能测试的方法；
②熟悉 JK 触发器的逻辑功能。

二、实验原理

JK 触发器是一种功能完善的触发器。实际中常用集成 JK 触发器。CT74LS112 为 TTL 型双 JK 集成触发器，其引脚排列如实验图 13-1 所示。

测试 $\overline{R}_d$、$\overline{S}_d$ 的功能电路如实验图 13-2 所示。逻辑开关提供逻辑电平，可用普通开关代替；0—1 显示器可以用指示灯代替，或者直接用万用表直流电压挡代替。

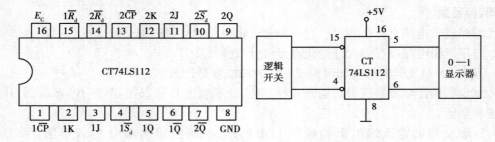

实验图 13-1　　　　　　　　　　实验图 13-2

实验图 13-3 为 JK 逻辑功能测试图。其中"0—1"按钮用于提供 CP 脉冲，其原理见实验图 13-4 所示。它是由按钮 S_1，S_2 和基本 RS 触发器组成的无抖动开关。

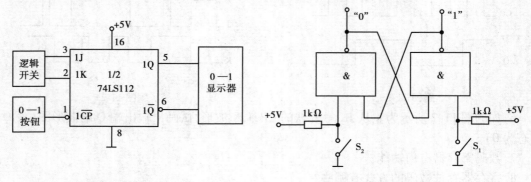

实验图 13-3　　　　　　　　　　实验图 13-4

三、实验仪器与器材

①直流稳压电源；
②万用表；

③CT74LS112；

④"0—1"按钮；

⑤SYB-130 型面包板及连接线；

⑥开关。

四、实验内容

1. JK 触发器 $\overline{R}_d$，$\overline{S}_d$ 的功能测试

①稳压电源输出 +5V 电压；

②将 CT74LS112 插入面包板，并按实验图 13-2 连接测试电路；

③将测试结果填入实验表 13-1 中（表中"×"表示可取任意电平）。

实验表 13-1

CP	J	K	$\overline{R}_d$	$\overline{S}_d$	Q 状态
×	×	×	0	1	
×	×	×	1	0	

2. 逻辑功能测试

①按实验图 13-3 连接测试电路，令 $\overline{R}_d = \overline{S}_d = 1$；

②JK 端逻辑电平按实验表 13-2 由逻辑开关提供；

实验表 13-2

J	K	CP	Q_{n+1}	
			$Q_n = 0$	$\overline{Q}_n = 1$
0	0	0→1		
		1→0		
0	1	0→1		
		1→0		
1	0	0→1		
		1→0		
1	1	0→1		
		1→0		

③CP 脉冲由"0—1"按钮提供（"0→1"表示 CP 的上升沿，"1→0"表示 CP 的下降沿）；

④将测试结果填入实验表 13-2 中（每次测试前触发器先置0）。

五、实验报告要求

①总结实验结果；

②整理实验表格。

数字电路的应用十分广泛,本章简要介绍它在脉冲电路中的应用。

第一节 概 述

一、脉冲的概念

1. 什么叫脉冲

"脉冲"是指脉动和持续时间短促的意思。本书只讨论电脉冲,通常是指非正弦规律变化的电压或电流,它有变化不连续、跳变的特征,在家电中有着广泛的应用。常见的脉冲有矩形波、方波、尖脉冲、三角波、阶梯波、锯齿波等,如图 12-1 所示。

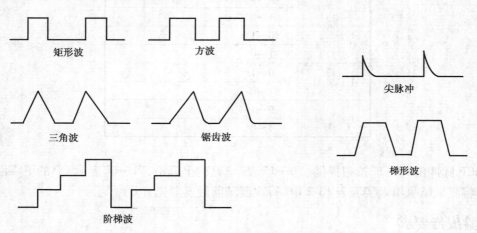

图 12-1 常见脉冲波形

2. 脉冲的主要参数

脉冲与正弦波主要不同点是脉冲中含有突然变化部分,但是这种变化不需时间,因而称表征脉冲特征的物理量为脉冲参数。其主要参数有:

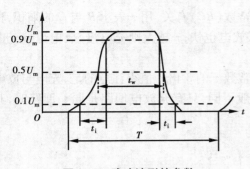

图 12-2　脉冲波形的参数

- 脉冲幅度(U_m)　它表示脉冲强弱,在数值上等于脉冲电压变化的最大值。
- 脉冲前沿(t_r)　指脉冲幅度从 $0.1U_m$ 上升到 $0.9U_m$ 时所需的时间,它表征脉冲幅度上升快慢。
- 脉冲后沿(t_f)　指脉冲幅度从 $0.9U_m$ 下降到 $0.1U_m$ 时所需的时间,它表征脉冲幅度下降快慢。
- 脉冲宽度(t_w)　指脉冲持续时间内的有效宽度,它是脉冲前后沿的幅度各为 $0.5U_m$ 间的时间。
- 脉冲周期(T)　指周期性重复的脉冲信号中,两个相邻脉冲之间的时间间隔。即

$$T = \frac{1}{f}$$

其中:f是指周期性重复的脉冲1s内变化的次数,称为脉冲的频率。

二、RC 充放电规律

图 12-3 是电容充放电实验电路。当开关由 2 转向 1 时,电源 E 要对电容 C 充电,充电时间的长短及充电电流的大小,与电路参数 RC 有关。由于电容是个非线性元件,因而电流电压的变化也不可能是线性的。而电容 C 的充电总是会充满的,即 $u_C = E$ 后充电就结束。如果结束后,将开关又返回到 2 处,则电容要对电阻 R 放电,

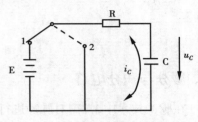

图 12-3　电容充放电实验电路

直到放完为止,这个放电规律也不是线性的。电容的充放电规律可用图形表现出,如图 12-4 所示,图 12-4(a)是充电电压和充电电流的变化规律;图 12-4(b)是放电电压及放电电流的变化规律。由图 12-4 可见,它们的变化规律都是按指数形式变化的。

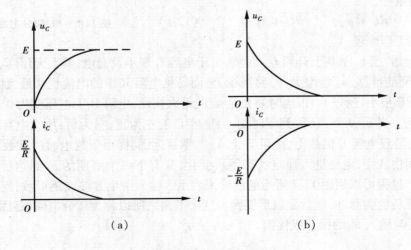

（a）　　　　　　　　　　　（b）

图 12-4　电容充放电规律

研究表明,电容充放电规律变化的快慢与时间常数(RC)有关,用 τ 表示 R 与 C 的乘积,称为时间常数。实验与计算都表明,τ 越小充电越快,放电也快;τ 越大则充电慢,放电也慢。图 12-5(a)是充电曲线,图 12-5(b)是放电曲线。

通常规定:电容充电或放电完成的时间是时间常数 τ 的 3 倍。值得注意的是,充电与放电的时间常数 τ 一般是不相等的,因为这两个回路一般不同,只有充放电回路是同一回路时,其 τ 是相同的。

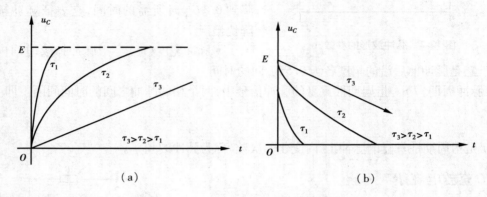

图 12-5 不同 τ 的充、放电曲线

三、微分与积分电路

在脉冲技术中,常需对脉冲进行变换,这就得有波形变换电路。下面介绍在脉冲中常用到的两种 RC 波形变换电路。

1. RC 微分电路

(1)电路结构

电路图如图 12-6 所示。设输入信号为理想的矩形波,其脉宽 t_w 和休止期 t_g 都远大于 RC 的时间常数 τ。

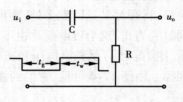

图 12-6 RC 微分电路结构

(2)电路条件

$$RC \ll t_w, \qquad RC \ll t_g \qquad (12\text{-}1)$$

(3)电路工作原理

从 0 点开始,当 u_i 从 0 上升到 U_m 时刻,由于电容 C 来不及充电,其上无压降,u_i 全部加至 R 上,随着时间的推移,u_C 将增大,u_o 将减少,显而易见电阻 R 中的电流也从最大值开始减小。因时间常数 RC 很小,所以 u_C 很短时间充至 u_i 的最大幅度,电阻 R 上电压变为 0,在脉宽期间不再发生变化。当 u_i 从 U_m 下降到零时刻,因电容 C 的左为正、右为负,故在电容 C 未放电瞬间 $u_o = -U_m$,随着电容 C 的放电,电阻 R 上 u_o 向零靠近,同样由于放电时间常数 RC 很小,故在较短的时间内放完,电路进入稳定状态不再变化,只有下一个周期的 u_i 到达后才重复上述的变化。这个过程可以用图 12-7 所示的波形来表示。输入一个方波或矩形波,通过这个电路后变换成了正负的尖脉冲,这就是波形变换。这个电路之所以称为微分电路,是因为理论研究表明,输出 u_o 与输入 u_i 的微分成比例。

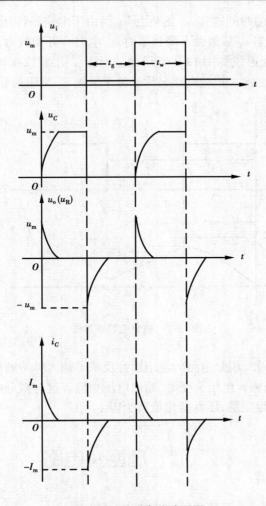

图 12-7 微分电路波形图

（4）工作特点

由微分电路的工作波形可知，微分电路输出脉冲反映了输入脉冲的变化成分；当输入脉冲跳变时，输出幅度最大；输入电压不变时，输出电压很小。即微分电路能对脉冲信号起到"突出变化量，压低恒定量"的作用。

值得说明的是，一般的 RC 耦合电路也与微分电路结构相同，但它不满足（12-1）式所指关系。如果是耦合电路，则 $RC \gg t_w$，$RC \gg t_g$，可自行讨论。因而（12-1）式的关系是微分电路的条件，只有满足这种条件才有微分作用，否则完不成方波与尖波的变换。

2. RC 积分电路

（1）积分电路结构

积分电路的结构如图 12-8 所示。

（2）积分电路的电路条件

$$RC \gg t_w, RC \gg t_g$$

（3）工作原理

由 0 开始，当 u_i 从 0 上跳至 U_m 时刻，由于电容

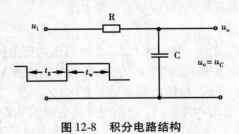

图 12-8 积分电路结构

C 来不及充电,故 $u_C = 0$,随时间推移 u_C 逐渐上升,但由于电路条件所限,上升很慢,在脉宽时间 t_w 内上升不到最大值;当 u_i 从最大下降到零时刻,电容 C 开始放电,同样由于电路条件的限制,在 t_g 期间放不完,因而形成如图 12-9 所示的波形图。由图 12-9 可见,这种电路将方波变换成了锯齿波,这是波形变换。积分电路名称来源于输出 u_o 与输入 u_i 的积分成比例。

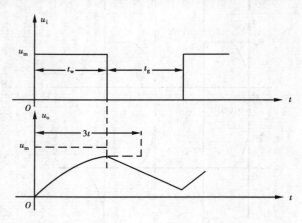

图 12-9　积分电路波形图

(4)工作特点

由积分电路的波形可知,积分电路的输出脉冲反映了输入脉冲的稳定部分,当输入脉冲不变时,输出的幅度较大;当输入电压突变时,输出电压很低。这与微分电路正好相反,即积分电路对脉冲信号起到"突出恒定量,压低变化量"的作用。

第二节　施密特电路

施密特电路是一种脉冲波形整形电路,它有以下特点:

①施密特电路有两个稳定状态(第一稳态和第二稳态);

②在外加电平触发信号下可以从第一稳态翻转到第二稳态,状态的维持也需外加信号;

③施密特电路从第一稳态翻到第二稳态与第二稳态翻回第一稳态所需的触发电平不同,存在回差特性。

一、施密特基本电路及工作原理

1. 基本电路

基本电路如图 12-10 所示,它是由两级直流放大器构成,且射极接有电阻 R_4。

2. 工作原理

①当 u_i 为低电平时,电路参数使 V_1 截止 V_2 饱和,这是一种稳定状态,此时输出电压为一较小电压,故输出低电平 u_{oL}。这种状态使 V_1 的射极电位较高,即使 u_i 在上升,如果不能使 V_1 导通,则这个状态不变,因而从输入输出波形看,在 $u_{T-} \sim u_{T+}$ 段输出状态是不变化的。

②当 u_i 上升到达 u_{T+} 时,u_i 使 V_1 饱和导通,由于它饱和导通,V_2 得不到开通电压而截止,故输出为高电平 u_{oH}。通常定义 u_{T+} 为正向阀电压,当 u_i 大于正向阀电压时,电路状态也是不

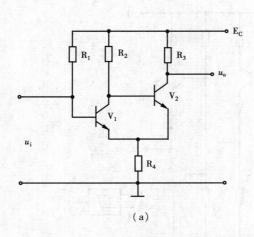

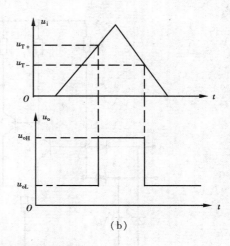

图 12-10　基本施密特电路及输入输出波形

变的。

③当 u_i 下降至某一值 u_{T-} 时，V_1 退出饱和向截止发展，而 V_2 则由截止向饱和发展，形成脉冲的后沿，回到以前那个状态。通常定义 u_{T-} 为负向阀电压。u_{T+} 和 u_{T-} 是不等的，这个差值称为回差，它可以提高抗干扰能力。

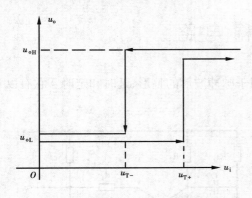

图 12-11　施密特电路电压传输特性

3. 施密特电路的电压传输特性

由前面的讨论可看到：u_i 只有升至大于或等于 u_{T+} 时，电路才发生状态翻转（即一种是 V_1 截止 V_2 饱和，另一种是 V_1 饱和 V_2 截止）；而 u_i 下降时，只有 u_i 小于或等于 u_{T-} 时才能发生状态翻转。因而可以用图形来表示它的电压传输特性，如图 12-11 所示。图中两条水平方向的线应该重合，为清楚起见，我们分开画，以利于理解。

二、集成施密特与非门

在实际工作中，由于施密特电路的一致性好、阀值稳定而且可靠性高，因而获得广泛应用，其中广为使用的是集成的施密特与非门，下面只做简单介绍。图 12-12 是 TTL 施密特与非门。由图可见，它是在 TTL 与非门中间插进一个中间级，这个中间级是施密特电路，它既有与非门特性，又有施密特电路的特性。其逻辑符号如图 12-12（b）所示。

图 12-12 中 V_1 和 V_2 及其相关元件构成施密特电路，它是门电路的一个中间级；除 V_{D1}，V_{D2} 以外是一个与非运算的与非门；其中 V_{D1}，V_{D2} 是用来对信号进行箝位保护的电路。常用的电路有：

六反相器：T1014，T4014，CC40106；

四二输入与非门：T1132，T3132，CC4093；

双四输入与非门：T1013，T4013。

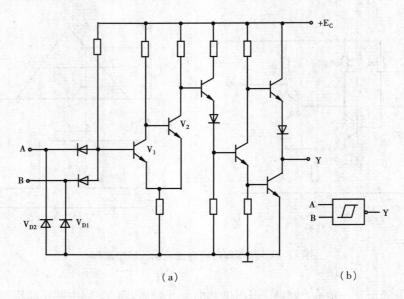

图 12-12　TTL 施密特与非门

（a）逻辑图；（b）符号

第三节　单 稳 电 路

单稳电路也是一种脉冲整形电路,该电路多用于脉冲波形的整形、延时和定时。它有以下特点:

①有一个稳定状态和一个暂稳状态;

②在外来脉冲作用下,它由稳态变成暂稳态;

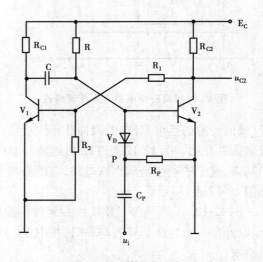

③上述暂稳态只能维持一段时间,之后,它将自动返回到稳定状态。维持暂稳态时间的长短与脉冲触发信号无关,而取决于电路本身的定时元件 RC 的时间常数。

图 12-13　基本单稳电路

一、基本电路

图 12-13 为单稳电路的基本电路,它是由两级集基交叉耦合反相器构成。

①当无 u_i 信号作用时,由电路参数保证 V_1 截止而 V_2 饱和,电路处于一种稳定状态。电路输出 $u_o = u_{CL} = u_L$,是低电平。

②当脉冲触发信号到达后(触发信号是方波),由 C_P 和 R_P 构成的微分电路,在 u_P 点形成正负相间的尖脉冲,由于二极管 V_D 的作用,只有负的尖脉冲成为有效脉冲。V_2 基极电位向负

方向变化,则 V_2 的集电极电位上升。它的上升,将引起 V_1 向导通方向发展,这时 V_1 的集电极电位下降,从而引起 V_2 集电极电位上升,这是一个正反馈过程,会造成 V_1 由截止变成导通,而 V_2 则由导通变成截止, u_{C2} 输出高电平,进入暂稳状态。

③在稳态时电容 C 上充有左正右负的电压,在上述状态变化过程中电容 C 来不及放电,可基本认为 u_C 不变,但当进入暂稳态后, V_1 导通,提供了电容 C 上电压放电的机会。由于电容 C 的右端是向电源放电,故该点电位会越放越高,这个电位高到能使 V_2 导通时,它会迫使 V_1 截止,这又返回到了稳定状态。所以这种电路只有一个稳态,另一状态是暂稳状态。

这种电路的输出脉宽 $t_w \approx 0.7RC$,而周期取决于触发信号 u_i 的周期。

二、集成门电路构成的单稳电路

如图 12-14 是 TTL 与非门构成的单稳电路。

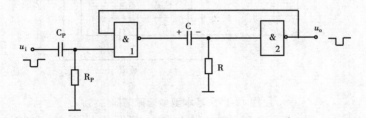

图 12-14　与非门构成的单稳电路

①在无 u_i 作用下,只要 R_P 大于 1 门的开门电阻,则 1 门输出低电平 u_{L1} ,而 2 门输出为高电平,这个高电平返至 1 门保证其输出不变,所以 1 门输出低电平,2 门输出高电平,电路处于稳定状态。

②当 u_i 作用时,由 C_P , R_P 构成的微分负尖脉冲加至 1 门输入,即 1 门输入低电平,输出高电平,该高电平送至 2 门造成 2 门输出低电平。这个状态是不稳定的。因为 1 门的输出高电平,要通过 R 充电,充电时电容 C 的右端电位会不断降低,当低到 2 门的关门电平时,2 门关闭输出高电平,此时触发脉冲已经消失,1 门输入只有高电平,故输出是低电平,这样它自动地回到了稳定状态。

不但 TTL 与非门可构成单稳电路,而且或非门和 CMOS 门电路也可构成单稳电路,此处就不做介绍了,可以查阅有关书籍。

常见的集成单稳电路有 T1121,T1221,CC4098 等等。

第四节　多谐振荡器

在数字电路系统中,基本上都需要有脉冲信号源,产生所需的各种脉冲信号,如触发器中的同步脉冲、计数器中的计数脉冲、计时器中的计时脉冲、计算机中的工作脉冲(产生指令脉冲等)等,所以脉冲振荡器是数字电路中的一个重要部件。下面以方波信号的形成为主,对多谐振荡器做一简单讨论。

多谐振荡器实际上就是矩行波信号发生器,它具有如下特点:

①不需外加输入信号;

②没有稳定状态,只有两个暂稳状态;

③暂稳态维持时间的长短取决于电路本身的定时元件时间常数 RC。

其电路形式较多,下面举例说明。

一、基本型多谐振荡器

1. 基本电路

基本型多谐振荡器的电路如图 12-15 所示。

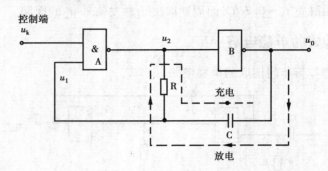

图 12-15 基本型多谐振荡器

这是一个与非门与一个反相器及电阻电容构成的振荡电路,如果不要控制端,则用两个反相器即可,电路十分简单。

2. 工作原理

控制端 $u_k = 0$ 时,A 门被封锁,振荡器不工作,停振;$u_k = 1$ 时,A 门打开,电路工作。设:

$$u_1 = 0 \rightarrow u_2 = 1 \rightarrow u_0 = 0$$

此时,u_2 经电阻 R 对电容 C 充电,由于电容上的电压不能突变,所以电容 C 上的电压 $u_C = u_1$ 是慢慢由 0 上升的,当 u_1 上升到 A 门的门槛电压 u_T(即阀值电压)时,则第一个暂稳态结束,电路发生翻转,产生下述过程:

$$u_1 \uparrow = u_T \rightarrow u_2 = 0 \rightarrow u_0 = 1$$

进入到另一个暂稳态,此时,电容 C 又会通过电阻 R 及两个门电路放电,使 u_1 慢慢下降,当 u_1 下降到 A 门的门槛电压 u_T 时,第二个暂稳态结束,电路又发生翻转,产生下述过程:

$$u_1 \downarrow = u_T \rightarrow u_2 = 1 \rightarrow u_0 = 0$$

u_1, u_2, u_0 的波形变化情况如图 12-16 所示。

3. 振荡频率

经估算

$$T_1 \approx RC\ln \frac{E_D}{E_D - u_T}$$

$$T_2 \approx RC\ln \frac{E_D}{u_T}$$

若 $E_D = 2u_T$,则:

振荡周期

$$T \approx 1.4RC$$

振荡频率

$$f \approx \frac{1}{T} = \frac{1}{1.4RC}$$

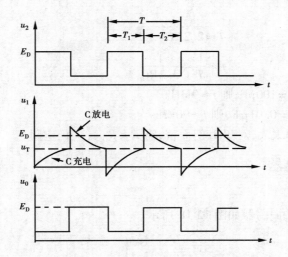

图 12-16　基本型多谐振荡器波形

例如：　$R = 1\,\text{k}\Omega, C = 700\,\text{pF}$，则 $f \approx 1\,\text{MHz}$。

二、带有 RC 电路的环形多谐振荡器

1. 基本电路

带有 RC 电路的环形多谐振荡器电路如图 12-17 所示。

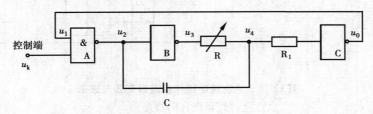

图 12-17　带有 RC 电路的环形多谐振荡器

这个电路是由非门和与非门组成,如果不要控制端,A 门也可用非门。

2. 工作原理

控制端 $u_k = 0$ 时,A 门被封锁,电路不振荡; $u_k = 1$ 时,电路工作。

在 $u_k = 1$ 时,设 $u_1 = 1$,则各端的电压变化情况为

$$u_1 = 1 \rightarrow u_2 = 0 \rightarrow u_3 = 1 \xrightarrow{\text{由于 C 存在}} u_4 \text{ 慢慢 } \uparrow \rightarrow u_T \rightarrow u_0 = 0$$

上述过程中,在 $u_2 = 0, u_3 = 1$ 时,由于电容 C 两端的电压不能突变,所以 u_4 不可能一下子跳到 1,此时电源通过 B 门经 R 对 C 充电,使 u_4 慢慢上升,当 u_4 的电位上升到 C 门的阀值电压,即门槛电压时,第一个暂稳态结束,电路翻转,使 $u_0 = 0$。

在 $u_1 = u_0 = 0$ 时,电路又进入另一个暂稳态,此时又发生下列过程:

$$u_1 = 0 \rightarrow u_2 = 1 \rightarrow u_3 = 0 \xrightarrow{\text{由于 C 存在}} u_4 \text{ 慢慢 } \downarrow \rightarrow u_T \rightarrow u_0 = 1$$

在这个暂稳态过程中, u_4 电压不能跟着 u_3 由 1 突变到 0,而是随电容 C 经过 R,B 门放电,慢慢下降的,当 u_4 下降到 C 门的阀值电压时,第二个暂稳态结束,电路又翻转,使 $u_0 = 1$。这个多谐振荡器波形与图 12-16 基本相同,这里不再重述。

3. 振荡频率计算

当 $R_1 \gg R$ 时
$$T \approx 2.2RC$$

即
$$f = \frac{1}{T} \approx \frac{1}{2.2RC}$$

例如: $R = 500\Omega$, $C = 100\text{pF}$, 则 $f \approx 9\text{MHz}$

  $R = 500\Omega$, $C = 0.01\mu\text{F}$, 则 $f \approx 90\text{kHz}$

R 值通常不可选得太大,对 TTL 门而言,需 $R < R_{\text{OFF}}$(关门电阻)。

三、施密特多谐振荡器

1. 电路形式

施密特电路作多谐振荡器如图 12-18 所示。

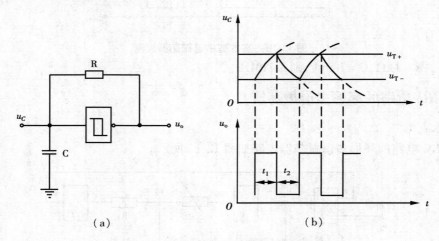

图 12-18 施密特电路作多谐振荡器与波形

(a)逻辑图;(b)波形图

这种多谐振荡器的电路是非常简单的,除施密特触发器外,只用了 R,C 两个元件,改变电容 C 的大小,可以很方便地改变振荡频率。

2. 工作原理

当输出信号为高电平时,电容 C 被充电,输入端的电平逐渐上升,一旦达到 u_{T+} 时,施密特触发器输出跳变为低电平,电容 C 开始放电;当电容电压 u_C(施密特触发器输入电压)下降到 u_{T-} 时,施密特触发器输出跳变为高电平。这样周而复始形成振荡。其输出输入波形如图 12-18 所示。

电路的工作频率与 R, C 及 u_{T+}, u_{T-} 有关,对于 TTL 型的 7414 施密特触发电路,有
$$100\Omega \leqslant R \leqslant 470\Omega, \quad u_{T+} = 1.6\text{V}, \quad u_{T-} = 0.8\text{V}$$

若输出电压摆幅为 3V 时,其振荡频率的计算式近似为
$$f \approx \frac{0.7}{RC}$$

若 $R = 300\Omega$, $C = 0.01\mu\text{F}$ 时,则 $f = 23.3\text{kHz}$

  $R = 300\Omega$, $C = 100\text{pF}$ 时,则 $f = 2.3\text{MHz}$

本电路最高工作频率可达 10MHz,最低频率可低至 0.1Hz,范围十分宽。

第五节　555 时基电路及应用

　　555 时基电路是一种具有广泛用途的单片集成电路,最早是作为单一时基电路出现,之所以称为 555 时基电路是因为其内部输入电路部分有 3 个 5kΩ 的精密电阻串联。由于其跨越了模拟与数字电路,其作用受到人们的重视,也被人们称为万能集成电路。

　　555 时基电路外接适当元件就可以组成施密特触发器、单稳态触发器和多谐振荡器等应用电路。在波形产生与变换等诸多领域有着广泛的应用。

一、555 定时器的电路和功能

　　1. 电路组成

　　如图 12-19 所示,555 时基电路由下列 3 部分组成。

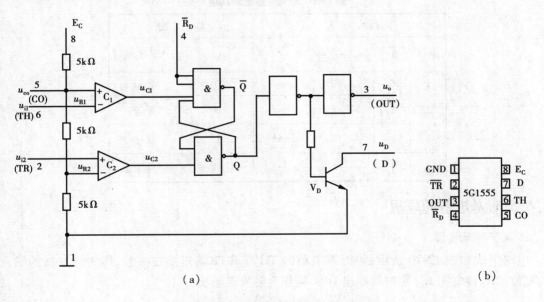

图 12-19　555 时基电路的电路图

(a)原理图;(b)符号

　　● 电阻分压器和电压比较器　由 3 个等值电阻和 2 个集成运放 C_1,C_2 组成。电源电压 E_C 经等值电阻分压获取了 $u_{R2} = E_C/3$,$u_{R1} = 2E_C/3$ 的基准电压。集成运放 C_1 和 C_2 分别用于比较电压 u_{i1} 与 u_{R1},电压 u_{i2} 与 u_{R2} 的大小,控制比较器输出(u_{C1},u_{C2})的高低电平。

　　● 基本 RS 触发器　由与非门组成,经比较器 C_1,C_2 输出的高、低电平控制触发器的状态。

　　● 输出缓冲器和开关管　由反相器和三极管 V_D 组成。缓冲器可改善输出信号的波形,根据基本 RS 触发器的状态可控制开关管 V_D 的状态。

　　2. 引出端功能

　　● E_C⑧　电源端,接正电源。

- GND① 接地端。

- TH⑥ 高触发器(阀值端)。当 $u_{TH} > \frac{2}{3}E_C$ 时,使输出 u_o 为低电平。

- $\overline{TR}$② 低触发端。当 $u_{\overline{TR}} < \frac{1}{3}E_C$ 时,使输出 u_o 为高电平。

- $\overline{R_D}$④ 复位端。在 $\overline{R_D}$ 端加上低电平,可使基本 RS 触发器复位,u_o 为低电平。

- D⑦ 放电端。当 RS 触发器 Q 端为低电平时,V_D 导通;当 Q 端为高电平时,V_D 截止。

- CO⑤ 电压控制端。当此端悬空时,参考电压 $u_{R1} = \frac{2}{3}E_C$,$u_{R2} = \frac{1}{3}E_C$。当 CO 端外加电压时,可改变"阀值"和"触发"端的比较电平。

- u_o③ 输出端。

3. 电路功能

555 时基电路的功能见表 12-1。

表 12-1 555 时基电路功能

序号	输 入			输 出	
	$\overline{R_D}$	$u_{i1}(u_{TH})$	u_{i2} $(u_{\overline{TR}})$	Q	V_D 状态
1	0	×	×	0	导通
2	1	$> \frac{2}{3}E_C$	$> \frac{1}{3}E_C$	0	导通
3	1	$< \frac{2}{3}E_C$	$< \frac{1}{3}E_C$	1	截止
4	1	$< \frac{2}{3}E_C$	$> \frac{1}{3}E_C$	保持原态	保持原态

二、555 时基电路的应用

1. 施密特触发器

电路组成如图 12-20 所示,将时基电路的 TH 端和 $\overline{TR}$ 端短接在一起,作为触发器的输入端,复位端 $\overline{R_D}$ 接电源 E_C,定时器输出 OUT 端作为触发器输出。

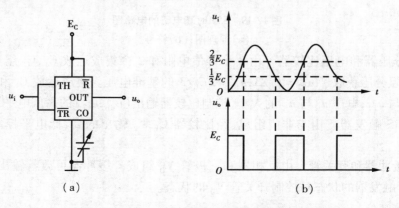

图 12-20 555 时基电路组成的施密特触发器
(a)逻辑图;(b)波形图

由图 12-20(a)可知：

● 当 $u_i < \dfrac{1}{3}E_C$ 时，输出高电平，$u_o = E_C$；随着 u_i 的增加，当 $\dfrac{1}{3}E_C < u_i < 2E_C$ 时，电路状态保持，$u_o = E_C$。

● 当 $u_i > \dfrac{2}{3}E_C$ 时，电路状态翻转，$u_o = 0$（理想状态）；u_i 继续增加，到最大值并逐渐减小时，电路状态保持，$u_o = 0$。

● 随着 u_i 的继续减少，当 $u_i < \dfrac{1}{3}E_C$ 时，电路状态又翻转，输出高电平，$u_o = E_C$。

其输入、输出波形如图 12-20(b)所示。通过此电路的作用，将输入的正弦波变换成了方波输出。

2. 单稳态触发器

电路组成如图 12-21 所示，C、R 为外接定时元件，复位端$\overline{R_D}$接电源 E_C，TH 端与放电管 T 漏极 D 短接后接 C、R 间连线，CO 端悬空，输入的触发信号 u_i 加在$\overline{TR}$端，输出信号 u_o 取自 OUT 端。

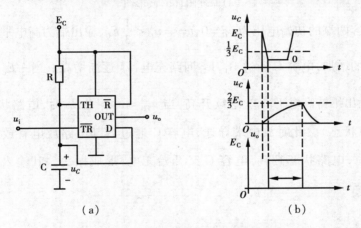

(a)　　　　　　　　　(b)

图 12-21　555 时基电路组成的单稳态触发器
(a)逻辑图；(b)波形图

当输入触发器 u_i 为高电平时，$u_{\overline{TR}} = u_i = E_C > \dfrac{1}{3}E_C$，电路输出低电平，$u_o = 0$（理想状态），触发器处于稳态；当触发器脉冲到来时，u_i 为低电平，$u_{\overline{TR}} = u_i = 0 < \dfrac{1}{3}E_C$，电路状态翻转，由稳态变为暂态，电容 C 通过电阻 R 充电，u_C 逐渐升高；当触发脉冲过去后，$u_C > \dfrac{2}{3}E_C$ 时，$u_{TH} = u_C > \dfrac{2}{3}E_C$，电路状态翻转，由暂态变为稳态，电容 C 通过放电端放电。其输入、输出波形如图 12-21(b)所示。

3. 多谐振荡器

电路组成如图 12-22 所示，定时器 TH 端与$\overline{TR}$端短接在电容 C 与电阻 R_2 之间连线上，复位端$\overline{R_D}$接电源 E_C，放电管 T 的漏极 D 接电阻 R_1、R_2 间连线，CO 端悬空，输出信号 u_o 取自 OUT 端。外接的 R_1、R_2 和 C 为多谐振荡器的定时元件。

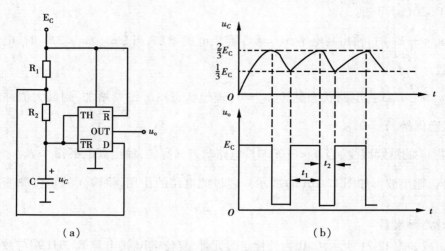

图 12-22　555 时基电路组成的多谐振荡器
（a）原理图；（b）波形图

设电路中电容两端的初始电压为 $u_c = 0$，$u_{\overline{TR}} = u_c < \dfrac{1}{3} E_C$，输出端为高电平，$u_o = E_C$，放电端断开。随着时间的增加，电容 C 通过 R_1，R_2 回路充电，u_c 逐渐增高。当 $\dfrac{1}{3} E_C < u_c < \dfrac{2}{3} E_C$ 时，电路保持原态，输出维持高电平。u_c 继续升高，当 $u_{TH} = u_c > \dfrac{2}{3} E_C$ 时，电路状态翻转，输出低电平，$u_o = 0$（理想状态）。此时放电端导通，电容 C 通过内部电路放电管放电，u_c 下降。当 $u_{\overline{TR}} = u_c < \dfrac{1}{3} E_C$ 时，电路状态翻转，电容 C 又开始充电，形成振荡。其输入、输出波形如图 12-22（b）所示。

小 结 十 二

① 在短暂时间内作用于电路的电压或电流，统称为脉冲信号。广义地讲，凡按照非正弦规律变化的带有突变特点的电压或电流，都可称为脉冲。

② 在微分电路中，要求：$\tau \ll T_w$，$\tau \ll T_g$ 时，输入矩形脉冲，输出为正负尖脉冲，其幅度与输入矩形脉冲幅度相等。

在积分电路中，要求：$\tau \gg T_w$，$\tau \gg T_g$ 时，输入矩形脉冲，输出为锯齿波或三角波，其幅度小于输入矩形脉冲的幅度。

③ 集成门电路可以方便地构成各种脉冲波形变换电路，其优点是：连线简单，外接元件少，负载能力强，速度高，容易得到波形前、后沿陡峭的脉冲。

由集成与非门组成的触发器与振荡器，其性能如表 12-2 所示。

④ 555 定时器是一种具有广泛用途的单片集成电路，利用它在外围接上少许元件可方便地构成单稳态触发器、施密特触发器和多谐振荡器电路。

表 12-2　集成与非门组成的触发器与振荡器

	多谐振荡器	单稳态触发器	施密特触发器
电路形式	1. 对称多谐振荡器 2. RC 环型振荡器	1. 微分型单稳态电路 2. 积分型单稳态电路	用基本 RS 触发器 再配以电平转移电路
稳定状态	两个暂稳态	一个稳态，一个暂稳态	两个稳态
输出脉冲宽度或周期	RC 环型振荡器 周期 $T = 2C(R_0 + R)$	1. 微分型单稳态电路的脉宽 $t_p = 0.8C(R_0 + R)$ 2. 积分型单稳态电路的脉宽 $t_p = 1.1RC$	由外加触发信号决定脉宽及周期
用　途	产生方波	整形，延时，定时	波形变换及整形

习题十二

一、填空题

1. 脉冲的主要参数有脉冲幅度、脉冲前沿、脉冲后沿、_____和_____。

2. RC 充放电电流变化规律是按_____进行变化的。

3. RC 微分电路的功能是_____，条件是_____。

4. RC 积分电路的功能是_____，条件是_____。

5. RC 耦合电路的功能是_____，条件是_____。

6. 施密特基本电路主要由_____构成。

7. 单稳电路是一种_____整形电路，它具有_____、_____、_____功能。

8. 单稳电路主要有一个_____态和_____态，在外来脉冲作用下，它由_____态变成_____态，维持暂稳态时间的长短与脉冲_____无关，而取决于电路本身的_____。

9. 多谐震荡器实际上就是_____振荡发生器，它不需要外加_____信号，没有_____状态，只有两个_____状态，该状态维持时间的长短取决于_____。

10. 555 时基电路是一种具有广泛用途的_____电路，它内部输入部分有三个_____，也被称为_____集成电路。

二、判断题

1. RC 微分电路对输入脉冲具有"突出恒定量，压低变化量"特点。　　　　　　（　　）

2. RC 积分电路对输入脉冲具有"突出变化量，压低恒定量"特点。　　　　　　（　　）

3. 双稳态触发器电路需要外加触发信号来维持状态的稳定。　　　　　　　　　（　　）

4. 无论触发信号是什么波形，单稳态触发电路一旦被触发就会输出一个矩形波。（　　）

5. 改变施密特触发器的回差电压不会影响其输出信号的幅度。　　　　　　　　（　　）

6. 单稳态触发器电路平常总是处于稳定状态，在外加触发脉冲下，电路将发生翻转，但由于电路结构的原因，翻转后的状态总是暂时的。　　　　　　　　　　　　　　（　　）

7. 单稳态触发器可用来将输入脉冲宽度和幅度不同的脉冲信号变成脉冲宽度和幅度一样的脉冲信号。　　　　　　　　　　　　　　　　　　　　　　　　　　　　　　（　　）

8. 多谐振荡器的每一个暂稳态的持续时间完全取决于电路本身的参量。　　　（　　）

9. 施密特触发器的回差电压由外加信号的幅度和形状决定。　　　　　　　　　（　　）

10.555 时基电路、多谐震荡器和施密特触发器等应用电路都对波形的产生与变化起着极其重要的作用。（　　）

三、简答题

1. 什么叫脉冲？常见脉冲有哪些形状？

2. 描述脉冲主要有哪些参数？各参数的意义是什么？

3. 在电容充、放电过程中，u_c 及 i_c 的变化规律是什么？完成充、放电大致时间如何估计？

4. RC 时间常数 τ 对充、放电速度有何影响？

5. 画出 RC 微分电路、RC 积分电路、RC 耦合电路的基本结构。

6. 施密特电路具有哪些特点？其主要用途是什么？

7. 试画出施密特电路的电压传输特性？

8. 多谐振荡器的功能是什么？其工作特点是什么？

9. 如图 12-15 所示电路，当 $u_{oH} = 3V$，$u_{oL} = 0.4V$，门槛电压为 $U_T = 1.4V$，$R = 500\Omega$，$C = 100pF$ 时，求本电路振荡后输出波形的周期及脉冲宽度。

10. 施密特多谐振荡器的 $R = 300\Omega$，$C = 500pF$ 时，求输出波形的周期和频率。

11.555 时基电路是一种具有广泛用途的单片集成电路，其电路主要由哪几部分组成？

12.555 时基电路各引出端的功能是什么？

13. 分析图 12-20 所示电路的工作原理。

实验十四

555 定时器电路及应用

一、实验目的

①熟悉 555 定时器的工作原理；

②熟悉 555 定时器的典型应用；

③了解定时元件对输出信号周期及脉冲宽度的影响。

二、实验原理

555 定时器是一种中规模集成电路，电路组成、逻辑符号、外引线功能图见图 12-19 所示，功能表见表 12-1 所示。该电路只要在外围电路中添加适当的阻容元件，就可以方便地构成各种脉冲信号的产生与变换电路。

555 定时器构成的电路广泛地应用在工业控制、电子乐器等许多方面。555 定时器包括 TTL 与 CMOS 电路两种。

利用 555 定时器构成的电路主要包括多谐振荡器、施密特触发器、单稳态触发器等，具体连接电路见第十二章。

三、实验仪器与器材

①数字实验系统；

②直流稳压电源；

③万用表；

④双踪示波器；

⑤555 定时器、电阻和电容。

四、实验内容

①根据实验图 14-1 所示电路连线，测试 555 电路功能，填入实验表 14-1。其中 S_1,S_2,S_3 分别是逻辑开关，L_1,L_2 分别是 LED。

②参考图 12-22，利用 555 构成多谐振荡器，其中，$R_1 = 1k\Omega$,$R_2 = 4.7k\Omega$,$C = 0.1\mu F$，利用示波器观察输出波形。

③重复以上步骤，取 $R_1 = R_2 = 33k\Omega$,$C = 0.01\mu F$，利用示波器观察输出波形。

④将步骤②，③中所用多谐振荡器电路改为实验图 14-2 所示电路，重复以上步骤。

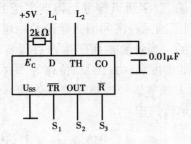

实验图 14-1

实验表 14-1

输　入			输　出	
TH	$\overline{TR}$	$\overline{R}$	D	OUT
×	×	0		
0	0	1		
0	1	1		
1	0	1		
1	1	1		

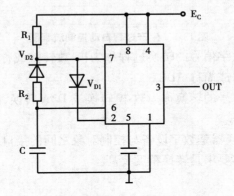

实验图 14-2

⑤将 555 定时电路连接成单稳态电路，使输入电压信号与单次 CP 脉冲相连，输出接发光二极管。观察发光二极管点亮时间。

五、实验报告要求

①画出观察到的波形，标出信号的幅度、周期、脉宽；根据电路参数值验证理论结果。若存在误差，试分析产生误差的原因；

②分析讨论步骤②、③所获得波形的区别；

③试比较步骤②、③中所用电路的区别。

第十三章
数-模和模-数转换技术

由于数字电子技术的迅速发展，使其在数字测量仪表、数字通讯等方面得到广泛的应用，特别是在数字电路基础上发展起来的计算机几乎渗透到了国民经济和国防建设的一切领域之中。在计算机内部，信息是以数字形式进行传送和处理的。当计算机用于生产过程自动控制时，所遇到的信息大多是连续变化的物理量，即模拟量，如温度、压力、流量、位移等。这些非电的模拟量首先需要经过传感器变换为电信号，然后变换为数字信号送与计算机处理。处理后得到的数字信号必须再转换成模拟信号，才能送去控制执行机构。

图 13-1　生产过程自动控制流程图

通常把从模拟信号到数字信号的转换过程称为模-数转换或称 A/D 转换，把实现 A/D 转换的电路称为模—数转换器或简称 ADC。

把从数字信号到模拟信号的转换称为数-模转换或 D/A 转换，把实现 D/A 转换的电路称为数—模转换器或简称 DAC。

D/A 转换器和 A/D 转换器是数字设备与控制对象之间的接口电路，是计算机用于过程控制的重要部件。它们的基本要求是转换精度要高。

第一节　数-模转换（D/A）

D/A 转换器的任务是将数码信息转换成模拟量的大小。

一、D/A 转换器原理

数字量是用代码按数位组合起来表示的，对于二进制数码，每位代码都有一定的权，最低一位的权为 $2^0 = 1$，最低第二位的权为 $2^1 = 2$，以后各位的权依次为 $2^2 = 4, 2^3 = 8, 2^4 = 16$ 等，即每升高一位，权重加大一倍。

为了将数码转换成模拟量，应将每一位的代码按其权的大小转换成相应的模拟量，然后将代表各位的模拟量相加,所得的总模拟量就是所要求的数—模转换结果。

D/A 转换器正是根据上述原理设计,如图 13-2 所示为其结构框图。它由输入寄存器、模拟开关、电阻译码网络和参考电源等部分组成。

图 13-2 D/A 转换器框图

D/A 转换器的输入是一个 N 位二进制数 D,其输出是与输入的二进制数成比例的模拟电压或电流信号 A。其输入的二进制数码可以串行或并行的方式先存入寄存器中,然后寄存器以并行的方式去驱动对应的模拟开关,以此来决定是否将参考电压加到电阻网络上,使输出电压与该位数码所代表数值相对应,完成数—模转换。

二、T 型电阻网络 D/A 转换器

1. 电路组成

T 型电阻网络 D/A 转换器的电原理图如图 13-3 所示。图中 S_3,S_2,S_1,S_0 是 4 个电子模拟开关,右边部分是由运算放大器构成的反相放大器,u_R 是参考电压,$d_3 d_2 d_1 d_0$ 是输入的数字量——四位二进制数码,u_o 是输出模拟电压。开关 S_3,S_2,S_1,S_0 的状态分别受编码 $d_3 d_2 d_1 d_0$ 控制,当相应编码为"1"时,开关合到 u_R 上,为"0"时接地。

R,$2R$ 两种阻值的电阻构成了 T 型网络,它具有的特点:一是从任一节点向左、向右或到地的等效电阻都相等,且均为 $2R$;其次,从任一模拟电子开关起到地的等效电阻均为 $3R$,如图 13-3 所示。它的等效电路像字母 T,故称 T 型电阻网络。

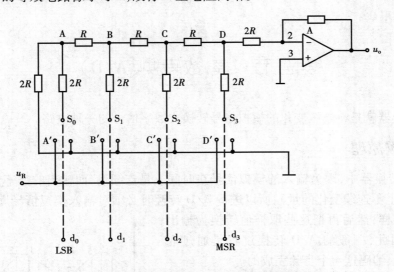

图 13-3 T 型电阻网络 D/A 转换器的电原理图

2. 工作原理

由图 13-3 可知,当 $d_3 d_2 d_1 d_0 = 0001$ 时,只有开关 S_0 接 u_R,而 S_1,S_2,S_3 全部接地。其等效电路如图 13-4 所示。不难看出节点 A 上的电压为 $u_R/3$。利用戴维南定理自 AA′ 端向右逐级

简化,则不难得出,每经过一个节点输出电压都要衰减 1/2。

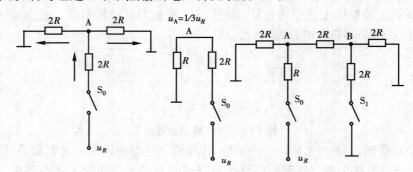

图 13-4 等效电路

因此,在 DD′端上此电压只有$(u_R/3) \times (1/2^3)$了。同理,当 u_R 分别接到 S_1,S_2,S_3 上时,它们在 DD′端上提供的电压将分别为$(u_R/3) \times (1/2^3)$,$(u_R/3) \times (1/2^1)$,$(u_R/3) \times (1/2^0)$。求和放大器的增益 $A = -R_f/2R$。因此,求和放大器后的输出模拟电压为:

$$u_o = -\frac{R_f u_R}{3R2^4}(d_3 2^3 + d_2 2^2 + d_1 2^1 + d_0 2^0)$$

即输出的模拟电压正比于输入的数字量。对于 n 位的 T 型电阻 D/A 转换器则可写出:

$$u_o = -\frac{R_f u_R}{3R2^n}(d_{n-1} 2^{n-1} + d_{n-2} 2^{n-2} + \cdots + d_1 2^1 + d_0 2^0)$$

上式表明,输入数字量被转换为模拟电压,并存在一定的比例关系。其中 $-R_f/3R$ 为转换比例系数,$u_R/2^n$ 为量化级。

T 型电阻解码网络的本质在于通过 T 型电阻结构为每级保持 1/2 的分压系数,从而产生二进制的基准电压。

第二节 模-数转换(A/D)

A/D 转换器就是将连续变化的模拟信号转换成数字信号的一种电路。

一、A/D 转换原理

在 A/D 转换器中,因为输入的模拟信号在时间上是连续量,而输出的数字信号编码是离散量(在时间上不连续变化的量),所以进行 A/D 转换时必须对输入模拟信号周期地、按固定时间间隔地取样,然后再把这些取样值转换为输出的数字量。因此,一般的 A/D 转换过程是通过取样、保持、量化、编码这 4 个步骤完成的。

1. 取样和保持

所谓取样,就是将模拟信号按一定的时间间隔,有序地取出若干个点的值,形成离散的模拟量,其示意图如图 13-5 所示。

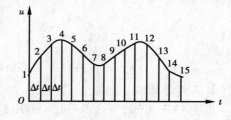

图 13-5 对模拟信号的取样示意图

图 13-5 表明,若每隔 Δt 时间间隔取出模拟信号电压 u 的一个值,就可得到 $u_1,u_2,u_3,\cdots,$ $u_{14},u_{15}\cdots$ 一连串的离散点的电压值,这就是取样。实际上就是以点代线的观点。显然,所取的点愈多,则精度就愈高,由点画成的线就愈逼近被取样的模拟信号。但点取得愈多,即取样频率愈高,则在单位时间内所形成数码的长度就愈长,容量就愈大。根据取样定理,最低的取样频率 f_s 应为模拟信号 u 中所含信号最高调频 f_{max} 的 2 倍,即必须满足:

$$f_s \geqslant 2f_{max}$$

例如:对人的声音信号采样,其最高频率为 20kHz,则取样频率最低需 40kHz(实际为 44.8kHz),即每秒对模拟信号要取 4×10^4 个点,即 40000 点/s。

取样点的电压需要转换成相应的数码,而转换需要一定时间,所以在每次取样之后,须将取样电压保持一段时间。取样保持电路的基本形式如图 13-6 所示。

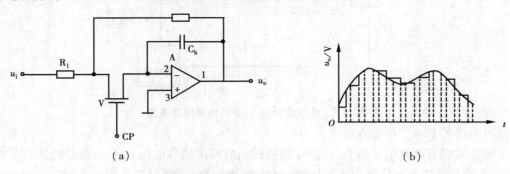

图 13-6　取样保持电路及波形
(a)原理图;(b)波形图

图中:V —— 取样开关;CP —— 取样开关脉冲;C_h —— 存储电容。

2. 量化和编码

取样后所保持的电压值显然是不连续的,也不一定是整数,因此还必须将这些数值化为某个最小单位的整数倍,这个转化过程称为量化。把量化后的数值用二进制编码表示出来,称为编码。

例如:一模拟信号电压的幅值为 0~5V,对它进行取样后,要求编码为 8 位二进制数码输出,则其量化的最小量单位是:

$$5V \div 2^8 = 5V \div 256 = 19.5mV$$

编码时,按下述原则处理:

取样值为 0~19.5mV　　　　　　　　编码 00000000(00H)
取样值为 19.5~39mV　　　　　　　编码 00000001(01H)
取样值为 39~58.5mV　　　　　　　编码 00000010(02H)

　　　　……

取样值为 4.961~4.9805V　　　　　编码 11111110(FEH)
取样值为 4.9805~5V　　　　　　　编码 11111111(FFH)

这样就将取样点的电压值转换成为二进制码,实现了 A/D 转换。由上述分析可见,对于最大值为 5V 的模拟信号,若编成 8 位二进制数码,其最大的量化误差为 5V/256 = 19.5mV;若编成 12 位二进制数码,则其最大量化误差下降至 $5V/2^{12} = 5000mV/4096 \approx 1.2mV$,分辨率就很高了。

二、A/D 转换方法

A/D 的转换方法有多种,如计数比较法、双斜率积分法、逐次逼近法等。由于采用逐次逼近法进行 A/D 转换,在转换速度和精度方面都能得到较满意的结果,因此是目前使用甚广的一种 A/D 转换方法。

采用逐次逼近法的 A/D 转换器是由一个模拟比较器和一个 D/A 转换器组成,其组成框图如图 13-7 所示。

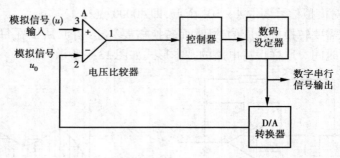

图 13-7　逐次逼近法 A/D 转换器原理框图

这种电路的基本工作原理如下:

电压比较器有两路信号输入,一路是需要转换的模拟信号电压 u,另一路是反馈信号电压 u_0,这两个信号电压在比较器内进行比较,所得的比较结果经控制器后使数码设定器内所产生的数码发生变化。

数码设定器主要由移位寄存器等组成,寄存器内设定的(寄存的)数码通常由高位至低位逐位变化。这种设定的数码经过 D/A 转换,变成模拟信号 u_0 反馈到电压比较器输入端,与需要转换的模拟信号 u 进行比较,如果这两个信号相等或相接近,则表明数码设定器所设定的数码正好就是输入模拟信号所需转换的数码,并由输出端输出。如果设定的数码不合适,则 D/A 输出的模拟信号 u_0 就与输入模拟信号 u 不一样,这时电压比较器一定会输出一个信号经控制器去对数码设定器进行控制,使其设定的数码改变一位,已设定的数码经 D/A 转换,变成模拟信号,再与输入信号比较。这样一次一次地比较,使设定的数愈来愈逼近实际转换值。若输入的模拟信号上升,即 $u > u_0$,则控制器会使数码设定器内的数码增加,反之会使数码减少。

逐次逼近法 A/D 转换器的精度高,速度快,转换时间固定,易于和微型计算机接口,故应用十分广泛。

采用这种转换方式的单片集成 A/D 转换器芯片有:AD7574,ADC0809,AD5770,ADC10135(十位)等。

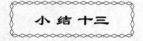

①D/A 转换器是沟通数字量与模拟量之间的桥梁。它常用线性电阻网(如 T 型电阻网)来分配数字量各位的权,使输出电流和输入数字量成正比,然后用运算放大器将各电流求和,

并转换为电压输出。

②A/D 转换器是沟通模拟量与数字量之间的桥梁。它包含取样、保持、量化、编码 4 个组成部分,它的数学基础是取样定理。

逐次逼近法 A/D 转换器是最常见的一种 A/D 转换器。

习题十三

一、填空题

1. 通常将_____信号到_____信号的转换过程称为模-数转换或称_____。

2. 通常将_____信号到_____信号的转换过程称为数-模转换或称_____。

3. D/A 转换器和 A/D 转换器是数字设备与_____之间的接口电路,是计算机用于_____的重要部件。

4. D/A 转换的任务是_____。

5. D/A 转换器对输入的二进制数码可以_____或_____的方式先存入寄存器中。

6. 在 A/D 转换过程中必须是先对输入模拟信号进行_____,按固定时间地_____,然后将_____转换为输出的数字量。

7. A/D 转换的过程主要是通过_____、_____、_____和_____四个步骤完成。

8. ADC 的转换方法有很多种,但目前常用的是_____。

9. 电压比较器有_____路信号输入。

二、判断题

1. 把从模拟信号到数字信号的转换过程称为 DAC 转换。　　　　　　　　　　(　　)

2. D/A 转换器的任务是将数码信息转换成模拟量的大小。　　　　　　　　　　(　　)

3. A/D 转换过程中,模拟信号在时间上是连续的,而输出的数字信号编码是离散的。

(　　)

4. 在 A/D 转换中,最低的取样频率 f_s 与模拟信号的最高调频 f_{max} 的关系必须满足 $f_s \leqslant f_{max}$。

(　　)

5. 在 A/D 转换时,一般要经过取样、保持、量化和编码四步。　　　　　　　　(　　)

6. 把从数字信号到模拟信号的转换过程称为 ADC 转换。　　　　　　　　　　(　　)

7. D/A 转换器的输入信号是一个模拟信号,而输出信号则是一个与输入信号成比例的 N 位二进制数。　　　　　　　　　　　　　　　　　　　　　　　　　　(　　)

8. A/D 转换器是将连续变化的模拟信号转换成数字信号的一种电路。　　　　(　　)

9. 由于 A/D 转换的方法有很多种,但目前使用最多的还是逐次逼近法。　　　(　　)

10. 取样后所保持的电压值是不连续的,但一定是整数。　　　　　　　　　　　(　　)

三、选择题

1. 在对 ADC 转换时,一般都要经过(　　)来完成。

　　A. 取样、量化、编码　　　　　　　　　　　B. 取样、保持、编码

　　C. 取样、保持、量化、编码　　　　　　　　D. 取样、保持、量化

2. 在 A/D 转换中,常对人的声音信号采样,其最高频率为 20kHz 时,则取样频率最低应为

( )。

    A. 20kHz   B. 4kHz   C. 40kHz   D. 2kHz

3. 有一个四位 T 型电阻 DAC，$U_R = 8V$、$R_f = 3R$、$D_3 D_2 D_1 D_0 = 1010$，则输出电压 U_0 的值应为( )。

    A. 5V   B. 7.5V   C. 7V   D. 5.5V

4. 在 T 型电阻网络 DAC 转换器中，从任一节点向左、向右或到地的等效电阻都相等，而且均为( )。

    A. 5R   B. R   C. 2R   D. 3R

5. 在 T 型电阻网络 DAC 转换器中，从任一模拟开关到地的等效电阻均为( )。

    A. 5R   B. R   C. 2R   D. 3R

6. 把从模拟信号到数字信号的转换过程称为( )。

    A. DAC   B. ADC   C. ADC, DAC   D. 都不是

7. 把从数字信号到模拟信号的转换过程称为( )。

    A. D/A   B. A/D   C. ADC, DAC   D. 都不是